网络安全态势感知

贾 焰　方滨兴　顾钊铨
韩伟红　李爱平　王 乐　编著
李润恒　李树栋　王 晔

电子工业出版社
Publishing House of Electronics Industry
北京·BEIJING

内 容 简 介

本书首先介绍网络安全态势感知的研究背景，阐述网络安全态势感知系统的功能结构和关键技术，然后基于资产、漏洞、威胁三个维度，阐述网络安全态势感知的数据采集、认知模型、本体模型、网络安全度量指标体系、评估方法、态势预测和攻击溯源等技术，最后讲解网络安全态势可视化技术。

本书具有前瞻性、理论性和实践性，适合网络安全领域的研究、教学以及开发人员阅读。

未经许可，不得以任何方式复制或抄袭本书之部分或全部内容。
版权所有，侵权必究。

图书在版编目（CIP）数据

网络安全态势感知/贾焰等编著．—北京：电子工业出版社，2020.8
ISBN 978-7-121-39484-3

Ⅰ．①网… Ⅱ．①贾… Ⅲ．①计算机网络–网络安全–研究 Ⅳ．①TP393.08

中国版本图书馆 CIP 数据核字（2020）第 162482 号

责任编辑：富　军
印　　刷：北京盛通印刷股份有限公司
装　　订：北京盛通印刷股份有限公司
出版发行：电子工业出版社
　　　　　北京市海淀区万寿路 173 信箱　邮编：100036
开　　本：720×1000　1/16　印张：19.5　字数：374.4 千字
版　　次：2020 年 8 月第 1 版
印　　次：2020 年 8 月第 1 次印刷
定　　价：128.00 元

凡所购买电子工业出版社图书有缺损问题，请向购买书店调换。若书店售缺，请与本社发行部联系，联系及邮购电话：（010）88254888，88258888。
质量投诉请发邮件至 zlts@phei.com.cn，盗版侵权举报请发邮件至 dbqq@phei.com.cn。
本书咨询和投稿联系方式：（010）88254456。

前　　言

　　网络空间是构建在信息通信技术基础设施之上的人造空间，用以支撑人们在该空间开展各类与信息通信技术相关的活动。网络空间的领域边界由直接连向他国网络设备的本国网络设备端口集合构成。网络空间已经成为继陆、海、空、天之后的第五大活动空间，也成为国家之间的一个合作与对抗的新战场。网络空间主权是国家主权在位于其领土之上的信息通信基础设施所承载的网络空间的自然延伸。主权要素致使国家行为在网络空间逐渐占有支配地位，网络空间的主权碰撞，展示出国家间在网络空间日益严重的对抗态势。传统的针对个人、组织、机构乃至行业的网络攻击，也已上升到国家战略的层面。网络空间频频发生严重的安全事件，已经严重影响了社会与政权的稳定和人民生命财产的安全，印证了习近平总书记关于"没有网络安全就没有国家安全"的重要论断。

　　21世纪以来，电子技术、信息技术迅猛发展，深刻影响了经济社会发展和现代战争形态。网络环境已由单纯的互联网向涵盖互联网、物联网、传感网、工控网、移动互联网、天地互联网等在内的泛在网迅速拓展，攻击方式也由单一模式向复杂的APT（高级可持续威胁攻击）方向发展。网络攻击的对象由互联网设施转向工业控制设施，是当前网络攻击的一种新趋势。其中，震网病毒开启了针对物理隔离的工业控制网络攻击的先河；"乌克兰停电事件"也成为通过互联网攻击公共服务基础设施的一个经典。

　　随着网络安全事件越来越频繁地爆发，其后果也越来越严重，使得国家必须像保卫陆、海、空、天一样来保卫网络空间的安全。网络安全保卫的三个主要环节是网络安全态势感知、网络安全事件处置和网络安全保卫效果评估。就是说，首先需要对网络安全态势进行感知，发现网络攻击并且评估这些攻击可能造成的危害；其次是网络安全事件处置，准确、实时遏制事件，找到攻击源头进行反击；最后对网络安全事件的发现和处置效果进行评估和反馈，不断提升网络安全保卫能力。因此，网络安全态势感知是网络安全保卫的基础和前提。

　　态势感知（Situation Awareness，SA）最早被用于军事领域。在军事领域，态势感知的目标是使指挥官了解敌我双方的情况，包括敌我的所在位置、当前状态和作战能力，以便能做出快速而正确的决策，达到知己知彼、百战不殆的目的。1988年，美国空军前首席科学家Mica R. Endsley首次给出态势感知的通用定义："态势感知是在一定的时间和空间条件下，对环境因素的获取、理解以及对未来的发展趋势进行预测。"这个定义把"态势"一分为二：这里的"态"，指的是指当前的整体现状，需要评估安全信息和安全事件，确定攻击的真实性、类型、性质和危害；这里的"势"，是指发展趋势，需要对攻击事件进行深入分析，找出攻击的各个阶段、步骤和发起规模，从而预测未来安全事件的演变趋势。2000年以后，随着网络技术的发展，态势感知逐渐被引入网络安全领域，由此衍生出网络安全态势感知的概念、定义及其相关的计算模型。

一般来说，在网络安全态势感知领域还可区分"感知域"和"非感知域"两个空间："感知域"是指对已知网络或愿意配合网络的安全态势感知，使之可以基于已知网络的资产、拓扑、漏洞和受到的攻击等信息进行网络安全态势研判；"非感知域"是指未知网络或不愿意配合网络的安全态势感知，难以获得资产、拓扑、漏洞等信息，甚至遭受攻击，其态势感知技术更具挑战性。网络安全态势感知的终极目标是知己知彼，但目前主要的态势感知工作大多是针对感知域开展的，非感知域还处于起步阶段。

态势感知系统应该有3个核心技术目标：一是全面，从全网的角度感知全局和全部的网络安全事件；二是准确，发现有效的网络攻击，去除虚警和误报；三是实时，网络攻击瞬间爆发，实时的检测和实时的评估是网络安全保卫的核心指标。这3个技术指标相互关联，缺一不可。

网络空间安全态势感知的发展分为"基本组件构建阶段"、"基本能力构建阶段"、"安全事件深度检测阶段"和"安全事件预测和溯源阶段"四个阶段。始于20世纪90年代末的"基本组件构建阶段"主要是研究、开发和部署基本的网络安全产品和工具，包括查杀病毒、入侵检测、防火墙等网络安全"老三样"设备，采用基本的安全策略等；始于21世纪初的"基本能力构建阶段"主要是在感知域上建立完备的数据采集、融合以及数据分析能力，基于监控数据进行实时的分析和展示，建立国家级的网络安全运营中心；始于近10年前的"安全事件深度检测阶段"主要是进一步加固关键基础设施网络组件，对各种安全事件，包括APT在内的复杂攻击进行准确、有效的检测，给出网络安全态势感知的实时量化分析；始于5年前的"安全事件预测和溯源阶段"主要是融合感知域和非感知域的、基于全网有效攻击检测、脆弱性分析的实时量化网络安全态势评估，对重大网络安全事件发展趋势进行分析和预测，对网络安全事件进行攻击溯源等。

网络安全态势感知系统的工作流程主要可以分为五大部分：一是数据获取，面向全网进行相关大数据采集、融合和管理；二是安全事件检测，基于所获取的数据进行网络安全事件检测；三是态势评估，基于事件检测结果所发现的安全事件进行网络安全态势评估；四是态势预测与溯源，基于安全事件检测所发现的重大安全事件进行预测和溯源，并与其他安全事件处置系统联动；五是态势可视化，以可视化的方式直观展示网络安全态势感知各个环节的结果。

本书是在贾焰和方滨兴的组织和策划下，由哈尔滨工业大学（深圳）计算机科学与技术学院、国防科技大学计算机学院和广州大学网络空间先进技术研究院等单位相关学者和专家，基于网络安全态势感知领域长期的科研和应用积累，以及广泛的资料调研和分析的基础上共同撰写的。

第1章网络安全态势感知研究背景由王乐和方滨兴负责执笔。该章重点介绍了网络安全态势感知的相关研究背景。讲述了态势感知由"有实无名"到传统态势感知，再到网络安全态势感知的概念发展过程，梳理了网络安全态势感知的作用。阐述了网络安全态势感知的形成过程，提出了网络安全态势感知的"全面感知、准确感知、实时感知"三个方面的要求。

第2章网络安全态势感知系统及案例由贾焰和王乐负责执笔。该章重点介绍了网络安全态势感知系统及案例，详细分析和阐述了网络安全态势感知系统的功能结构，以及实现网络安全态势感知系统的关键技术，分析了包括"龙虾计划"系统、YHSAS系统等在内的几个国内外典型的网络安全态势感知系统。

第3章网络安全数据采集与融合由顾钊铨和方滨兴负责执笔。该章重点介绍了涉及资产维度、漏洞维度、威胁维度的网络安全数据采集方法，讲解了对多源异构的网络安全数据的融合方法，论述了如何通过数据清洗、数据集成、数据规约、数据转换等方法，为分析师提供更有意义的网络安全数据，使其能更加有效地理解网络安全态势，检测潜在的网络攻击，预测网络安全态势的发展趋势。

第4章网络安全态势感知的认知模型由顾钊铨和贾焰负责执笔。该章从分析师理解网络安全态势的认知过程出发，介绍了多种常见的认知模型，提出了一种能对多源异构数据进行关联分析的MDATA模型，阐述了如何将MDATA模型构建的网络安全知识库应用到实用系统中，以实现针对网络安全态势全面、实时、准确的感知，给出了通过雾云计算架构对形成的网络安全知识库进行分布式协同计算的方法。

第5章网络安全态势感知本体体系主要由李润恒和贾焰负责执笔。该章首先建立了一个统一的概念体系，让所有参与态势感知的角色有统一的视角，其次介绍了网络安全态势感知的本体体系，定义了术语与术语间关系的一致性词汇集，定义了具有清晰语义的本体体系，包括网络安全态势感知的本体理论、相关的本体标准、基于 MDATA 的网络安全态势感知本体模型。

第 6 章网络安全态势评估的要素和维度由韩伟红和贾焰负责执笔。该章重点从漏洞、威胁和资产三个维度介绍了网络安全态势评估要素的选取方法。这三个维度分别从系统自身的脆弱性、由攻击造成的风险以及系统自身的资产价值等角度反映了网络安全态势。

第 7 章网络安全态势评估的方法主要由韩伟红和贾焰负责执笔。该章从定性评估和定量评估两个维度来介绍网络安全态势评估方法，其中定量的网络安全态势评估方法重点介绍了基于数学模型的量化评估方法、基于知识推理的量化评估方法和基于机器学习的量化评估方法。

第 8 章网络安全事件预测技术由李爱平和方滨兴负责执笔。该章介绍了网络安全事件预测的定义、背景、技术难点以及基本模型，讲解了传统的网络攻击预测技术，给出了基于知识推理的网络安全事件预测方法，以便于安全人员更好地预测网络关键资产即将面临的威胁。

第 9 章网络攻击溯源技术由李爱平和方滨兴负责执笔。该章介绍了网络攻击溯源的概念、研究内容和技术难点，讲解了传统的网络攻击溯源技术，提出了一种面向溯源的 MDATA 模型知识库构建技术，以及基于 MDATA 模型知识库的攻击溯源算法。

第 10 章网络安全态势可视化由李树栋和方滨兴负责执笔。该章介绍了网络安全态势可视化的意义和挑战，详细讲述了网络安全数据流分析的可视化技术、网络安全态势评估的可视化技术以及网络攻击行为分析的可视化技术。

另外，王晔负责全书的合稿和整理等工作，赵丽松、富军编辑对全书进行了认真的校对和修改。本书的撰写还得到了国内外相关专家学者和产学研单位的大力支持，在此一并表示感谢。

编著者

目 录

第1章 网络安全态势感知研究背景 ... 1
1.1 作战形态和作战内涵的变化 ... 1
1.1.1 作战形态的变化 ... 1
1.1.2 作战内涵的变化 ... 3
1.2 态势感知的概念及发展进程 ... 5
1.2.1 朴素的态势感知 ... 5
1.2.2 传统的态势感知 ... 6
1.2.3 网络安全态势感知 ... 7
1.3 网络安全态势感知的作用、意义、过程、相关角色、需求 ... 8
1.3.1 网络安全态势感知的作用 ... 9
1.3.2 网络安全态势感知的意义 ... 12
1.3.3 网络安全态势感知的过程 ... 14
1.3.4 网络安全态势感知中的相关角色 ... 16
1.3.5 网络安全态势感知的需求 ... 17
1.4 本章小结 ... 19
参考文献 ... 20

第2章 网络安全态势感知系统及案例 ... 21
2.1 网络安全态势感知系统的功能结构 ... 21
2.2 网络安全态势感知系统的关键技术 ... 23
2.2.1 数据采集与特征提取 ... 24
2.2.2 攻击检测与分析 ... 26
2.2.3 态势评估与计算 ... 28
2.2.4 态势预测与溯源 ... 29
2.2.5 态势可视化 ... 30
2.3 典型的网络安全态势感知系统案例 ... 31
2.3.1 "龙虾计划"系统 ... 31
2.3.2 YHSAS网络安全态势分析系统 ... 32
2.3.3 其他典型系统 ... 34

2.4 本章小结 ······ 37
参考文献 ······ 37

第 3 章 网络安全数据采集与融合 ······ 40
3.1 网络安全数据采集的问题背景 ······ 40
3.1.1 网络安全数据的特点及数据采集难点 ······ 41
3.1.2 面向不同岗位角色、不同分析师的靶向数据采集 ······ 43
3.1.3 网络安全数据采集示例 ······ 45
3.2 面向网络安全态势感知的安全要素和安全特征 ······ 46
3.2.1 资产维度数据 ······ 47
3.2.2 漏洞维度数据 ······ 48
3.2.3 威胁维度数据 ······ 49
3.3 安全要素和安全特征的采集技术 ······ 51
3.3.1 资产维度数据采集 ······ 52
3.3.2 漏洞维度数据采集 ······ 55
3.3.3 威胁维度数据采集 ······ 56
3.4 网络安全数据融合 ······ 65
3.4.1 数据清洗 ······ 65
3.4.2 数据集成 ······ 69
3.4.3 数据规约 ······ 70
3.4.4 数据变换 ······ 76
3.5 本章小结 ······ 76
参考文献 ······ 77

第 4 章 网络安全态势感知的认知模型 ······ 80
4.1 理解网络安全态势的意义和存在的难点 ······ 80
4.1.1 理解网络安全态势的意义 ······ 82
4.1.2 理解网络安全态势存在的难点 ······ 83
4.2 人类认知过程中常用的认知模型 ······ 84
4.2.1 3M 认知模型 ······ 85
4.2.2 ACT-R 认知模型 ······ 86
4.2.3 基于实例的认知模型 ······ 89
4.2.4 SOAR 认知模型 ······ 92
4.2.5 其他认知模型 ······ 95
4.3 基于 MDATA 的网络安全认知模型 ······ 95
4.3.1 MDATA 模型的概况 ······ 96

4.3.2　MDATA 模型的表示方法 ·· 98
　　4.3.3　基于 MDATA 模型的网络安全认知模型构建 ······················ 101
　　4.3.4　基于 MDATA 模型的网络安全知识推演 ···························· 108
　　4.3.5　利用基于 MDATA 模型构建的网络安全知识库进行攻击检测 ··· 111
4.4　本章小结 ··· 115
参考文献 ·· 115

第 5 章　网络安全态势感知本体体系 ··· 117
5.1　本体理论 ··· 117
　　5.1.1　本体概念 ·· 118
　　5.1.2　本体语言 ·· 118
　　5.1.3　基于本体的推理 ··· 122
5.2　网络安全态势感知系统相关的本体标准 ·· 124
　　5.2.1　资产维度的标准 ··· 125
　　5.2.2　漏洞维度的标准 ··· 126
　　5.2.3　威胁维度的标准 ··· 128
　　5.2.4　综合信息标准 ·· 130
5.3　基于 MDATA 模型的网络安全态势感知本体模型 ··························· 132
　　5.3.1　基于 MDATA 模型的网络安全态势感知本体类 ···················· 132
　　5.3.2　基于 MDATA 模型的网络安全态势感知本体关系 ················· 141
　　5.3.3　基于 MDATA 模型的网络安全态势感知本体模型推理 ··········· 144
5.4　本章小结 ··· 148
参考文献 ·· 149

第 6 章　网络安全态势评估的要素和维度 ·· 150
6.1　网络安全态势评估要素和维度的基本概念 ····································· 150
　　6.1.1　为什么需要明确网络安全态势评估要素和维度 ······················ 151
　　6.1.2　网络安全态势评估的维度 ·· 151
6.2　漏洞维度的评估要素 ·· 152
　　6.2.1　单个漏洞的评估要素 ·· 153
　　6.2.2　网络漏洞的总体评估要素 ·· 155
6.3　威胁维度的评估要素 ·· 156
　　6.3.1　单个攻击的评估要素 ·· 156
　　6.3.2　网络攻击的评估要素 ·· 161
6.4　资产维度的评估要素 ·· 163
　　6.4.1　工作任务的描述方法和工作任务重要程度的评估要素 ············· 163

  6.4.2 将工作任务映射到资产的模型 …………………………………… 164
  6.4.3 资产的评估要素 …………………………………………………… 165
 6.5 本章小结 ………………………………………………………………… 166
 参考文献 ……………………………………………………………………… 166

第7章 网络安全态势评估的方法 ……………………………………………… 168
 7.1 网络安全态势评估的基本概念 ………………………………………… 169
  7.1.1 为什么需要网络安全态势评估 …………………………………… 170
  7.1.2 网络安全态势评估面临的主要挑战 ……………………………… 171
 7.2 网络安全态势的定性评估 ……………………………………………… 172
 7.3 网络安全态势的定量评估 ……………………………………………… 173
  7.3.1 基于数学模型的量化评估方法 …………………………………… 174
  7.3.2 基于知识推理的量化评估方法 …………………………………… 184
  7.3.3 基于机器学习的量化评估方法 …………………………………… 187
 7.4 本章小结 ………………………………………………………………… 195
 参考文献 ……………………………………………………………………… 196

第8章 网络安全事件预测技术 ………………………………………………… 200
 8.1 网络安全事件预测的概念和背景 ……………………………………… 200
 8.2 传统的网络安全事件时间序列预测技术 ……………………………… 203
  8.2.1 基于回归分析模型的预测技术 …………………………………… 204
  8.2.2 基于小波分解表示的预测技术 …………………………………… 209
  8.2.3 基于时序事件化的预测技术 ……………………………………… 213
  8.2.4 相关技术的实验对比分析 ………………………………………… 215
 8.3 基于知识推理的网络安全事件预测技术 ……………………………… 218
  8.3.1 基于攻击图的预测技术 …………………………………………… 218
  8.3.2 基于攻击者能力与意图的预测技术 ……………………………… 227
  8.3.3 基于攻击行为/模式学习的预测技术 …………………………… 230
 8.4 本章小结 ………………………………………………………………… 233
 参考文献 ……………………………………………………………………… 234

第9章 网络攻击溯源技术 ……………………………………………………… 238
 9.1 网络攻击溯源的概念和背景 …………………………………………… 238
 9.2 传统的网络攻击溯源技术 ……………………………………………… 240
  9.2.1 基于日志存储查询的溯源技术 …………………………………… 240
  9.2.2 基于路由器输入调试的溯源技术 ………………………………… 241
  9.2.3 基于修改网络传输数据的溯源技术 ……………………………… 242

  9.2.4 攻击者及其组织溯源技术 ·············· 243
 9.3 面向溯源的 MDATA 网络安全知识库维护方法 ·············· 245
  9.3.1 基于 MDATA 网络安全知识库抽取架构 ·············· 245
  9.3.2 溯源 MDATA 知识抽取过程 ·············· 246
  9.3.3 溯源知识融合 ·············· 253
 9.4 基于 MDATA 模型的攻击溯源方法 ·············· 255
  9.4.1 基于 MDATA 模型的攻击溯源策略 ·············· 255
  9.4.2 基于 MDATA 模型的攻击溯源算法 ·············· 257
  9.4.3 一个基于 MDATA 模型的攻击溯源示例 ·············· 258
 9.5 本章小结 ·············· 260
 参考文献 ·············· 261

第 10 章 网络安全态势可视化 ·············· 264

 10.1 网络安全态势可视化的意义和挑战 ·············· 264
  10.1.1 网络安全态势可视化的背景及意义 ·············· 264
  10.1.2 网络安全态势可视化的挑战 ·············· 266
 10.2 网络安全数据流的可视化分析技术 ·············· 267
  10.2.1 多源数据的可视化分析技术 ·············· 267
  10.2.2 流量数据 Netflow 的可视化分析技术 ·············· 271
 10.3 网络安全态势评估的可视化技术 ·············· 274
  10.3.1 网络安全态势评估指数 ·············· 275
  10.3.2 基于电子地图展示网络安全态势评估指数的方法 ·············· 276
 10.4 网络攻击行为分析的可视化技术 ·············· 279
  10.4.1 多视图协同的攻击行为可视化分析方法 ·············· 280
  10.4.2 预测攻击行为的可视化方法 ·············· 292
 10.5 本章小结 ·············· 293
 参考文献 ·············· 293

附录 A 缩略词表 ·············· 296

第 1 章
网络安全态势感知研究背景

态势感知的理论和技术在传统作战指挥领域已被深入研究。网络安全态势感知作为相对较新的理论和技术,在信息技术快速发展和广泛应用的背景下,在网络空间对抗趋于普遍、网络安全问题日益突出的现实需求下,得到了人们越来越多的关注并被深入研究。网络安全态势感知的理论和技术既源于传统的态势感知,又与网络空间技术和对抗特点紧密相关。研究网络安全态势感知,需要分析作战形态和作战内涵的变化,研究传统的态势感知及网络安全态势感知的概念与发展进程,并从网络空间对抗中网络安全防御的视角出发,分析网络安全态势感知的作用、意义、形成过程、相关角色和需求。

本章 1.1 节将分析作战形态和作战内涵的变化;1.2 节将介绍态势感知的概念及发展进程,提出网络安全态势感知的概念;1.3 节将阐述网络安全态势感知的作用、意义、过程、相关角色和需求等;1.4 节将对本章所讲的主要内容进行总结。

1.1 作战形态和作战内涵的变化

人类战争中的作战形态经历了从冷兵器时代、热兵器时代向机械化时代和信息化时代的变迁。每一种作战形态在时间、空间和效能上均有不同的特征,同时又保持一定的延续性。作战形态变化的背后,体现了作战内涵从单兵单平台作战、信息赋能的协同作战到信息化作战的变迁。伴随着作战内涵的变迁,作为作战指挥重要组成部分的态势感知的概念也逐渐成型,其作用、过程、方法和技术也在持续演化。

1.1.1 作战形态的变化

冷兵器时代一般是指经过仅通过改变了外形后的物品,使其更适合搏斗、对抗,如石头、竹木、骨头、蚌壳及青铜、钢铁等。冷兵器时代是指使用冷兵器而不是使用火药、炸药等热能系统制作武器装备的战争对抗时期。冷兵器时代的武器以近身搏斗的刀剑、棒矛、盾甲和远射打击的弓箭及抛投器等为主,用武器本身在有限的距离内直接杀伤敌人或保护自己是这个时代对抗的典型特征[1]。由于受武器有效距离、兵力移动速度、物资运送方式等方面的限制,战争活动的进程缓慢且易于观察。例如,公元前261年的秦赵长平之战[2],堪称中国历史上规模最大的冷兵器战争,战争历时20多个月,投入兵力80余万人,双方伤亡人数超过60万人。在长平之战前夕,双方的兵力调动、阵地部署,以及兵器配备和兵将任命等情况均已被侦察、刺探得近乎透明;在作战期间,双方正面对抗的战场信息都可以直接被侦察并掌握,而攻防变换的进程也是以月为时间单位变化的。可以说,决定长平之战胜负的关键是双方的兵力素质以及国内资源的储备情况。

热兵器是指依靠燃烧、爆炸或类似化学反应所提供的能量而产生杀伤效能的武器,例如较早的火药枪、毛瑟枪、来复枪及较新的机枪、火焰喷射器、大炮等。热兵器时代主要是指在机械化装备投入战争之前,以热兵器为主要作战武器的战争对抗时期。热兵器时代的战争虽然从武器效能和致伤机理上相比冷兵器时代有了较大的改变,使作战样式从骑兵战发展为火力战,但从作战方式而言仍然是以单兵独立作战为主,从战争组织形态而言仍是大规模兵团对抗。例如,1815年,法国与英、德等多国联军在滑铁卢展开的滑铁卢战役[3],法国集中了7.4万人、250多门火炮,对抗联军6.7万人、150余门火炮。由于拿破仑对联军作战能力估计不足、法军支援军团延误不能就位等原因,导致联军在兵力、火力均处于劣势的情况下成功逆袭,赢得了战役的主动性。滑铁卢战役的主要对抗活动仅持续了一天,造成法军伤亡3万人、联军伤亡2万人。滑铁卢战役胜负的关键,在于敌对双方对兵力、火力、战力的准确评估及对作战力量的部署和调配。

机械化时代的作战形态演变为运用热效能甚至辐射效能武器,以及内燃和核能动力舰船、飞机、车辆等武器装载平台进行对抗。机械化时代又分为早期的单平台机械化和后期的信息系统支援下的机械化两个阶段[4]。前者是以飞机、导弹等单平台武器为主战兵器,辅以单一的面向作战平台的指挥通信链路,以闪电战作为典型作战样式;后者则是集成了通信、指挥、情报、侦察和战场感知的指挥信息系统,通过在作战平台与指挥控制单元间构建数据网络,从而实现陆地、空中、海上等一体化的作战系统,作战样式由集中大量部队转变为分散配置作战单元、实施短时集中突击[5]。与之前的作战样式相比,机械化时代,特别是后期的信息系统支援下机械化的作战样式发生了极大的变化,武器的有效距离、兵力的移动速度、物资的运送方式等均得到了大幅提升,对抗目标也由之前的杀伤有生力量转变为摧毁防御和抵抗能力,战争活动进程以日或时为时间单位推进,使得战场观察、作战态势获取等的难度大大增加。例如,1916年7月的索姆河战役[6],英法联军使用了空中轰炸、地面炮火、正面冲锋作战方式,并首次投入了他们新发明的坦克装备；德军以工事防御作战为主，利用居高临下的有利地形，多次击败英法联军的冲锋。该战役持续了 4 个多月，英法联军及德军共损失约 130 万人，变成了一场资源消耗战，最终两败俱伤。又如 1991 年的海湾战争，美国中央情报局通过特工将带有计算机病毒的芯片嵌入伊拉克防空系统的打印机中，并在战争爆发前夕激活病毒，致使伊拉克防空系统混乱，C3I 指控系统失效，为精确火力打击和陆空作战赢得制信息和制空优势[7]。海湾战争虽然使用了计算机病毒等信息手段获得信息优势，但其终极目的仍是作为支撑手段为陆空作战武器发挥机械化作战效能提供支持。

信息化时代的作战形态演变成信息战形态。信息化时代的战争与对抗通常具有以下特点：①通过信息系统实现对网络空间的控制，并由此实现对人、社会等实体空间的控制；②激光、微波、网络攻击等电子信息装备在攻击速度、"毁伤"范围上具有先天性优势，成为战场武器主体；③战争与对抗的人员规模将大幅缩减，参战人员、打击目标、对抗活动等方面将会平民化、广泛化、常态化。信息化时代的战争与对抗由于具有虚拟性、实时性和普遍性等特点，因此使得对攻击行为的侦察、感知和反制变得异常困难。目前较为接近信息化时代的对抗行动发生于 2008 年的俄罗斯与格鲁吉亚的冲突（以下简称俄格冲突）。俄罗斯采用了并行实施武装打击与网络攻击的作战样式，在武装部队攻入格鲁吉亚境内的同时，对格鲁吉亚实施了"蜂群"式的网络瘫痪攻击。在冲突期间，格鲁吉亚的电视媒体、金融和交通控制等重要信息服务瘫痪，运输和通信等信息网络崩溃，政府机构无法运转。在信息网络崩溃的情况下，格鲁吉亚政府和军队无法为军事行动提供足够的物资保障和精神支持，国家的战争潜力被削弱，社会丧失了重要的运行能力。经战后分析，大量对格鲁吉亚的网络攻击，是由俄罗斯网民从网站上下载和安装黑客软件后，利用计算机软件实施的[8]。媒体评论称，"俄罗斯打了一场网络人民战争"[9]。俄格冲突说明，网络空间的对抗与军事行动、社会活动与普通民众息息相关，网络空间的对抗具有更强的全员和全方位性。另一个代表性的攻击活动是在 2017 年 5 月发生的勒索病毒事件[10]。攻击组织利用"永恒之蓝"系统漏洞，控制了一百多个国家和地区的关键信息基础设施和数以万记的个人计算机。发动上述攻击威胁组织的网络武器已经实现了系统化、平台化、定制化和批量化。可见，物理世界的对抗已延伸到网络空间，并随着信息网络技术的普及应用，通过网络空间的媒介、助力、放大等作用而影响物理世界安全。网络空间的对抗活动已关乎国家、政府、民生和民众个体的安全。

1.1.2 作战内涵的变化

作战形态的变化是战争与对抗活动在工业和信息技术的推动下，在对抗主体、对抗工具、攻防目标、组织规模和形式上发生的变化，从作战内涵的角度来说，则体现了从单兵单平台作战、信息赋能协同作战到信息化作战的变化[11]。图1-1描述了随着时间的变化，在工业和信息技术的推动下，作战形态和作战内涵的变化。

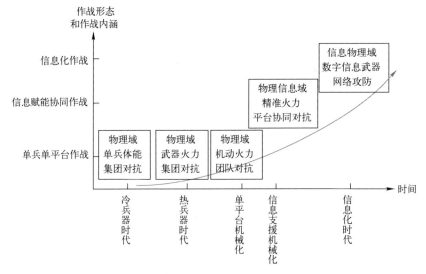

图1-1 作战形态和作战内涵的变化

单兵单平台作战是在物理域展开的，以单兵或单平台武器作为作战单元，技术发展后期辅以电子设备为辅助手段，通过最大发挥己方各作战单元的机动、冲杀、火力等杀伤能力来获得相对优势的对抗形态。对抗双方的战斗力是以单元打击为基本形态的加和模式生成的。前期的冷兵器时代和热兵器时代，以及早期的单平台机械化时代均属于单兵单平台作战形态。单兵单平台作战阶段的典型特点是单兵作战、集团对抗、推进缓慢，兵力武器和地形地势是决定胜败的关键因素。

信息赋能协同作战是在物理域（时空空间）和电磁域展开的，以组网协同的方式确保己方武器平台"更远、更快、更准"地释放机械热能，同时通过降低或剥夺敌方信息系统能力影响敌方机械能的发挥，实现协同武器平台对抗单一武器平台的对抗形态。在信息赋能协同作战中，信息系统作为辅助支撑，大大提高了导弹、飞机、舰船等武器平台的机械与火力效能，成倍地增强了作战方的战斗力，但致伤机理和博弈在本质上仍是最大化热能效能的机械化战争。信息赋能协同作战阶段的典型特点是多平台协同作战、攻防能力不对称对抗、作战进程快速波次推进，武器平台的组网能力和战场信息获取能力成为决定胜败的关键。

信息化作战是在物理域、电磁域和信息域展开的，以信息武器为主，以自动化协同的机械武器为辅，以谋求控制和瓦解对方社会、经济、生产活动或赚取最大利益为主要目标，以毁坏有形事物或有生力量为辅助目标的对抗形态。信息化作战的战斗力来源于信息武器的软杀伤力，机械武器的热杀伤力是重要的辅助或威胁力量。信息化作战阶段的典型特点是对抗活动常态化、攻防力量小型化、武器装备虚拟化，网络安全事件感知、攻击预测和响应反制能力成为决定胜败的关键，网络空间安全成为国家、政府和企业机构共同关注的问题。

1.2 态势感知的概念及发展进程

态势感知源于战争与对抗行动。态势感知包括对敌我双方兵力、武器、指战员等直接战斗要素定性定量的了解，对作战的地理、气候、水文等环境特征的掌握，对敌我双方作战目的、战术战法、攻防行动的分析预测，对战场动态和进程的实时获取等的一系列活动。虽然在早期的战争对抗活动中就已经有了态势感知的某些活动，但那时还没有形成"态势感知"的具体概念，属于对态势感知的朴素研究与运用时期。随着战争复杂程度和武器技术含量的增加，对态势感知的研究和有关技术的运用逐渐成型，形成了传统"态势感知"概念。信息化技术大量应用于生产生活，信息化作战和常态化网络对抗下的网络安全问题日益突出，在传统态势感知概念的基础上，网络安全态势感知的概念逐渐形成。

1.2.1 朴素的态势感知

冷兵器、热兵器及早期的单平台机械化作战时期，战争的内涵均是基于单兵单平台作战。这个阶段虽然并没有形成明确的态势感知的概念，但在实战中却已实施了部分态势感知的活动，其中最典型的就是通过人工侦察或情报刺探来掌握敌方的兵力情况、机动部署计划和作战目的等，同时利用简易的物理沙盘、布帛纸张地图展示战场动态。例如，我国历史上秦赵之间的长平之战，双方均派出了的大量的"细作"（情报侦察人员）侦察敌方兵力情况和动向，刺探作战情报。这个时期的《孙子·谋攻篇》把态势感知朴素地描述为"知己知彼"（掌握敌情我情），并将其重要性上升到决定战争胜败，即"知己知彼，百战不殆"。在态势感知过程中，观察和刺探是核心活动，根据作战决策人员自身经验和简单的计算猜测对手攻防活动，制定战术战法，并根据双方势力优劣简单估计胜败的可能性。朴素的态势感知模型如图1-2所示。

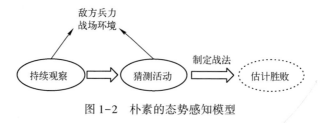

图1-2　朴素的态势感知模型

因此，这个时期对态势感知的研究和运用仍停留在实践探索阶段，没有形成统一、明确的概念，人们通过对历次作战行动的分析和总结形成了朴素的态势感知，并在实战中运用和验证。

1.2.2　传统的态势感知

随着新的工业技术在武器装备及战争中的运用，战争复杂度、影响作战进程要素的数量和相关度、作战单元平台与作战环境耦合度等有了极大的增强。战争对现代意义上的态势感知研究提出了迫切需要。第二次世界大战后，美国空军在对提升飞行员空战能力的人因工程学研究的过程中提出了态势感知（Situation Awareness，SA）这一术语，并用该术语表示飞行员为了获取空战环境信息、快速判断形势以做出正确反映、提升空战能力，所实施的一系列观察、分析、评估、预测等认知思考活动[12]。

进入信息赋能协同作战时期，对态势感知的实践探索和运用终于达到了创立理论体系并构建模型的阶段。较早对态势感知概念进行明确定义的是Endsley博士[13]，她将态势感知定义为"在一定时间和空间内观察环境中的元素，理解这些元素的意义并预测这些元素在不久的将来的状态"，她还从认知角度提出了态势感知的概念模型（见图1-3）。这一概念模型的核心是态势感知，包括"对环境要素的获取、对当前态势的理解以及对未来状态的预测"[14,15]。

Endsley博士提出的这个定义奠定了传统态势感知概念的基础，将态势感知理解为一个认知过程，即通过使用过去的经验和知识，识别、分析和理解物理系统的当前状态，更新自身的"状态知识"，并对系统未来的状态变化进行预测和评估，而且随着时间和系统变化进程的推进，持续地对系统进行观察、理解、评估、修正之前的理解和预测，更新"状态知识"[16]。这一认知过程最终构成了一个循环的映射过程，即将物理系统的状态和变化映射为对物理系统进行观察的人的语义认知，并用"状态知识"进行表达和交流，促进在观察人之间达成一致认知。另外，Endsley态势感知概念模型将态势感知表示为一个持续的动态变化过程，而且，不同的认知个体因为经验、能力等

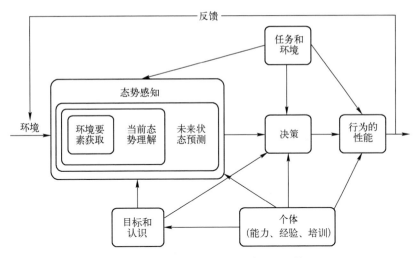

图 1-3 Endsley 提出的态势感知概念模型

的不同，对同一物理系统的认知结果不尽相同，意味着在团体感知、多方决策中存在着认知一致性问题。

针对态势感知中的认知一致性问题，Wellens[17]提出了团体态势感知的概念，并将其定义为"群体成员关于当前环境事件达成的共同观点"。Endsley 博士在其提出的态势感知概念模型基础上，进一步研究并提出"群体态势感知是指每一位参与成员根据其各自职责而达成态势感知的程度"[18]。如图 1-4 所示，在群体态势感知中，对于群体成员：一方面需要掌握所需的态势信息（这些信息可能是由其他成员提供的），并根据各自的职责实现个体态势感知；另一方面还需要就群体中公共态势信息部分与其他成员达成一致。

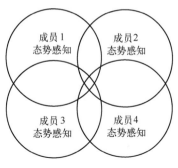

图 1-4 群体态势感知

1.2.3 网络安全态势感知

随着信息技术的发展，传统作战形态逐渐向虚拟网络空间延伸，信息化作战、网络空间的常态化对抗成为不可逆转的发展趋势。美国空军通信与信息中心的 Bass[19]首次提出"网络态势感知"，但并没有给出具体定义，只是强调基于网络入侵检测等多传感器实现的数据融合技术应成为网络态势感知系统的组成部分。

龚俭教授等人[20]认为，态势感知是一种认知过程，而网络安全态势感知是在网络安全领域通过运用态势感知的方法，协助网络安全人员把握不断变化的网络的整体安全状态，为高层管理人员提供决策支持，因此，将网络安全态势感知定义为"对网络系统安全状态的认知过程，包括对从系统中测量到的原始数据逐步进行融合处理和实现对系统的背景状态及活动语义的提取，识别出存在的各类网络活动以及其中异常活动的意图，从而获得据此表征的网络安全态势和该态势对网络系统正常行为影响的了解"。这一定义从功能和过程上对网络安全态势感知进行了解读，并将网络安全态势感知划归为传统态势感知的实例子集。

石乐义教授等人[21]分析了当前网络安全态势感知概念的研究现状，认为"网络安全态势感知是指通过收集网络环境中综合、全面的安全要素并进行数据融合后，对网络的安全态势有宏观、全面的认知，并且能对网络系统的安全趋势进行预测的过程，是保障网络安全的有效手段"。该定义从过程和目的上对网络安全态势感知进行了解读。正如石乐义教授所述，"目前对网络安全态势感知尚未形成统一、全面的定义，大多是对 Endsley 态势感知定义的详细解释，并没有针对网络安全这一领域做出特定的阐释"，"对网络安全态势感知给出科学、全面的定义，对不同阶段进行合理的划分仍是需要讨论和解决的问题"。

综合当前已有研究，笔者以构建网络安全态势感知系统、支持大规模网络安全防御为目标，从方法论的视角，将网络安全态势感知定义为：基于大规模网络环境中的安全要素和特征，采用数据分析、挖掘和智能推演等方法，准确理解和量化当前网络空间的安全态势，有效检测网络空间中的各种攻击事件，预测未来网络空间安全态势的发展趋势，并对引起态势变化的安全要素进行溯源。网络安全态势感知概念的示意图如图1-5所示。

图1-5 网络安全态势感知概念的示意图

1.3 网络安全态势感知的作用、意义、过程、相关角色、需求

网络安全态势感知是网络空间安全防御活动的组成部分，是理解网络当前安全态势、检测网络中的攻击事件、预测网络未来安全态势并对安全威胁

和攻击事件进行溯源的一系列活动的集合。构建网络安全态势感知系统、实现大规模网络安全防御，需要分析理解网络安全态势感知的作用、意义和过程，以及实施态势感知的有关人员角色，明确在网络空间防御活动中态势感知的需求。

1.3.1　网络安全态势感知的作用

网络空间安全涉及攻击与防御两个方面。网络安全态势感知主要面向安全防御，针对己方和合作网络，提取安全特征以通过靶向数据采集获取安全数据、分析安全状态以监测和发现安全事件、预测和评估威胁风险以辅助选择和确定防御措施。因此，网络安全态势感知是在防御视角下的网络安全防御的组成部分。从服务于网络安全防御的视角来看，网络安全态势感知的作用体现在以下三个方面。

1.3.1.1　为防御者提供全面的网络系统安全状态信息

提供网络系统安全状态信息是网络安全态势感知的基本作用。这些信息主要包括资产信息、静态配置信息、漏洞信息和威胁信息。其中，资产信息包括当前网络的硬件、软件以及硬件拓扑关系和软件适配关系等；静态配置信息包括网络的拓扑结构、脆弱点等关键配置信息；漏洞信息包括网络空间中的各类型漏洞、弱点、缺陷等，对于当前网络而言，包括当前网络中存在的漏洞、弱点和缺陷等数据；威胁信息包括安全设备的运行日期、业务日志、告警信息等，以及网络中业务终端的系统日志、业务系统安全日志等。

用户基于安全状态信息应能够回答以下问题或提供所需数据信息。

（1）网络中有哪些资产？
（2）网络当前活动拓扑结构是什么？
（3）网络支撑哪些活跃的业务任务？
（4）业务任务与资产的映射关系是什么？
（5）网络中发生过哪些攻击事件？
（6）网络中存在哪些漏洞安全隐患或哪些亟须发布的软硬件补丁？
（7）当前关键计算机的负载或关键链路网络流量情况是什么？
（8）提供靶向式数据采集和确保有效性的数据融合。
（9）提供对事件案例库的检索和可视化展示。
（10）提供对态势知识的结构化检索和可视化展示。
（11）提供对分析推理和评估模型的统计。
（12）提供对系统业务功能链和数据信息流的检索和可视化展示。
（13）提供对系统席位和权限的检索和可视化展示。

（14）提供数据采集及网络扫描周期管理。

（15）提供其他与基础软硬件和数据管理以及系统使用管理相关的支撑信息。

1.3.1.2　支撑防御者准确实时地发现网络攻击

人们多年来在网络安全防御方面的研究和实践集中在安全架构和安全手段两方面：在安全架构方面，包括对公共漏洞进行统一的管理、对基础和核心系统进行安全加固、对关键网络和边界划分安全域等；在安全手段方面，包括研发部署流量监测、入侵检测、防火墙、终端监控、UTM等各类安全检测管理设备和系统。对于按照某一架构部署了安全设备和系统的大型网络环境，由于设备和系统往往是来自于不同厂家、采用不同标准研制的，因此在本质上是基于单通道监控和单点防御的，在功能边界、数据共享、联动响应等方面存在规范性和一致性问题；对于按照部门、区域和组织等部署的小规模安全防御环境，由于在运行过程中产生了大量的安全数据，如包数据、会话数据、日志、告警等，因此在一定程度上反映了局部网络、某个层面的安全状态，但由于批次建设缺乏有效协作，因此无法进行组合式深度分析，缺少多角度的全景信息，更不能完成全方位的评估和预测。上述环境下的安全防御设备和系统都属于被动防御，难以实现对网络整体安全态势的全面、准确、多维度、细粒度的展现和评估预测。

因此，网络安全防御工作需要对包数据、会话数据、日志、告警等不同格式和类型的数据进行一致化处理，采用关联分析方法，发现隐藏在不同样式数据中的安全状态信息，如组合流量异常和面向业务的负载异常等。更进一步的工作是提取隐藏在不同通道、不同区域、不同维度安全状态信息中的攻击事件特征片段，用组合式深度分析方法，发现高阶或深层网络攻击并进行跟踪和溯源。防御者通过态势感知应能回答以下三组问题：

（1）网络中是否存在正在进行的攻击？这些攻击是谁发起的？在什么"地方"发起的？正在进行什么操作？

要求防御者具有检测正在发生的攻击或入侵行为的能力。回答这组问题，需要对IDS日志、防火墙日志、系统日志、网络流量和负载等原始态势数据进行多维度关联分析。随着攻击行为的变化，需要动态地调整数据采集和网络扫描周期，从而及时跟踪最新态势数据和态势变化。

（2）攻击活动对网络或在网络上运行的业务系统会产生什么影响？会造成多大的损失？

要求防御者掌握网络资产与业务系统中任务的关联关系，并能够对正在发生的攻击进行两个层面的危害评估，包括网络信息系统层面和业务系统中任务层面。回答这组问题，需要掌握组织机构的网络资产，包括网络设备、计算设备、存储设备、终端设备、安全设备等，建立资产与任务的关联关系并确定关联关系的权重。在此基础上，将第（1）组问题的答案作为主要输入，通过连续迭代的数据探查、案例对比和知识推理，计算攻击活动已造成的损失，估计对未来网络和业务系统的影响。

（3）网络中曾经发生和正在发生的攻击行为的变化路线是什么？

要求防御者具有对攻击行为进行监视、跟踪和溯源的能力。回答这一组问题，同样需要基于第（1）组问题的答案，参考第（2）组问题答案对应的态势信息，对攻击行动持续地跟踪、深度地分析和溯源。对于态势感知活动，要求不仅能够有效管理上下层功能的依赖和支撑关系，还要在对趋势进行预测评估的过程中，协调好前后业务功能之间的操作。

1.3.1.3　提升防御者对网络安全事件的研判能力

准确地研判网络安全事件是网络安全防御者的核心能力，研判工作的重点主要包括推理和预测攻击威胁的发展趋势、评估攻击事件对网络和业务任务的影响、评估安全措施或应对方案对网络安全态势和业务任务的影响等。网络安全态势感知能够通过准确发现真实有效事件，对攻击目标和攻击意图进行合理的筛选推测，对事件和态势的发展进行即时准确的预测，并对当前及预测事件进行实时准确评估等操作，提升防御者的研判能力。

防御者通过网络安全态势感知应能够回答以下问题。

（1）攻击者的目标是什么？攻击者可能采取什么策略？下一步会采取什么攻击行为？

要求防御者具有对主要的攻击组织、常见攻击策略和攻击方法等的建模能力，熟悉攻击组织的背景、信仰、理念、技术特点等，了解常见攻击策略和攻击方法的行为特征。建模能力和基于模型的推理操作依赖于当前态势数据、历史事件数据、安全情报数据。需要将相关数据融入网络安全时空知识库，反复迭代地进行探查、分析、回溯、推理，进而输出一组形式化的攻击者行为模型。攻击行为可能随着事件而改变。因此，模型需要不断演化，态势感知、分析和推演也需要适应变化并持续进化。

（2）网络未来可能的安全态势是什么？

要求防御者能够针对攻击者在当前态势或攻击场景下可能采取的下一步行动进行预测，能够对业务系统在面临可能的攻击场景时的服务能力进行预测。回答这一问题，需要基于问题（1）的输出，形成当前态势的完整发展路线，根据对攻击者目的、策略和行为的理解，结合安全响应措施，输出一组预测未来可能出现在不同响应措施下的安全场景。

1.3.1.4　全面提高网络系统的安全保障能力

网络系统的安全保障能力体现在安全防御人员的紧密、高效协作上，通过协作实现由安全特征提取、靶向数据采集,到当前态势理解、攻击事件检测,再到攻击事件风险评估、态势预测与溯源等的循环迭代。通过网络安全态势感知操作,应能够回答并解决以下问题:

(1) 各类态势感知操作依赖哪些信息源?是否可以有效获取并评估其质量?

防御者需要对所有任务所依赖的信息源(不仅包括原始数据源,还包括各任务的输出信息)与任务间的关联关系进行建模,并对信息源的质量进行实时评估和反馈。态势感知过程的目标是为了回答整体态势感知过程所涉及的各组问题,并在处理各组问题的相关信息时,建立起各信息源的权重。如果能够对每个信息源的可靠性进行评估,则可以使网络安全态势感知系统能够对每个输出结果附加置信级别。

(2) 各类任务是否有效获得了所需资源?问题出在系统内还是系统外?

防御者需要跟踪信息传递流程,分析任务数据,探查记录,以发现同类或同粒度数据的生成和传递频率,从而发现数据分析的常用模式或需要多次交互的数据协作环节,据此评估各类任务获取所需资源的便利性。频繁的数据分析模式可以固化为自动模型并添加到系统模型库。同时,通过信息源与任务间的关系模型,可以准确定位信息的产生、传递链路瓶颈,改进信息传递流程和任务链关系,促进对完成态势感知任务的人力资源的部署与调整。

(3) 各类人员是否对态势具有不同的理解?造成理解不一致的问题在哪里?

该问题从系统的功能目标出发,检视系统对态势感知任务的支撑度。态势感知系统作为一个辅助支撑手段,为安全人员提供统一的数据、模型和界面,促进安全人员达成格式统一的对态势的有效理解,同时提供一个高效协作的平台,确保各角色人员能够有效地紧密协作。影响态势感知系统工作效率的一个关键因素是数据和态势模型的完整性,系统是否接收了足够多的态势感知信息;另一个关键因素是数据、态势等相关输入/输出的可视化显示是否与安全人员的角色任务相匹配,并通过颜色、布局、提示等方式对重要信息提供与之匹配的显示。

实现网络安全态势感知需要运用网络安全态势感知系统等辅助工具,并建立参与态势感知的不同角色安全人员的认知模型及防御人员的高阶决策心理模型。因此,在研究网络安全态势感知的作用时,应综合考虑网络安全态势感知系统和运用系统的安全人员的作用。

1.3.2 网络安全态势感知的意义

实施有效的网络空间安全防御从而在网络空间的对抗中赢得主动,是确保国家、政府、生产和民生等不同层面安全的核心和前提。防御动作并不限于阻止网络系统被攻击者初始入侵，还包括以下内容：通过设置网络设备以缩小初始攻击面；通过识别被入侵受控的计算机以处置潜伏在组织机构网络内部的长期威胁（如高级可持续威胁等）；通过阻断攻击者对所植入的恶意代码的指挥控制链条以降低或减小网络系统的安全损失；通过部署安全策略和实施安全措施以建立一种可保持且可改进的自适应持续防御与响应能力[22]。

美国前"网军"司令亚历山大于 ISC2015 提出，"世界上只有两种组织：一种是已经被攻陷的；还有一种是不知道自己已经被攻陷的"。传统的通过简单地部署很多安全设备的被动防护架构遭遇了瓶颈，已经不能进一步提升安全防御能力，且难以适应当前的网络安全形势。人们开始着手研究建设具有主动防御能力的网络安全防御体制和手段。其中，建立全天候、全方位的网络安全态势感知系统是一项核心工作。"全天候"是时间维度，贯穿过去、现在和未来，是要掌握过去安全事件、理解当前安全状态、预测未来安全走向；"全方位"是内容维度，是对硬件、系统、数据、应用等保卫对象的多粒度全覆盖，是对漏洞、攻击、威胁、风险等防御对象的多角度全掌握。通过全天候、全方位的态势感知，可以提取历史数据和事件并构建最新攻击威胁知识，持续监测、有效发现最新攻击和威胁，根据业务要求划定多维度、多粒度度量评价指标和威胁等级与业务优先级，自动生成针对各种威胁的风险评估，并预测发展趋势和计划采取的安全措施的有效性，满足主动防御下网络空间安全防御的需要。

从对网络安全防御的作用方面分析，网络安全态势感知的意义包括以下四个方面。

（1）不断从攻击事件中汲取经验并用于指导防御活动。发现、记录并复盘已经发生并对系统造成了破坏的实际攻击行为，运用工具提取攻击路线、比对行为特征，深入分析攻击如何开始、演化以及最终达到什么目的，从而形成可重用的分析经验和可共享的防御知识，用于构建有效且可用于实践的防御体系。

（2）对网络进行持续地安全监测和协同评估。收集态势数据，利用数据处理模型对数据进行融合，形成安全特征信息。对特征信息进行关联分析，检测和发现当前网络潜在、隐藏和进行中的攻击行为。建立一个通用的、涵盖所有防御操作和人员角色的安全度量指标集，为管理、分析、建设人员提供一种共同的协作语言，并对安全配置、控制措施进行可行性测试和有效性评估，发现网络脆弱点，辅助确定安全威胁风险等级和防御措施优先级。

（3）确定安全威胁风险等级和防御措施优先级。提供确定威胁风险等级和不同威胁场景下确定防御措施优先级所需要的输入数据。这些输入数据包括攻击来源、攻击目的、攻击路线、攻击状态等敌方信息，以及业务部署、资源负载、安全配置、防御措施等己方信息。在攻击发生时，采用事件预测和风险分析模型，将所有相关数据进行综合，预测态势的演变趋势和威胁等级，推选资源条件允许的更高级别的防御措施。

（4）推动实现态势感知的自动化。探索和集成数据处理、关联分析、知识推理等模型和技术，对安全事件进行自动化检测、确认和评估，对当前网络安全状态、安全配置、安全措施和态势知识库进行有效、可靠地更新扩展，实现自动化感知，支持主动的网络空间安全防御。

总之，网络安全态势感知是主动的网络空间安全防御的关键组成部分，其作用和意义都是协助安全分析与响应人员快速有效地执行安全防御任务。

1.3.3 网络安全态势感知的过程

网络安全态势感知是实现主动防御的基础和前提，贯穿于网络防御的全过程，构成网络防御活动的主线。因此，网络安全态势感知是一个迭代循环的过程，由融合信息（包括采集数据、提取信息）、检测事件、预测溯源到评估风险构成感知过程，帮助系统做出决策，再根据需求反馈进行迭代循环，构成网络安全态势感知的全过程，如图1-6所示。其中，特征信息提取、当前状态分析、发展趋势预测是构成态势感知过程的三个主要阶段。

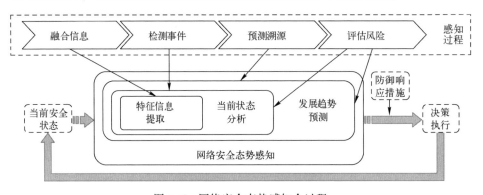

图1-6 网络安全态势感知全过程

1.3.3.1 特征信息提取

特征信息提取是网络安全态势感知的起始阶段，同时也是迭代循环中需求反馈的目标阶段。特征信息提取采用信息融合的方式，提取网络及相关环境中相关安全对象的状态、属性和动态等信息，并将信息用各种易于理解的形式展示和存储，为后续的分析和预测提供素材。准确、全面地识别并提取网络的安全要素和特征是实现有效的网络安全态势感知的基础。

如 1.3.1 节所述，从单一来源、局部网络或单一层面采集的信息数据存在一定的局限性，无法全面描述网络的当前态势；后续的状态分析和趋势预测需要对多来源、全方位数据进行深度关联分析。因此，需要对当前网络的资产信息、漏洞信息和威胁信息及网络空间的漏洞信息等进行多采集。然而，由于当前硬件设备、软件系统、数据来源等存在厂家、标准、目标严重不一致性的现象，因此采集到的数据在格式、量纲、语义等方面存在大量不一致的情况，使得在特征信息提取过程中，需要对采集到的数据进行清洗、集成、规约和变换等复杂操作。另外，当前的信息网络已经发展成为一个庞大的非线性复杂系统，具有很强的灵活性和动态性，产生安全数据的速度快、规模大、格式杂，对于有限的通信和计算资源而言，需要采用按需采集、分段采集等靶向采集方法，以降低信息提取对通信和计算资源的要求。目前的特征信息提取存在较多的理论和技术难题。

1.3.3.2　当前状态分析

当前状态分析是指安全人员对当前网络的信息特征进行关联、组合、分析、解读，从而了解当前总体安全态势，检测和发现安全事件，分析评估网络的脆弱点和攻击影响的过程。检测安全事件及分析网络脆弱点是当前状态分析的核心内容。因此，当前状态分析不仅包括对众多信息的整合，还包括对信息与信息、信息与事件、事件与资产、资产与业务等的关联分析，发现并理解安全信息与安全对象的相关度，从而评估或推断网络脆弱点、安全事件的危害程度以及对网络上业务任务的影响。发现并理解安全信息与安全对象的相关度也是当前状态分析的核心，涉及对数据的确定性分析和安全人员自身的主观性认知。随着网络安全状态的动态变化，这一操作需要持续迭代地进行，最终与安全人员的已有认知相结合，从而综合得出当前态势图像。

可见，当前状态分析是在"特征信息提取"的基础上，解析安全信息之间以及安全信息与安全对象之间的关联性，结合安全人员自身的知识和认知，使安全人员掌握并理解网络当前安全状态。分析当前状态的过程，要摒弃以前分析单一来源或单一层面安全数据、研究单一安全事件的做法，从整体上掌握网络的安全状态并进行综合评估，从而实现辅助决策的目标。

1.3.3.3　发展趋势预测

发展趋势预测是指预测网络安全态势，是网络安全态势感知迭代过程中最后也是要求最高的一个阶段，要基于网络历史安全特征信息、当前状态信息和安全人员知识，预测网络中安全事件和网络安全态势在未来一段时间的发展趋势。这是态势感知的基本目标之一。在预测过程中，对攻击的溯源分析是了解安全事件历史、掌握攻击意图从而预测安全事件发展的关键；所有安全事件的发展趋势构成了网络安全态势变化趋势的基础。网络攻击是具有随机性和不确定性的，面对动态变化的攻击行为，网络的安全态势成为非线性的动态变化过程，使得传统分析预测模型受到了限制和挑战[22]。在上述现实背景下，需要研究采用新型的模型和相关的技术方法，如神经网络模型、时间序列预测法、支持向量机等，以更好地适应网络安全趋势预测的需要。此外，基于因果的数据模型和模式识别也常用在网络安全态势的预测中。未来，随着人工智能和机器学习技术的发展，也许会产生更多智能的技术方法。

网络安全态势感知的三个阶段并非串行过程，而是同步并行的过程，为便于理解而从逻辑上将其切分为三个阶段[12]。在实际的网络安全态势感知中，三个阶段是同时进行并相互触发连续变化的，从而进行迭代循环。三个阶段的数据和信息的输入/输出是交叉可见的，而各组成部件的运行、各阶段安全人员的操作也保持连续的相互支撑和协作。

1.3.4 网络安全态势感知中的相关角色

网络安全态势感知是安全人员在对所防护网络安全状态、面临的攻击威胁及未来走向、网络及业务任务服务质量等，进行感知、预测和评估的过程中形成的。安全人员在态势感知中因岗位角色不同，需要的基础支持信息、从事的安全业务内容、产生的安全业务输出也不相同。安全人员在网络安全态势感知中的相关角色主要包括以下五类[22]。

（1）首席信息安全官。首席信息安全官负责制定安全策略或安全框架，并在所处组织机构中推行和落实有关标准和法规。在大型组织或复杂网络环境下，首席信息安全官会领导多个安全架构师，负责组织内不同安全领域的技术架构和安全系统的设计。在小型组织中，首席信息安全官多与安全架构师合并。首席信息安全官是整个组织网络安全的最高负责人，负责选择网络安全防护策略或决策最佳的网络安全响应措施。

（2）安全分析师。安全分析师负责分析和评估网络中存在的漏洞，提出修补或应对措施。安全分析师还要分析和评估安全事件对网络和业务服务造成的损害，检查分析并推荐最佳解决方案。另外，安全分析师还要测试安全策略及措施的有效性和可行性，协助完成安全解决方案的制定与实施工作。安全分析师是网络安全态势感知的核心角色，其业务操作集中在当前状态分析和发展趋势预测阶段，支持首席信息安全官选择安全方案、执行安全措施是其重要业务内容。

（3）安全工程师。安全工程师负责执行监视、分析、取证、溯源等具体操作，在检测发现安全事件或攻击行为时，触发应急响应操作。另外，安全工程师还会对最新的安全技术、管理流程等,进行调研、跟踪,提高机构安全管理、运维和响应能力。部分组织的安全工程师还会负责本机构业务流程、业务代码的安全分析和审计工作。安全工程师是网络安全态势感知的另一核心角色,其业务操作集中在特征信息提取和当前状态分析阶段,与安全分析师紧密协作,支持安全态势的迭代分析评估。靶向获取安全数据并提取特征信息和安全事件的检测与发现是其主要业务内容。

(4)安全管理员。安全管理员负责安装和维护全组织的安全系统,执行并响应安全信息采集、安全管理措施或安全响应方案实施等。安全管理员是网络安全态势感知的前端"触手",是网络安全态势感知的数据采集前沿人员。

(5)安全顾问/专家。安全顾问/专家是较宽泛的概念和角色,有时泛指除上述4种角色之外所有从事咨询、指导、观察等安全服务的人员,其业务操作超出网络安全态势感知的闭环流程,但其观念、方法或活动,会对网络安全态势感知的业务流程、方法论及阶段结论产生影响。

网络安全态势感知中的相关角色如图1-7所示。

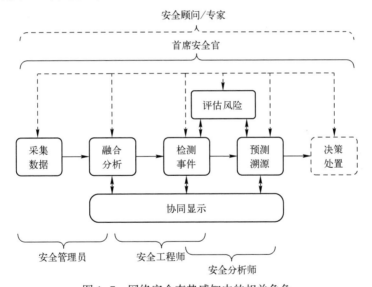

图1-7 网络安全态势感知中的相关角色

1.3.5 网络安全态势感知的需求

"态"即当前现状,是指要对获得的网络安全信息和事件做评估,确定攻击的真实性,理清攻击类型、性质和危害;"势"即全局的发展趋势,是指要预测未来网络安全事件的演变趋势[23]。传统的网络安全态势感知侧重于网络资产或网络行为等原子级的元素,例如单个可疑网络包、对潜在入侵行为的一条告警，或某台易受攻击的计算机等。而在当前复杂的网络环境、持续演化的威胁样式、瞬间变化的攻击路线和网络状态等情况下，网络安全态势感知需要对影响网络态势的所有安全要素进行察觉获取、理解评估和未来预测。由此，对网络安全态势感知提出了"全面、准确、实时"三个要求："全面"即全面感知，从全网角度感知网络安全事件；"准确"即准确感知，准确发现网络攻击、评估危害、预测和溯源；"实时"即实时感知，实时发现、评估、预测和溯源网络攻击[22]。

1.3.5.1 全面感知

全面感知是从范围维度，对敌情和我情进行全面感知。其中，我情是指对已知或配合网络的安全态势感知所需要的信息，包括已知网络资产、拓扑、漏洞和受到的攻击等安全信息，以及运营或任务、防御能力信息；敌情是指对未知或不配合网络的安全态势感知所需要的信息，包括威胁情报、漏洞库等显式安全信息，以及攻击模式、攻击组织等隐式安全信息。攻击感知和任务感知是全面感知的核心。

攻击感知是指掌握网络中隐藏或面临的攻击行为，是全面感知中最重要的活动。从时间维度，攻击感知可以分为历史攻击感知、当前攻击感知和网络当前脆弱面感知。历史攻击感知是指找出网络曾经遭受过的攻击和已有可能受到的针对性的威胁；当前攻击感知是指找出当前最新的攻击样式和网络可能遭受的攻击威胁；网络当前的脆弱面感知是指找出网络中存在的安全缺陷、未修复的漏洞等。

任务感知的任务是指由网络提供的各种服务。改变网络姿态或防御措施可能会影响这些服务，收到网络入侵或安全攻击会严重损害服务质量。安全防御和态势感知的目的是保障服务的正常运行，感知网络当前的运营任务，并建立运营任务与网络资产间的映射关系，是运营任务感知的首要任务，而在传统的态势感知中往往忽略了运营任务感知。

1.3.5.2 准确感知

准确感知包括准确发现对网络的攻击事件，涉及回溯发现历史攻击事件，探查发现当前攻击事件，预测发现潜在攻击威胁；要准确推理当前正在面临的攻击行为，包括攻击意图、攻击路线、攻击目标、下一步行为等；要准确评估当前正在及未来可能的攻击行为对网络安全状态和业务任务的影响，以及安全防护措施或响应恢复措施的效果及其对业务任务的影响。在网络安全态势感知中，数据来源于广泛分布且规格不同的传感器，需要对不同格式、不同量纲和不同语境的数据进行融合，形成全网统一的数据模式，并按照统一的视图完整展示，使管理和分析人员能够按照业务需求获取一致的态势图景。

准确感知是对网络安全态势感知的高阶要求，需要多种关联分析模型、预测推理模型、量化评估模型的交叉支持验证。只有努力追求准确感知，才能减少虚警、误警、漏警等影响态势感知效果，降低安全防御效率现象的发生，从而实现积极主动防御。

1.3.5.3 实时感知

实时感知是从时间维度对网络安全态势感知的高阶要求。实时感知的过程也是大量安全人员协作的过程。实时感知可以为各类安全人员提供简单合理的数据订阅和发布界面，实现数据和阶段分析信息及时、可靠地共享。在实时感知过程中，安全人员按照岗位或安全业务类型划分清晰的任务边界，任务间形成紧密链条，避免具有衔接关系的任务间出现输入/输出不匹配或任务模块遗漏问题；在数据信息共享、分析管理协同、支撑配合联动等协作活动中，通过追踪显示任务流转流程和进展，提高实时感知的时效性和有效性。

在实时感知过程中，交互式迭代分析是一种主要的分析方法。该方法可以快速获取并验证各种安全数据的有效性，理解并确定安全数据所蕴含的攻击事件，预测并评估攻击发展趋势及其造成的影响。在大型网络安全防御活动中运用这一方法，需要相关安全人员在统一协作的环境支持下实施。例如，威胁攻击感知往往与预测评估分析交互迭代，通过历史场景复盘或网络状态回放实现感知历史攻击和预测网络安全状态，要求复盘分析人员快速响应应急分析人员的需求，并在风险评估人员的配合下，提供与应对与当前威胁相关的历史攻击事件及其响应措施。

1.4 本章小结

本章首先分析作战形态和作战内涵的变化，然后介绍态势感知的概念和发展进程，提出网络安全态势感知的概念。为了更好地讲解网络安全态势感知的概念，本章梳理了网络安全态势感知的作用，包括"不断从攻击事件中汲取经验并用于指导防御活动"、"对网络进行持续地安全监测和协同评估"、"确定安全威胁风险等级和防御措施优先级"、"推动实现态势感知的自动化"四个方面，按照"特征信息提取、当前状态分析、发展趋势预测"三个阶段，阐述了网络安全态势感知的形成过程，根据一般组织实际业务机制，描述了网络安全态势感知中有关岗位角色及其职责，提出了网络安全态势感知的"全面感知、准确感知、实时感知"三个方面的要求。

网络安全态势感知的研究是网络空间安全领域的热点，部分概念、模型和方法在业界目前还没有达成一致。本章也分析了部分当前已有的研究成果。

参考文献

[1] 李东洋. 兵器技击的演变特征之研究 [D]. 北京: 北京体育大学, 2019.

[2] 翦伯赞. 中外历史年表 [M]. 北京: 中华书局, 2008.

[3] 百度百科. 滑铁卢战役 [EB/OL]. [2020-6-5]. https://baike.baidu.com/item/滑铁卢战役/84294.

[4] 陆军, 杨云祥, 陈奇伟, 等. 战争形态演进及战斗力生成模式思考 [J]. 中国电子科学研究院学报, 2014, 9 (06): 586-591+602.

[5] 常梦雄. 信息时代的武器、军队和战场展望 [J]. 航天电子对抗, 1995 (01): 1-11.

[6] 许盛恒. 第一次世界大战的三大战役 [J]. 历史教学, 1984 (01): 42-44.

[7] 军事科学院军事历史研究部. 海湾战争全史 [M]. 北京: 中国人民解放军出版社, 2002.

[8] 李雪. 网络战场: 国家间博弈新舞台 [J]. 信息安全与通信保密, 2008 (09): 11-13.

[9] 王景. 近年著名的网络战案例 [N]. 解放军报, 2016.11.18 (7).

[10] 陈兴跃. 网络安全能力建设: 意识、管理和技术的协同——"永恒之蓝"勒索蠕虫爆发事件引发的思考 [J]. 信息安全研究, 2017, 3 (08): 765-768.

[11] 陆军, 杨云祥. 战争形态演进及信息系统发展趋势 [J]. 中国电子科学研究院学报, 2016, 11 (04): 329-335+452.

[12] 杜嘉薇. 网络安全态势感知: 提取、理解和预测 [M]. 北京: 机械工业出版社, 2018.

[13] Endsley M R. Design and evaluation for situation awareness enhancement [C] //Proceedings of the Human Factors Society Annual Meeting. Los Angeles, CA: Sage Publications, 1988: 97-101.

[14] Endsley M R, Connors E S. Situation awareness: State of the art [C] //Power & Energy Society General Meeting-conversion & Delivery of Electrical Energy in the Century. Piscataway: IEEE, 2008: 1-4.

[15] Kokar M M, Endsley M. R. Situation awareness and cognitive modeling [J]. IEEE Intelligent Systems, 2012, 27 (3): 91-96.

[16] 席荣荣, 云晓春, 金舒原, 等. 网络安全态势感知研究综述 [J]. 计算机应用, 2012, 32 (01): 1-4+59.

[17] Wellens A R. Group situation awareness and distributed decision making: from military to civilian applications [J]. Individual and Group Decision Making: Current Issues, 1993: 267-291.

[18] Endsley M R, Robertson M M. Situation awareness in aircraft maintenance teams [J]. International Journal of Industrial Ergonomics, 2006 (26): 301-325.

[19] Bass T, Arbor A. Multisensor data fusion for next generation distributed intrusion detection systems [C] //Proceeding of IRIS National Symposium on Sensor and Data Fusion, 1999: 24-27.

[20] 龚俭, 臧小东, 苏琪, 等. 网络安全态势感知综述 [J]. 软件学报, 2017, 28 (04): 1010-1026.

[21] 石乐义, 刘佳, 刘祎豪, 等. 网络安全态势感知研究综述 [J]. 计算机工程与应用, 2019, 55 (24): 1-9.

[22] 科特. 网络空间安全防御与态势感知 [M]. 黄晟, 安天研究院, 译. 北京: 机械工业出版社, 2018.

[23] Kokar M M, Endsley M R. Situation Awareness and Cognitive Modeling [J]. Intelligent Systems, IEEE, 2012, 27 (3): 91-96.

第 2 章 网络安全态势感知系统及案例

用于网络安全态势感知的系统是一个辅助信息支持系统,用于辅助网络安全人员全面、实时、准确地感知大型复杂网络的安全状态,在网络安全防御活动中提供决策支持。本章根据网络安全态势感知的概念,参考态势感知的作用、过程以及态势感知系统人员角色和需求等,阐述网络安全态势感知系统的功能和结构,分析实现该系统的关键技术,并介绍一些典型的系统案例。

本章 2.1 节将介绍网络安全态势感知系统的功能结构;2.2 节将从态势数据采集与安全特征提取、攻击行为检测与特征分析、态势风险评估与威胁计算、态势发展预测与攻击溯源、态势可视化等多个角度介绍网络安全态势感知系统的关键技术;2.3 节将对国内外典型的网络安全态势感知系统案例进行介绍;2.4 节将进行小结。

2.1 网络安全态势感知系统的功能结构

网络安全态势感知系统是实现态势感知的重要部分,是对网络安全态势进行感知、理解及分析的技术支撑平台和自动化工具。根据网络安全态势感知的形成过程,典型的网络安全态势感知系统功能和结构包括特征信息提取、当前状态分析、发展趋势预测、风险评估、模型及管理和用户交互六个部分,如图 2-1 所示。

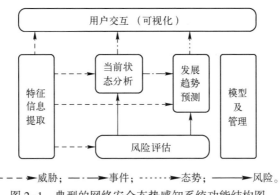

图 2-1 典型的网络安全态势感知系统功能结构图

(1) 特征信息提取

在网络安全态势感知中，采集和提取网络安全数据的攻击种类繁多、方法多样，从网络安全大数据中提取出有用信息是形成有效态势感知的关键。对于资产维度、漏洞维度、威胁维度的网络安全数据，需要针对不同的网络安全要素设计对应的规则，提取符合特征的数据，从而实现针对关键信息的靶向数据采集。在提取了不同维度的数据以后，需要对多个维度的数据进行融合，融合的过程主要包括数据清洗、数据集成、数据规约和数据变换等。其中，数据清洗是为了去除数据集中的噪声数据、内容不一致的数据、对遗漏数据进行填补等，保证数据的充分可用性；数据集成是对格式不一致的数据进行处理，并将分散在多个数据源中的数据集成到一个具有统一表达形式的数据集中，从而实现从一个统一的视角处理不同来源的数据；数据规约是对数据进行精简，由于网络安全数据体量大、特征维度高，分析师很难分析和处理所有的数据，通过数据规约可以大幅度减少需要处理的数据，让分析师可以关注更为重要的数据；数据变换是将数据从一种表示形式变形为另一种更利于分析的表示形式，从而为网络安全态势感知提供更有效的数据表示形式。

(2) 当前状态分析

当前状态分析利用系统的自动化模型，通过可视化功能与用户交互，根据用户的交互指令，检测和发现网络中的威胁事件。当前状态分析主要包括关联分析、攻击检测、取证分析、事件发现等模块。其中，关联分析模块是通过对资产维度、漏洞维度、威胁维度的信息进行关联，从而实现对网络攻击行为的准确实时检测，并支持历史网络安全事件的复盘分析；攻击检测模块是根据已有的多源网络安全数据检测当前网络系统中正在发生的攻击活动；取证分析模块是通过提取历史的网络安全数据，对发生的网络安全事件及相关的威胁数据进行复盘，从而发现或验证网络攻击的历史"痕迹"，为检测网络安全事件提供更多的数据支撑；事件发现模块是根据关联分析、攻击检测、取证分析的结果，推导出威胁事件的来源、攻击者、攻击意图等。

(3) 发展趋势预测

发展趋势预测综合利用自动化模型，通过可视化功能与用户交互，根据用户的交互指令对攻击和威胁事件的发展趋势进行预测，生成未来一段时间的网络安全态势，为防御措施的制定和应对方案的选择提供决策支持。发展趋势预测主要包括攻击溯源和攻击预测模块。其中，攻击溯源模块在取证分析模块的支持下，辅助完成对攻击来源、攻击路径、攻击模式的分析，为发展趋势预测提供实证分析功能；攻击预测模块利用预测模型，辅助实现对当前及假定攻击的预期目的、未来行为的分析。

（4）风险评估

风险评估旨在对正在发生的网络安全事件或威胁行为可能造成的安全风险进行评估，并将网络系统的整体安全态势因子（网络安全度量指标）映射到一个量化的风险维度。按照评估维度和目标的不同，风险评估可以分为定量评估和定性评估。定性评估通过评估者与安全人员的多次交互，依据评估者的知识和经验等非量化指标对攻击或威胁的风险进行评估；定量评估则是运用数据指标对攻击或威胁的数据元素通过数学方法或数学模型进行计算，生成攻击或威胁的风险值。

（5）模型及管理

自动化理解网络安全态势的过程实质上是从分析师的角度理解网络安全态势的认知过程，在认知过程中会形成描述网络安全态势的本体模型、预测模型、评估模型等。模型及管理是对认知过程中的本体模型和预测模型及评估模型的数据规范、功能接口、模型存储与更新等进行定义和管理。在认知过程中形成的认知模型支持态势感知系统自动化地理解和预测网络安全态势，对感知的网络安全事件、目标实体、场景等进行统一建模表示，支持基于表示模型的推理和预测。其中，本体模型主要面向状态分析，对态势感知中的关键概念、实体、语义等进行统一的规范化定义和表示，以支持后续的推理和发现；预测模型定义用于攻击预测的事件和关系的表示形式与方法；评估模型用于定义模型和威胁风险度指标体系以及资产与任务度量指标体系等。

（6）用户交互

用户交互负责完成态势感知系统的可视化功能，以便用户与网络安全态势感知系统进行交互、展示当前网络安全态势、预测未来态势、评估安全风险、对攻击行为溯源等。可视化模块针对不同的网络攻击行为、不同的态势感知阶段等，采用多种不同的人机交互、数据可视化技术进行设计，为用户提供一个易于直观理解和使用网络安全态势感知系统的方式。

2.2 网络安全态势感知系统的关键技术

网络安全态势感知系统的关键技术主要包括数据采集与特征提取、攻击检测与分析、态势评估与计算、态势预测与溯源、态势可视化等，如图 2-2 所示。

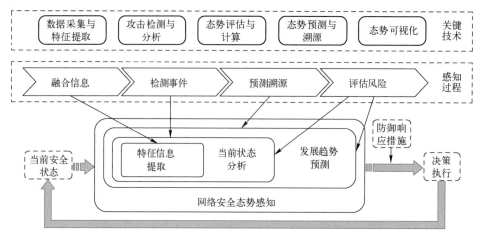

图 2-2 网络安全态势感知系统关键技术和感知过程

2.2.1 数据采集与特征提取

网络安全态势感知的数据采集方式多样,不仅包括设备自带的各种数据采集工具,还包括可搭载在网络系统中的各类辅助性设备,如防火墙、入侵检测系统、探针等。数据采集面临的难点是数据体量大、数据种类多,如果采集所有的数据,将面临数据过载的问题,因此需要根据网络安全要素设计相应的特征,对符合特征的数据进行靶向数据采集。

数据采集与特征提取主要涉及的关键技术包括数据模型的定义、基于特征的数据采集、数据融合等。

2.2.1.1 数据模型的定义

数据模型的定义主要针对需要采集的数据格式、内容等进行定义,通常需要定义数据结构、数据操作、数据约束[1]。数据结构描述了数据的类型、组成、性质和数据间的关系等,是数据模型的基础,并从概念语义和实现技术上对数据操作和数据约束提供支持。不同的数据结构对应的数据操作和数据约束也不同。数据操作是在数据结构的基础上,针对不同类型的数据进行计算、推理约束和规则,是对操作符和操作方法的无歧义性约定。数据约束是在数据结构的基础上,结合业务语义,定义不同类型、不同结构的数据的数值、词法、语法、关联关系、依存关系的取值、计算和推理约定,确保数据正确、有效和相容。

数据模型的定义是采集和融合网络安全态势感知所需信息的关键,涉及定义主体业务数据、定义数据输入/输出格式、定义数据收集与集成模式等。通过规范统一的数据模型定义,可以解决由于网络安全态势感知中需要处理多种传感器、异构数据源、高速大流量数据流而给数据采集和信息融合带来的难题[3]。另外，也可以将数据模型的内涵进行拓展，使数据模型包含实体和关系等，进而规范数据分析和可视化范式[4]，支持威胁评估[5]。需要强调的是，数据模型不仅需要定义实体、事件、任务、结果等主要业务数据的格式和语义，还需要清晰地定义与实体和事件的上下文语义相关的信息[6]。

数据模型通过定义需要采集数据的格式、结构等，支持对采集到的网络安全数据进行高效存储及管理，并能提高数据融合的效率。

2.2.1.2 数据采集

数据采集又称数据获取，是指从传感器和其他待测设备等被测单元中自动采集信号，送到上位机中进行分析和处理[7]。数据采集系统是利用计算机软件、专用数据采集硬件设备、采集数据生成平台内置数据推送适配器等实现的用户可定制、自动执行的测量系统。根据采集的数据规模来划分，数据采集可分为采样式数据采集和全样本数据采集。采样式数据采集是隔一定时间或空间（采样周期）对同一采集点重复采集；全样本数据采集指收集采集点的所有状态数据。网络安全态势感知系统中的数据采集和传统的数据采集不一样，通过采样式数据采集方法很难保证采集到所有关键的敏感数据，可能导致系统不能及时准确地发现针对网络系统的攻击行为；通过全样本数据采集方法需要对所有的网络安全数据进行采集，数据体量太大、数据动态变化快、数据种类繁多，不仅给数据的有效存储和管理带来巨大难度，并且可能导致系统不能及时高效地检测网络安全事件。

数据采集是网络安全态势感知的基础，在网络安全态势感知中需要设计靶向数据采集方法。具体而言，网络安全数据包括多种维度信息，如资产维度信息、漏洞维度信息、威胁维度信息。数据采集，需要根据各种维度信息设计相应的规则，形成数据采集的特征，并对符合特征的数据进行靶向采集。例如，从资产维度需要采集网络和主机状态信息、服务状态信息、链路状态信息、资源配置信息等，从漏洞维度需要采集漏洞信息、补丁信息等，从威胁维度需要采集攻击行为的特征信息、威胁情报信息等。是否能准确、高效地采集网络安全数据直接决定着网络安全态势感知的结果[8]。针对不同维度的数据，目前的采集方式主要包括日志采集方式、协议采集方式、利用集成化网络采集工具的采集方式等[9]。

2.2.1.3 数据融合

网络安全态势感知中采集的数据来源多、种类复杂，需要对多源异构数据进行有效融合，以消除大规模网络环境中获取的数据的差异性，并将数据融合进行关联分析。在多源异构网络中采集的有关网络安全的数据是极其不规范的。有的数据是动态的,有的数据是静态的,有的数据是离散的,有的数据是连续的;有的数据是重复的,有数据是互补的。数据融合的过程是一个剔除冗余数据、对数据格式进行标准化处理、对数据进行变换等,从而实现对网络安全事件的一致性描述的过程[10]。

数据融合的方式有很多,在态势感知中,对于处理多源异构数据的研究已经比较成熟,已有的理论和方法各具特点与优势。其中,贝叶斯网络具有神经网络和图论的优点,基于概率理论来处理不确定性,提供了一种将知识直觉地进行图解以实现可视化的方法;D-S证据理论引入了对不确定性的量化表示,和对当前未知事实的形式化描述,可以用精确度的方式定义信息与事实的等级;粗糙集理论借助模糊逻辑计算,从海量、异构、多源的数据中发现数值关系、行为规律,并将这些结论形成可复用的、形式化的逻辑规则;"安全态势值"的方法具有非线性时间序列的特点,而神经网络具有处理非线性数据的优势;"赛博空间入侵者"的方法具有相对确定的意图,采用意向图进行意图识别,形成一种新颖的研究方式,将隐马尔可夫模型用于意图识别,能够从多传感器融合数据,得到正确地识别与认知;另外还有学者将博弈论应用于网络空间防御方面的研究,例如,采用马尔可夫博弈论模型,利用分布式结构有效地为网络空间的不确定因素进行建模,从而能很好地抓住网络冲突的性质[11]。

数据变换是对数据进行规范化归并或转换,以便于后续的数据分析、统计和信息挖掘。常见的数据变换包括对数据进行各种处理:平滑处理,即通过统计、拟合、回归、聚类等方式,发现、去除或修订数据中的噪声;合计处理,即对数据进行总结或合计操作,常用于构造数据立方或对数据进行多粒度的分析;数据泛化处理,即通过拓展、规约、抽象等方法,用抽象的概念替换具体的对象,用高层次规则描述具体的数据;规格化处理,即将目标对象的可量化属性和特征,从一个跨度较大或较广的范围,映射到一个相对较小的特定范围内,并保持原始属性的统计特性;属性构造处理,即根据已有属性集构造新的属性,以提高数据处理的效果。

通过数据融合,态势感知系统可以对多源异构的网络安全数据进行有效整合,并将最关键的数据提供给分析师。

2.2.2 攻击检测与分析

通过对数据进行关联分析有助于实现对网络攻击事件的有效检测。传统的攻击检测与分析技术主要通过使用特征库和攻击行为规则库来实现,并对历史发生的攻击事件进行总结。利用针对单步攻击形成的特征库,当采集的数据符合单步攻击的特征时，便能直接检测出该单步攻击行为；利用针对多步攻击事件形成的攻击行为规则库，当采集和分析出的攻击行为符合对应的规则时，便能实现针对多步攻击事件的检测。但是上述攻击检测与分析方法很难用于对有效攻击的检测中，并且缺乏从人类分析师角度出发的理解和检测网络安全事件的认知过程。

在网络安全态势感知中实现攻击检测和分析，需要对人类的认知过程进行建模，采用抽象的概念模型进行表示，建立符合网络安全态势感知的认知模型，以便支持基于模型的攻击检测与分析。相关的技术主要包括本体模型、认知模型、关联分析、攻击检测等。

2.2.2.1 本体模型

本体模型是从客观世界中抽象出来的一个概念模型。这个模型包含某个学科领域内的基本术语和基本术语之间的关系（或者称为概念及概念之间的关系）。本体不等同个体。本体是团体的共识，是相应领域内公认的概念集合。这里所说的概念集合的内涵包括四层含义：将相关领域的知识表述为概念；通过概念表述的知识应明确且没有歧义；要将知识形式化地表述出来；知识的表达是要利于共享的。

网络安全态势感知的对象及环境比较复杂，存在对象属性难以量化、语义难以描述的困难。在态势感知过程中，面临着态势要素语义结构不同、数据缺失与数据冗余并存等难题。本体模型能够全面有效地描述网络安全态势，将网络安全各类数据和指标要素抽象分类并归纳为实体、属性以及关联关系，建立由安全事件的上下文环境、攻击行为的特征信息、当前已知的和系统现存的漏洞静态信息以及目标网络的历史和当前流量数据等组成的网络安全态势描述模型[12]。依托网络安全态势感知的本体模型，可以解决态势对象属性难以量化和规范、语义描述难以统一和共享等问题。依托本体的规范化描述特征，可以利用通用的推理方法，结合用户制定的约束条件，进行知识和事件推理[13]。

2.2.2.2 认知模型

认知模型源于心理学研究领域，是人类对真实世界进行认知的过程模型。在认知行为中，通常包括感知对象、注意目标、形成概念、知识表示与推理、记忆留存与更新、信息传递与共享等。人们通过建立认知模型研究人类的思维机制、与环境的感知交互机制、人与人之间的集体认知机制等，指导设计和实现智能化或智能辅助系统。较早被提出的经典"3M"模型是认知模型的代表，"3M"表示事物是什么（What）、如何（How）、为什么（Why）。

网络安全态势感知引入认知模型，从注意力机制角度"理解并解释态势"[14]。网络空间安全态势感知面临着数据量大、攻击形态多样易变、网络环境复杂、对抗性强等挑战,而且,在人的认知能力、注意力机制的限制下,使态势感知必须借助辅助工具,以深刻理解并解释态势,达到"感"和"知"的目的。因此,认知模型在网络安全态势感知应用场景下,必须从环境、行为和过程等不同层面实现"智能化辅助"[15]。

构建认知模型是为了将人类分析师理解网络安全态势感知的过程进行自动化建模,从而实现自动化的态势理解过程,以便支持对网络攻击事件进行有效检测。

2.2.2.3 关联分析

关联分析又称关联挖掘,就是在行为记录、关系数据或其他信息中,查找存在于项目集合或对象集合之间的相关关系,包括值相关关系、语义相关关系、共现关系、因果关系等。关联分析用于描述多个变量之间的关联。如果两个或多个变量之间存在一定的关联,那么其中一个变量的状态就能通过其他变量进行预测。例如,房屋的位置和房价之间的关联关系或者气温和空调销量之间的关系。

在网络安全态势感知场景中,关联分析用于发现网络安全数据在时间、空间、序列等表层关系,并结合资产维度、漏洞维度、威胁维度的信息,通过安全攻击事件溯源和复盘,发现攻击活动与安全数据、安全事件及攻击模型等的语义关系,从而为实现自动化检测网络攻击事件提供支持。

2.2.2.4 攻击检测

传统的攻击检测是通过使用流量分析、负载分析、行为分析等技术,以及基于经验和基于机器学习生成规则的方法,发现并验证网络中的攻击行为或可疑行为。在网络安全态势感知中,攻击检测主要基于日志、流量、负载、协议等数据,通过关联分析和规则匹配等方法,识别网络或系统中的恶意行为。在构建本体模型和认知模型以后,通过模型进行推理实现对网络攻击事件的检测。

2.2.3 态势评估与计算

对网络安全态势进行评估与计算是全面、准确、实时反映网络安全态势的重要手段。态势评估一般可分为定性评估和定量评估。其中,定性评估是由评估者根据自己的经验和认知,对网络系统面临的非量化指标进行评估;定量评估是对所要评估的元素根据一定的标准进行量化,对量化后得到的数据采用数学方法或数学模型进行分析和计算。态势评估与计算涉及的主要关键技术包括指标体系的构建、对网络系统风险的评估。

2.2.3.1 态势评估指标体系

态势评估指标体系是根据网络安全态势感知中威胁评估、影响评估、能力评估等，定义相关的指标体系及其评估模型。一般而言，态势评估指标体系包括从漏洞维度、威胁维度、资产维度建立的度量指标。其中，漏洞维度的度量指标包括单个漏洞的度量指标和网络漏洞的总体度量指标；威胁维度的度量指标包括单个攻击的度量指标和整个网络面临攻击的度量指标；资产维度的度量指标包括工作任务的度量指标和资产度量指标等。通过不同维度的度量指标，形成整个网络安全态势感知系统的多层次、多维度、多粒度的指标体系。

2.2.3.2 风险评估与计算方法

风险评估是网络安全态势感知的核心要素，准确计算当前网络系统面临的安全风险有助于分析师制定针对系统的防护措施。如上述态势评估指标体系所述，风险评估与计算需要根据指标体系中对不同维度评估指标的定义，融合各类安全设备数据，借助某种数学模型经过形式化推理计算，得到当前网络态势中某一目标在某层面上的安全、性能等评估值。按照风险评估与计算方法的不同，网络安全态势评估可以分为定量评估和定性评估。不同评估方式所采用的方法不同，各种方法均有优点和不足。定性评估方法主要包括调查问卷法、逻辑评估法、历史比较法和德尔菲法等，其优点是可以挖掘出一些蕴藏很深的思想，使评估的结论更全面、更深刻。定量评估方法主要包括贝叶斯技术、人工神经网络、模糊评价方法、D-S 证据理论、聚类分析等，具有结果更直接、更客观，依据更科学、更严密等优点。

2.2.4 态势预测与溯源

态势预测是对当前网络安全态势未来将如何演化的展望，以及对未来态势中安全元素的预期，是态势感知的最高层级。网络安全态势预测的内容包括对当前正在发生的网络攻击事件的演化进行预测、对未来可能发生的网络攻击行为进行预测，以及对网络安全整体态势进行预测等。传统态势感知的最高层级即为态势预测，而网络安全态势感知除了进行态势预测，还要进行溯源，这是实现主动防御的关键技术。网络攻击溯源是指还原攻击路径，确定网络攻击者身份或位置，找出攻击原因等。通过攻击溯源可以帮助分析师有针对性地制定安全策略，能显著地降低防御成本，大幅度地提升防御效果。具体而言，态势预测与溯源包括的关键技术为构建预测模型、攻击预测、攻击溯源、取证分析等。

2.2.4.1 构建预测模型

一般概念上的预测模型是指用数学语言或公式描述和预测事物间的数量

关系。预测模型在一定程度上揭示了事物间的内在规律。构建预测模型是态势预测与溯源的基础工作。在做态势预测时可以把预测模型作为计算预测值的直接依据。因此，预测模型对预测准确度有极大的影响。任何一种具体的预测方法都是以其特定的数学模型为特征的。预测方法的种类有很多，各有相应的预测模型[16]。

在网络安全态势感知应用中，预测模型主要针对攻击事件、攻击对网络部件及业务任务的影响这两个方面来构建。传统网络安全事件预测主要采用时间序列预测[17]、回归分析预测[18]和支持向量机预测[19]等方法。当前基于知识推理的网络安全事件预测主要采用攻击图方法[20,21]，对攻击行为[22]、攻击能力及意图[23]、攻击模式等进行预测[24]。

2.2.4.2 攻击预测

攻击预测是指根据当前及历史网络安全数据，结合已经形成的网络安全知识，通过推理的方法预测攻击的未来动向，包括攻击路径、攻击目标、攻击意图等[25]。如构建预测模型所述，攻击预测的常用方法包括基于时间序列的预测、基于回归分析的预测、基于支持向量机的预测等传统预测方法，以及基于攻击图的预测等知识推理预测方法。

2.2.4.3 攻击溯源

攻击溯源是指利用网络溯源技术查找并确认攻击发起者的信息，包括地址、位置、身份、组织甚至意图等，还原攻击路径，找出攻击原因等。攻击溯源分为应用层溯源和网络层溯源，在将应用层行为体、目标体等关联映射到网络层标识，如 IP 地址，从而将应用层的溯源活动转化为网络层的溯源操作。在网络安全态势感知中，攻击溯源是攻击预测的重要基础或前提，也可为理解当前态势和复盘分析历史安全事件提供手段。

2.2.4.4 取证分析

取证分析是攻击溯源操作的组成部分，根据分析的环境目标对象，可以分为网络取证、系统取证、业务取证。网络取证是指通过网络设备日志，提取分析协议层次的通信行为、路径和流量等特征数据，发现攻击活动的网络轨迹；系统取证是指通过计算机的系统日志，提取分析主机系统内及相关系统间的活动记录，发现针对计算机系统的攻击活动痕迹；业务取证是指针对服务系统的业务日志，提取分析业务软件层面的操作记录，发现穿透网络和计算机系统到达业务系统的恶意破坏行为。

2.2.5 态势可视化

实现态势可视化要依托信息可视化技术。信息可视化技术是一套关于信息转化、图形显示和人机交互的技术,运用图形或图像计算技术,按照认知交互理论,将抽象、复杂的信息内容或数值关系转换为直观、易读的图形或图像,并显示在电子或虚拟屏幕上。在网络安全态势感知过程中,人类通过可视化技术提供的交互手段感知态势信息,包括安全数据的展示、为发现攻击事件而通过迭代进行的数据分析统计等活动。可视化模块与网络安全态势感知的各个阶段息息相关,是实现统一协作的核心技术。信息可视化是一种视觉感知手段,能够激发并支持使用者的认知主动性,并以交互的方式强化使用者对信息的深度理解[26]。态势感知系统集成可视化模块,以大数据、机器学习、深度分析、可视化为技术基础,将威胁情报分析、安全策略解析、异常流量监测、日志深度挖掘、攻击发现溯源和安全事件响应等多种功能进行融合集成,实现对网络安全态势的实时感知、对攻击行为的准确发现和预测,提升用户网络的安全运行、管理和维护效率。

2.3 典型的网络安全态势感知系统案例

2.3.1 "龙虾计划"系统

龙虾计划(Lobster Program)[27]的全称是 Large-scale Monitoring of Broadband Internet Infrastructures,即大规模宽带 Internet 基础设施监测。该计划是由希腊研究与技术基金会承担,联合阿尔卡特、赛门铁克、希腊电信、捷克国家教育科研网、欧洲研究与教育网络协会、阿姆斯特丹自由大学等公司和机构及学校,旨在欧洲建立一套互联网流量被动监测基础设施,提高对基础互联网的监测能力,为安全事件提供早期预警,并提供准确和有意义的性能测量方法,提高互联网的性能和处理安全问题的能力。龙虾计划自 2004 年 1 月到 2007 年 6 月持续了三年多时间,虽然该计划已阶段性结束,但最初的相关参与方和后期服务受益方仍在基于这个计划持续各自的研究与应用工作。该计划的本质目的就是为了感知网络的态势,尤其是感知安全态势。

龙虾计划不是专门针对网络安全而发起和推进的,它的功能包括了对网络性能与可用性的监测,例如,监测流量分布、统计(应用层)流量、度量应用性能、度量 Internet 服务质量等。这些功能可以直接或作为核心支撑技术应用到网络安全态势感知中,例如,精确识别使用动态端口的应用(如 P2P 应用),对零日蠕虫的扩散进行早期预警分析,度量可用性能,检测与跟踪 DDoS 攻击等。龙虾计划提供的具体服务包括:

(1)在欧洲部署一个试点互联网流量监控基础设施。利用在历史项目中获得的经验,在欧洲部署一个独一无二的、基于被动监测的互联网流量监控基础设施。该基础设施安装在 NRN(国家无线电网)和可能的 ISP(互联网服务提供商)平台以及项目合作伙伴网络平台上。

(2)组织和协调互联网流量相关领域的利益相关者。龙虾计划构建的流量监测虚拟网络将由该领域的主要利益相关者组建,包括 NRN、ISP、研究机构和网络设备制造商。该虚拟网络将能够:①监测基础设施的运行;②通过纳入新成员节点来扩展基础设施;③通过转让专有技术支持新成员节点;④对监测技术人员进行培训;⑤制定必要的政策来共享和协作使用监测基础设施等。

(3)提供数据匿名工具以防止未经授权的对原始流量数据进行篡改的行为。为了避免产生未经授权使用网络流量数据的情况,龙虾计划实现并提供了一套用于加密和匿名监控流量中原始信息的工具。龙虾计划实现的基础设施在最底层提供了数据包捕获软/硬件,在数据到达主机之前对其进行加密和安全检测。在更高的层次上,这套工具可以通过某种脚本语言提供独立于应用程序的数据匿名化功能,在保护用户匿名性的同时仍可满足监控程序的要求。

(4)提供对已有应用业务的流量监测服务。这些服务包括:①精确描述使用动态端口的程序的流量特性;②零日蠕虫检测、预警和跟踪;③欧洲互联网的测量服务,涉及网络的服务种类、网络安全信息、服务质量、社会文化和行为信息以及加密通道的使用等;④提供以天为单位的匿名的流量数据摘要,以检测网络整体变化趋势、校准网络模型等。

(5)在不同层次宣传和推广该计划的作用和成果,包括:①向感兴趣的网络研究人员推送匿名流量数据;②向 ISP 和 ASP 提供功能服务;③使安全专家能够利用这一基础设施发现并遏制蠕虫和各种形式的网络攻击。

2.3.2 YHSAS 网络安全态势分析系统

YHSAS 是 2006 年由国防科技大学启动研究的网络安全态势分析系统。2009 年,"网络安全态势分析系统 YHSAS1.0"被正式推出[28]。该系统结合基础安全组件的告警、系统日志和网络流量数据,进行多通道数据的关联分析和挖掘,实现了对全网重大网络安全事件的检测。该系统建立了多维度、多层次和多粒度的网络安全指标体系,实现了网络安全态势的实时量化计算。2012 年,该系统的升级版"网络安全态势分析系统 YHSAS2.0"被正式推出[29],基于"网络安全知识大脑"技术实现了对已知安全知识的有效管理和利用,实现了对深度攻击(APT 攻击)的检测,实现了从微观到宏观的多层次、多粒度的网络安全态势实时量化评估，突破性地实现了网络安全事件预测技术，在很多行业获得成功应用。

YHSAS 网络安全态势分析系统体系结构如图 2-3 所示。

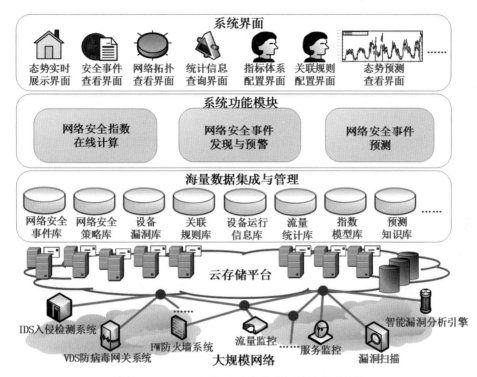

图 2-3 YHSAS 网络安全态势分析系统体系结构

目前，YHSAS 的核心功能包括：①安全信息采集，可对全网全数据类型的信息进行采集，包括网络流、数据包、注册表、文件等内容数据，以及内存信息、地址信息、协议信息、服务信息等监测数据，数据存储规模达到 10PB，可集成 180 多种网络安全设备；②安全攻击检测，可检测网络扫描攻击、口令攻击、木马攻击、缓冲区溢出攻击、篡改信息攻击、伪造信息攻击、拒绝服务攻击、电子邮件攻击等常规攻击和 APT 攻击，检测的覆盖率超过 90%；③态势量化计算，具有可量化的多维度、层次化安全指标体系，能够多角度描述网络的整体安全态势；④安全态势分析，通过对网络安全事件的多角度、多线索时空分析，提供多模式、多维度的可视化输出；⑤安全态势预测，可以准确预测某时段内的安全趋势，对木马攻击、DDoS 攻击、病毒态势、僵尸网络、APT 攻击进行行为预测，而且能实现良好的预测符合度。

YHSAS 在硬件平台、数据采集、知识管理、多维评估、多模预测等部分中采用了以下关键技术：

（1）网络空间安全大数据实时分析计算平台技术。网络空间安全数据是典型的大数据，阻碍大数据实时计算和分析的核心问题是磁盘 I/O 瓶颈。针对这一核心问题，YHSAS 采用基于"分布式数据处理中间件 + 已有数据管理技术"的体系架构，并在此基础上插接内存计算、"划分–规约"计算和流计算的数据分析加速模块，支持大数据在线计算和分析，具有高可扩展和在线插拔等特性。

（2）面向网络安全要素的信息采集与高维向量空间分析技术。针对传统的安全设备和产品通常根据自己局部目标进行数据采集，缺乏对全局、未知及复杂安全事件分析的问题，YHSAS 提出了面向网络安全的全要素信息采集模型，通过对多维度、多层次的高维向量全信息进行安全特征的提炼和分析，大幅提高了对复杂安全事件的准确和实时检测的能力。

（3）支持超大规模网络安全知识表示和管理的知识图谱技术。针对网络安全知识的大规模、在线演化和时空相关等特性，YHSAS 采用网络安全知识表示和管理的超级知识图谱模型，突破了多模态知识图谱的自动/半自动的构建方法，以及在线演化和快速匹配等核心关键技术，构建了一个大规模网络安全知识图谱，实现了网络安全事件的准确、实时检测技术，在标准测试集上，系统去重率为 99.8%，误报率为 0.01%，漏报率为 0.2%。

（4）多层次、多粒度和多维度网络安全指标体系的构建方法。影响大规模网络安全态势分析的因素多种多样，各种因素的重要性也不尽相同。针对这种情况，YHSAS 给出构建多层次、多粒度和多维度网络安全指标体系的方法，实现了指数可配置、实时计算和在线演化的方法，能够准确描述和量化大规模网络宏观与微观的网络安全态势。

（5）基于自适应预测模型的多模式、多粒度网络安全事件预测技术。针对已有技术难以实现对网络安全发展趋势进行预测的问题，YHSAS 提出了基于自适应预测模型多模式、多粒度的网络安全态势预测技术，包括多种预测方式有机结合的网络安全态势预测技术、基于特征事件序列频繁情节的预测技术、基于小波分解及 ARMA 模型的预测技术、基于改进型支持向量回归预测的多维熵值异常检测方法，实现了对网络安全态势的准确预测。

2.3.3 其他典型系统

美国国防信息系统局（DISA）于 2000 年启动了半人马座系统（CENTAUR）[30]。这个系统是全球第一个国家级的针对特定域网络的态势感知系统。该系统基于网络安全数据挖掘和模式发现技术，检测并发现攻击、预测发展趋势、确定影响范围及计划采取的对抗手段。美国国家安全局（NSA）于 2011 年部署了深度网络监控计划（又称藏宝图计划）[31]。这个计划的研究目标是将整个网络的所有设备在任何地点、任何时间都动态地纳入监控中，实现一个准实时、交互式的全球互联网地图。美国国家安全局（NSA）部署实施了一个名为怪兽心灵（Monstermind）[32]的系统，其核心是实时态势感知和自动反击，即在美国重要目标受到攻击后能立刻识别敌人，封锁攻击并且对敌方进行自动反击。美国国防部高级研究计划局（DARPA）部署实施的慧眼系统（Insight）[33]是一个新一代的多情报（multi-INT）分析系统。该系统的建设开始于 2014 年，2018 年正式部署运行。慧眼系统通过综合分析来自图像和非图像传感器及其他来源的信息实现对网络威胁的检测。该系统集成了网络威胁分析工具，强调利用基于模型的关联和分析技术进行检测，建立了一体化的数据管理计算环境，实现了一组新颖的算法和工具。美国政府部署实施的美国综合网络分析系统（ICAS）[34]开始于 2014 年，2016 年部署使用。该系统实现了全网络多通路数据源的融合分析，且利用融合分析技术实现了对网络安全事件的深度检测。美国国防部高级研究计划局（DARPA）部署的多规模网络安全异态检测系统（ADAMS）[35]开始于 2012 年，2014 年正式上线运行。该系统主要针对网络异常行为进行检测和预警，支持以小时、天、月和年为时间段，发现系统、个体、群体或组织乃至国家级别的网络安全事件和威胁。欧盟袋熊计划（WOMBAT）[36]的全称是 Worldwide Observatory of Malicious Behaviors and Attack Threats（世界范围恶意行为与攻击威胁观测工程），其目标是构建一个能够在世界范围内的网络中分析恶意软件与恶意活动，实现早期预警的网络平台。该系统利用密罐、爬虫、外部数据源等技术手段，采集、分析网络中已经存在的和新出现的威胁（尤指恶意代码）并进行信息共享。

英国国防科学技术实验室（Defence Science and Technology Laboratory，DSTL）与英国 MooD 公司联合开展了"网络态势感知、显示及预测"项目[37]。该项目通过网络数据采集、分析和安全态势感知，利用因果建模方法来支持军队指挥员采取适当主动行动来应对敌方网络攻击。由英国国家安全局（军情五处）和英国 CISP 组织（网络安全信息共享合作伙伴关系）共同研制、运行"共享网络安全信息的可信平台"[38]，其目的是为政府、企业和组织提供一个共享网络安全信息的可信平台，使他们可获得网络安全攻击威胁早期预警和解决方案等服务，提高网络安全防护能力。因 CISP 组织的价值获得认可，所以 CISP 组织的成员数量逐年增长，截至 2017 年 12 月，已吸纳 4000 多家企业、组织和机构。

国外其他典型网络安全态势感知系统见表2-1。

表2-1 国外其他典型网络安全态势感知系统

名称	投资方	关键技术					应用领域和应用情况
		采集	检测	评估	预测	可视化	
美国国防部半人马座系统	美国国防信息系统局	大规模特定域数据采集	单步、多步攻击检测	—	确定攻击趋势、范围及对抗手段	√	部署在美国国防部的网络上，也被其他安全组织，特别是AF-CERT采用
美国慧眼系统（Insight）	美国军方	传感器及其他信息设备	网络威胁检测	—	—	√	给军方提供网络威胁分析工具
NSA深度网络监控计划（藏宝图计划）	美国军方	全网设备的信息状态采集	单步、多步攻击检测	包含敌情和我情的评估	—	√	美国、英国、加拿大、澳大利亚、新西兰组成的"FiveEyes"使用该系统监控互联网
网络安全态势感知和自动反击系统（怪兽心灵）	美国国家安全局(NSA)	骨干网安全数据采集	实时发现来自外的网络攻击	量化评估攻击危害	特定网络安全事件预测	√	政府网络的出入口
欧盟的袋熊计划	欧盟政府	互联网流量数据	恶意软件分析和预警	恶意软件评估	—	√	在欧洲多个国家部署使用
英国"网络态势感知、显示及预测"	英国国防科学技术实验室	大规模网络数据获取	攻击实时检测	量化评估	—	√	用于英国军方，作为网络战的重要设施
英国共享网络安全信息的可信平台	英国国家安全局	大规模网络数据获取	安全事件深度检测	量化评估	部分攻击预测功能	√	用于英国国家互联网，全面感知网络安全态势并进行战略防御

我国也开展了很多有关网络安全态势感知的研究。四川大学于2015年开始建设"网络业务及安全态势大数据分析平台"[39]，其目的是及时掌握四川大学网络的安全态势，发现大规模和重大攻击，发现异常网络情况，有效地提升了四川大学的网络安全管控能力。该系统处于第二个阶段（基本能力构建阶段）。

国家计算机网络应急技术处理协调中心（简称"国家互联网应急中心"，英文简称CNCERT/CC）于2003年开发建设了"公共互联网网络安全监测平台"。该平台包含网络安全态势感知系统中安全事件监测和信息共享功能，可对基础信息网络、金融证券等重要信息系统、移动互联网服务提供商等安全事件进行实时监测，还通过与国内外合作伙伴进行数据和信息共享，并通过热线电话、传真、电子邮件、网站等接收国内外用户的网络安全事件报告。

国内的网络安全行业还有很多企业，如绿盟科技、启明星辰、奇安信、天融信、新华三、安天等。这些企业推出了一些网络安全态势感知系统。这些系统大多以开源大数据分析管理软件为基础，或者在开源大数据分析管理软件基础上进行改造，实现对特定域网络的流量、日志、资产等信息进行采集和管理；利用关联分析、机器学习等方法，实现对单步简单安全事件和威胁的检测，并对包括 APT 攻击在内的复合攻击检测进行积极的探索；通过半静态方法对整体网络安全态势或资产、脆弱、威胁等单维度进行态势评估；目前还未见有效的安全事件预测和溯源方面的功能；采用基于流量的、基于拓扑的和基于行为的混合模式，从资产、流量、业务、行为等维度实现网络安全态势的可视化。

2.4 本章小结

本章首先介绍了网络安全态势感知系统的功能结构，包括特征信息提取、当前状态分析、发展趋势预测、风险评估、模型管理、用户交互等；然后从技术层面介绍数据采集与特征提取、攻击检测与分析、态势评估与计算、态势预测与溯源、态势可视化等网络安全态势感知系统的关键技术；最后介绍了包括"龙虾计划"系统、YHSAS 系统等在内的几个国内外典型的网络安全态势感知系统。网络安全态势感知系统旨在为防御者提供全面的网络系统安全状态信息，以便于防御者准确、实时地检测攻击事件等。构建网络安全态势感知系统是为了实现针对攻击行为的主动防御，现有的很多关键技术难点还需要进一步突破，例如如何准确高效地预测态势发展趋势、如何判断攻击者意图等，对此类关键技术难点的突破将是实现主动防御的重要环节。

参考文献

[1] 赵雷. 域数据模型的研究与实现 [D]. 苏州：苏州大学，2006.
[2] 袁方，郗亚辉，陈昊，等. 数据库应用系统设计理论与实践教程（第二版）[M]. 成都：电子科技大学出版社，2005.
[3] 张晓. 具有安全检查和态势感知能力的网络安全管理平台的分析与设计 [D]. 北京：北京邮电大学，2013.
[4] 郭星. 论构建网络信息的安全防护体系 [J]. 科技创新与应用，2014（04）：50.

[5] 王凯琢. 网络安全威胁态势评估与分析技术研究 [D]. 哈尔滨：哈尔滨工程大学，2009.
[6] 张晓，徐国胜. 一种用于态势感知系统的安全事件数据模型 [EB/OL]. (2012-10-17) [2020-6-15]. http://www.paper.edu.cn/releasepaper/content/201210-140.
[7] 马明建. 数据采集与处理技术：第2版 [M]. 西安：西安交通大学出版社，2005.
[8] 刘效武，王慧强，梁颖，等. 基于异质多传感器融合的网络安全态势感知模型 [J]. 计算机科学，2008，35（8）：69-73.
[9] 李林. 网络安全态势感知系统设计与关键模块实现 [D]. 北京：北京邮电大学，2015.
[10] 赵耀南. 基于多源数据融合的网络安全态势感知技术研究 [D]. 北京：北京邮电大学，2016.
[11] 盖伟麟，辛丹，王璐，等. 态势感知中的数据融合和决策方法综述 [J]. 计算机工程，2014，40（5）：21-25.
[12] 曹妍. 网络安全态势感知的本体建模 [D]. 天津：天津大学，2018.
[13] 司成，张红旗，汪永伟，等. 基于本体的网络安全态势要素知识库模型研究 [J]. 计算机科学，2015，42（5）：173-177.
[14] 孔亦思，胡晓峰，朱丰，等. 战场态势感知中的注意力机制探析 [J]. 系统仿真学报，2017，029（010）：2233-2240，2246.
[15] 赵文涛，殷建平，龙军. 安全态势感知系统中攻击预测的认知模型 [J]. 计算机工程与科学，2007，29（11）：17-19.
[16] 韩红红，隋品波，贾焰. 大规模网络安全态势分析与预测系统YHSAS [J]. 信息网络安全，2012（08）：21-24.
[17] 王雪. 基于时间序列分析的网络安全发展趋势预测模型研究 [D]. 北京：北京邮电大学，2014.
[18] 孟锦. 网络安全态势评估与预测关键技术研究 [D]. 南京：南京理工大学，2012.
[19] 王瑞，李芯蕊，马双斌. 基于PSO-SVR的网络发展趋势预测模型 [J]. 信息安全研究，2018，4（8）：734-738.
[20] Wing J, Sheyner O, Haines J, et al. Automated Generation and Analysis of Attack Graphs. IEEE Symposium on Security and Privacy, Berkeley, California, 2002：273.
[21] 鲍旭华，戴英侠，冯萍慧，等. 基于入侵意图的复合攻击检测和预测算法 [J]. 软件学报，2005，16（12）：2132-2138.
[22] 王辉，戴田旺，茹鑫鑫，等. 基于Optimized-AG的节点攻击路径预测方法 [J]. 吉林大学学报（理学版），2019（4）.
[23] 龙春. 大规模网络安全事件关联分析技术研究 [D]. 北京：中国科学院大学，2015.
[24] 刘威歆，郑康锋，武斌，等. 基于攻击图的多源告警关联分析方法 [J]. 通信学报，2015，36（9）：135-144.
[25] LEAU Y B, MANICKAM S. Network Security Situation Prediction：A Review and Discussion [J]. Communications in Computer & Information Science, 2015, 516：424-435.
[26] 周宁. 基于态势感知理论的可视化感知模型 [J]. 数据分析与知识发现，2010，26（7/8）：9-14.
[27] Lobster [EB/OL]. [2020-6-8]. https://www.ist-lobster.org/.
[28] 贾焰，王晓伟，韩伟红，等. YHSAS：面向大规模网络的安全态势感知系统. 计算机科学，2011，38（2）.
[29] 贾焰，韩伟红，王伟. 大规模网络安全态势分析系统YHSAS设计与实现 [J]. 信息技术与网络安全，2018（1）.

[30] Collins M, Virgin G. Advanced Security Reporting Systems for Large Network Situational Awareness [EB/OL]. (2005-6)[2020-6-15]. https://resources.sei.cmu.edu/library/asset-view.cfm?assetID=51512.

[31] 藏宝图：斯诺登公布 NSA 深度网络监控计划 [EB/OL].[2020-6-11]. https://www.freebuf.com/news/43836.html.

[32] Meet MonsterMind, the NSA Bot That Could Wage Cyberwar Autonomously [EB/OL].[2020-6-8]. https://www.wired.com/2014/08/nsa-monstermind-cyberwarfare/.

[33] DARPA insight program targets next-generation ISR capabilities [EB/OL].[2020-6-8]. https://defensesystems.com/articles/2013/09/06/darpa-insight.aspx.

[34] SalemM B, Wacek C. Enabling New Technologies for Cyber Security Defense with the ICAS Cyber Security Ontology [EB/OL].[2020-6-8]. http://ceur-ws.org/Vol-1523/STIDS_2015_T06_BenSalem_Wacek.pdf.

[35] Mikhayhu A S. Anomaly Detection at Multiple Scales [M]. PA, Philadelphia: Temple University, 2012.

[36] Pouget F. WOMBAT: towards a Worldwide Observatory of Malicious Behaviors and Attack Threats [EB/OL].[2020-6-8]. https://www.terena.org/activities/tf-csirt/meeting17/wombat-pouget.pdf.

[37] DSTL [EB/OL].[2020-6-8]. https://www.gov.uk/government/organisations/defence-science-and-technology-laboratory.

[38] 英国国家网络安全战略发展及实施情况 [EB/OL].[2020-6-8]. https://www.secrss.com/articles/5470.

[39] 四川大学网络业务及安全态势大数据分析平台招标公告 [EB/OL].[2020-6-8]. http://www.bidchance.com/info.do?channel=calgg&id=10403608.

第 3 章 网络安全数据采集与融合

网络安全数据采集是指通过软件和硬件技术采集与网络安全相关的数据。这是完成网络安全态势感知任务的第一步,具有极为重要的意义。通过提取和采集网络系统及环境中相关要素的状态、属性等各类信息,并将各类信息处理后归并为各种可理解的表现形式,才能完成对网络安全态势的提取。与传统态势提取的过程不一样,传统态势提取采集数据的难度大、获得的数据量小,而网络安全数据采集方法多种多样,数据采集已经不是态势提取的瓶颈。然而,正是由于网络安全数据种类繁多,能采集到的网络安全数据量巨大,数据包括各类资产数据、流量数据、安全防御设备产生的数据等,因此使得如何采集合适的网络安全数据成为网络安全态势提取过程中的难题。这个难题是因为数据过载造成的,所以说,网络安全数据采集需要解决数据过载的问题。

本章将介绍资产维度、漏洞维度、威胁维度的靶向数据采集方法,并讲解如何对采集到的不同维度的网络安全数据进行融合。本章 3.1 节主要介绍网络安全数据采集的问题背景,包括数据采集的难点、靶向数据采集及数据采集示例;3.2 节主要从资产维度数据、漏洞维度数据、威胁维度数据分别介绍网络安全态势感知涉及的安全要素和安全特征;3.3 节主要针对不同类别的网络安全要素和安全特征,介绍不同的数据采集方法及相关的采集工具;3.4 节简要介绍网络安全数据的融合技术;3.5 节对本章内容进行小结。

3.1 网络安全数据采集的问题背景

在网络安全态势感知中,分析师需要对防护的目标系统有一个清晰直观的了解,例如需要知道当前网络的拓扑状态、不同用户运行的任务等;需要知道当前目标系统存在哪些漏洞,哪些漏洞已经安装补丁进行了修复等;需要知道当前系统是否受到了各种类型的攻击,这些攻击造成了什么影响等。采集网络安全相关的数据在技术上已经不是一个难点,通过各种各样的流量采集工具、日志采集工具、终端采集工具等能获取多种类型的网络安全数据。为了帮助分析师掌握所防护目标系统的状态,网络安全数据的采集工作需要具有针对性,即进行靶向数据采集。在形成针对目标系统的网络安全态势感知过程中,需要采集的数据可以分为三个维度的数据。第一个是资产维度数据,即目标系统包含的与各类软件和硬件、运行任务相关的资产数据;第二个是漏洞维度数据,即与目前系统中可能存在的与各种漏洞相关的信息;第三个是威胁维度数据,攻击者对系统进行攻击时留下的与威胁行为相关的数据。通过采集资产维度数据,分析师可以对目标系统的资产状况、工作任务运行状况有清晰的了解;通过采集漏洞维度数据,分析师可以发现目标系统可能存在的漏洞,并使用相应的补丁进行修复;通过采集威胁维度数据,分析师可以获知正在发生或已经发生的攻击事件,进一步判断攻击事件可能造成的后果,并及时制定相应的防范措施。

3.1.1 网络安全数据的特点及数据采集难点

网络安全数据属于典型的大数据,具有 5V(Volumn,Variety,Velocity,Value,Veracity)特点:

(1) Volumn:网络流量、系统产生的日志等数据体量庞大。如果对所有的数据都进行采集,那么需要存储和计算的数据太多,因此需要从海量的数据中提取关键和敏感的数据。

(2) Variety:网络安全相关的数据种类多,来源广。例如通过传感器、网络爬虫、日志收集系统等均能采集不同类型的数据,数据类型从来源上可以分为环境业务数据、网络层面数据、日志层面数据、告警数据等,在形成网络空间安全态势感知的过程中需要对不同来源的数据进行有效融合。

(3) Velocity:数据增长速度快,时效性要求高。从数据增长速度来看,无论是流量数据还是日志数据、告警数据等,每天都会产生很多新的数据,对这些新产生的数据进行分析是十分迫切的需求,而且由于网络攻击事件的时效性要求高,以前的防御往往是在事后才进行复现和分析的,因此网络安全态势感知的目的是在事前和事中能及时发现潜在的网络攻击,并有效制止所发现的攻击。

(4) Value:数据价值密度低。虽然网络安全数据多,但是很多都是正常用户的操作数据,与攻击者进行攻击事件相关的数据占比很小,却对网络攻击的分析非常有利,因此需要准确筛选出相关有价值的数据,以利于进行数据分析,并通过大量的数据分析,找出真正的攻击事件,有效阻击潜在的攻击。

(5) Veracity:数据质量不高。网络安全数据包含许多告警数据。这些告警数据来源于很多与网络安全相关企业研发的防御系统,例如防火墙、IDS

(Intrusion Detection System，入侵检测系统)、IPS（Intrusion Prevention System，入侵防御系统）等。这类防御系统能对部分数据进行初步分析，并对存在的隐患发出告警信息，如 IDS 告警数据。但是目前 IDS 大多采用基于规则的方法，告警数据存在很多误报情况，即很多正常用户的数据可能被 IDS 识别为威胁，而真正有危害的数据可能无法被 IDS 准确识别。因此，需要从大量的数据中甄别数据的真实性和有效性，减少无用的数据，让分析师能使用更高质量的数据进行态势理解和分析。

由于网络安全数据具有 5V 特性，采集网络安全数据形成态势感知的过程和传统态势感知中数据采集完全不一样。传统战场上进行态势感知采集数据，通常是通过物理传感器获取环境信息、通过人体感官观察敌方动向、通过侦察平台采集信息等方式。传统战场一般处于物理状态下，大部分数据是不易发生改变的。例如，战场环境中的道路、建筑物等，敌我双方能观察到的是同一物理战场上的各种状态，敌我双方能获得很相似的态势数据。而网络安全态势感知采集数据的过程完全不同，网络安全数据具有大数据的 5V 特性，数据采集难度很大。网络安全态势感知数据采集与传统战场态势感知数据采集的主要区别体现在以下 4 点。

（1）采集要素的特点不同。传统战场态势感知需要采集的要素主要是作战过程中的物理环境、敌方的兵力部署等数据；网络安全态势感知需要采集的要素是网络空间中的数据，包括计算机等硬件设备所产生的数据、通过网络传播和交换的数据等。传统态势感知采集的要素大多是物理世界真实存在的；网络安全态势感知采集的要素主要是数字化的数据，其中不仅包括软件和硬件等资产维度数据、与系统漏洞相关的数据，还包括由大量攻击行为所导致的威胁维度数据。

（2）数据采集的难点不同。传统态势感知往往通过传感器、人眼观察、情报系统等获取敌方数据，数据采集方式比较单一，获取情报信息数据的难度很大，这是传统态势感知数据采集的主要难点。网络安全态势感知数据采集的方法多种多样，可用于数据采集的工具种类繁多，有传感器、流量探针、网络爬虫、日志采集系统、协议采集系统、数据库采集系统等。相比传统态势感知，其采集方法、采集工具已经不是数据采集的难点。正是由于采集方法多样、工具繁多，分析师在采集网络数据时需要掌握的专业技能更多，要求更高。另外，数据采集方式的多样化，使得能用于网络安全态势提取的数据过多，需要解决数据过载问题，以便从大量的数据中采集到与态势感知密切相关的数据。

（3）数据采集过程中敌我双方的地位不同。传统态势感知的双方处于一个比较对等的状态，双方采集的数据差别不会太大；而在网络安全态势感知中，攻击者比防御者具有更明显的优势，攻击者只需要找到某一个环节的漏洞，例如在 webshell 攻击中找到一个 SQL（Structured Query Language，结构化查询语言）注入点，在获取管理员账号和密码后，便可上传 webshell 对后台服务器进行控制，而防御者必须对己方所有的系统进行数据采集，才能保护所有的资产不被损坏。在网络安全态势感知中，攻击者在采集数据时可以聚焦于获取的某一个点数据，如可以通过社会工程学的方法、扫描系统漏洞等方法实施攻击，而防御者则需要对全局数据进行采集。

（4）数据体量、更新速度不同。在传统态势感知过程中，数据量并不大，数据的更新速度也较低，例如当兵力部署发生变化、物理状态发生变化（桥梁被毁、道路被毁等）时，双方才会更新采集的数据；而在网络安全态势感知过程中，数据体量大，与网络空间相关的数据更新速度极快，需要及时对数据进行更新。

从防御者角度而言，进行网络安全态势感知具有十分重要的作用和意义。网络安全态势感知不仅能对当前目标系统的资产状态进行有效评估，还能通过采集的数据发现潜在的网络攻击，以便在网络攻击事件发生之前或发生之时进行有效的处理。传统态势感知局限性大，采集的数据种类少，数据体量小，采集方法简单，数据更新慢；而网络安全态势感知需要采集的数据体量大、种类多、更新速度快、采集方法繁多。有效、有目标地采集网络安全数据是完成网络安全态势感知的重要基础，也是数据采集过程中的难点。

3.1.2 面向不同岗位角色、不同分析师的靶向数据采集

与网络安全态势感知相关的数据量大，应该采集什么样的数据，针对哪些关键要素进行数据采集呢？本节将通过介绍不同岗位角色、不同层次分析师一般会关注什么样的数据，讲解面向不同需求的靶向数据采集方式。

本书第 1 章曾介绍了网络安全态势感知过程中五种不同的岗位角色，包括首席安全官、安全分析师、安全工程师、安全管理员、安全顾问/专家。其中，首席安全官负责制定安全策略或安全框架，安全顾问/专家也可以从顶层制定相关策略或提出建议。对于首席安全官和安全顾问/专家，他们更关注整体系统的安全情况和安全策略，可能不会关注直接涉及数据采集的相关工作，不会关注资产维度数据，不会关注对软件和硬件资产的维护等。

安全分析师主要分析和评估网络基础设施中存在的漏洞及相关的应对措施。因此，安全分析师更关注漏洞维度数据及与目标系统软件和硬件资产等相关的漏洞，可以通过分析资产维度和漏洞维度的关联情况来采集相关的数据。

安全工程师负责执行安全监控、安全分析、数据分析、日志分析及取证分析等，能检测发现安全事件，并对安全事件进行响应。因此，安全工程师关注的是威胁维度数据，需要从安全防御设备中采集各类告警数据，从日志数据中发现异常，从流量数据中采集与攻击行为相关的异常流量数据等。

安全管理员负责安装和管理安全系统，是执行安全信息采集、安全管理措施、安全响应方案实施等的实际工作人员，会根据安全分析师、安全工程师的实际需求采集相关的数据。

一般而言，安全分析师、安全工程师会执行相应的分析任务，根据采集的网络安全数据进行综合分析，从中了解资产运行状况、系统漏洞情况、攻击行为等。因此，可以将安全分析师和安全工程师看作是使用态势感知系统的分析师。借助态势感知系统，分析师可以更加便捷地理解当前网络安全态势。对于分析师，Splunk 公司介绍了三个层次分析师的职责[1]，如图 3-1 所示。

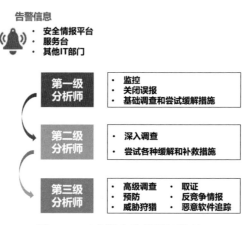

图 3-1　三个层次分析师的职责

安全行动中心（Security Operations Center，SOC）在检测到安全事件以后，会采取相应的流程。首先，当安全告警信息发出以后，第一级分析师一般会试图去迅速消除其中的误报信息，并对真实的网络攻击尝试实施缓解措施。由于第一级分析师一般是技能掌握程度较低的分析师，因此当他们无法补救或很难理解面临的威胁警告时，会将该事件递交给第二级分析师处理。在这个过程中，第一级分析师主要采集的数据是来自防御设备最直接的告警信息及资产被攻击的事件信息，如 IDS 告警、文件或系统出现安全事件等。第一级分析师根据这些最直接的数据进行处理，基于自身的知识试图去消除误报、理解威胁、尝试补救。第二级分析师掌握的技能更多，技术更为熟练，会通过使用更高级的工具来研究安全事件。例如，他们会采用数据包捕获工具分析流量中的异常，并综合多个防御设备的告警数据、流量数据等分析安全事件的威胁程度，尝试各种缓解和补救措施，尽量将安全事件的影响程度降低。第三级分析师的技能最为熟练，是专门解决最困难和最关键的安全事件的。第三级分析师一般使用的数据更多，会综合判断安全事件造成的危害，包括对文件系统、软件和硬件等造成的危害，结合防御设备的信息、流量异常信息，对攻击事件进行分析和溯源，并制定相应的措施防止以后出现类似的攻击事件。一般而言，第三级分析师可以根据发生的攻击设计规则，与防御设备进行联动，以便防止后续发生类似的攻击事件。计算机安全事件响应团队（Computer Security Incident Response Team，CSIRT）的第二级和第三级分析师往往位于安全行动中心（SOC）内部，处理发生的网络安全事件。

不同层次分析师所关注的安全要素和需要采集的数据并不一样：第一级分析师可能更关注来自资产遇到攻击的后果数据及比较直接的告警数据；第二级分析师关注分析层面的安全要素和数据，通过融合多个防御设备的数据进行综合分析；第三级分析师关注全局，包括对安全要素的融合分析，对安全事件进行分析和溯源，进行威胁狩猎、主动取证，并尽可能在攻击事件发生之前或发生时采取措施保护关键资产。网络空间的数据种类繁多，数据体量大，分析师的时间和精力有限，无法对所有的数据都进行采集和分析，因此需要针对不同的岗位角色、不同层次的分析师设计具有靶向的数据采集方式，更好地帮助分析师有效地分析网络攻击事件。

3.1.3　网络安全数据采集示例

以 webshell 攻击为例，攻击者在入侵企业网站时，通过各种方式获取 webshell，进而获得对企业网站的控制权。常见的攻击方式包括利用后台数据库备份及恢复的功能来获取 webshell、SQL 注入、直接上传获取 webshell、使用跨站脚本攻击（Cross Site Scripting，XSS）[①] 等。webshell 攻击能导致很严重的后果，例如攻击者通过 webshell 入侵企业系统，并通过系统的本地漏洞来提升权限，对网站服务器进行长期持续的控制等。下面举一个简单的例子，攻击者会先寻找 web 漏洞，通过一些高危的漏洞实现对 webshell 的获取，例如找到一个 SQL 注入点，在获取网站后台的管理员账号和密码后，在后台上传一个 webshell，在服务器上留下脚本文件。针对这个例子，下面将讲解如何检测并发现此类攻击，需要采集什么样的数据才能检测出此类攻击。

---

① 跨站脚本攻击的英文缩写按单词的字母本应提取成 CSS，但为了与层叠样式表（cascading style sheet，CSS）有所区别，安全领域通常将其缩写为 XSS。

从资产维度数据采集而言，应该采集服务器运行状态、服务器权限数据、服务器数据库异常数据等，从而及时发现服务器资产中存在的异常；从漏洞维度数据采集而言，应该采集服务器漏洞，如与 SQL 注入相关的漏洞等，根据已公开的漏洞数据库进行关联分析，分析目标系统中存在此类漏洞的服务器；从威胁维度数据采集而言，需要采集与 webshell 攻击行为相关的数据。一般而言，可以通过基于 webshell 特征、基于流量、基于 webshell 行为特征等方法进行检测。当使用基于 webshell 特征进行检测时，需要了解 webshell 常用的函数，如系统调用命令执行函数（eval/system/cmd_shell 等）、文件操作函数（fopen/fwrite 等）、数据库操作函数等。因此，需要通过采集数据，检测是否有对系统调用、数据库、文件的操作动作，需要对数据库、文件等重要资产采集相关的数据，关注其变化情况。具体而言，可以通过 grep 命令搜索常见 webshell 木马中可能使用的危险函数，找到 webshell。基于流量的检测主要是通过匹配数据流的特征进行检测，可以通过 Wireshark、WeBaCoo 等工具进行抓包测试，采集流量数据并对其中的流量特征进行分析。基于 webshell 行为特征的检测首先考虑攻击者的攻击意图是什么，攻击者上传 webshell 会进行什么操作，然后检测系统中关键资产的变化及敏感的操作，如收集服务器信息、配置文件信息等，采集此类数据可以进行有效检测。此外，可以通过日志信息追溯攻击路径，例如分析师通过 grep 命令找到 webshell 以后，通过日志数据找出关于 webshell 的记录，进而找到攻击者的 IP 地址，并搜索攻击者的访问记录，从而实现对整个攻击路径的溯源和复现。

3.2 面向网络安全态势感知的安全要素和安全特征

从分析师的角度而言，分析师很难采集和分析与网络空间相关的所有数据，需要结合各种辅助性防御设备的数据进行融合分析。由于不同分析师对于网络安全态势的理解不一致，因此在分析网络攻击事件时的关注点也不一致，很难形成一个统一的态势理解。为了辅助分析师对其关注的网络安全数据进行靶向提取，本节将介绍常用的安全要素和安全特征。为了便于读者理解，本节将从资产维度数据、漏洞维度数据、威胁维度数据三个方面介绍网络安全态势感知过程中可以采集的安全要素和安全特征。其中，资产维度数据主要包括网络空间中的资产数据，从防御者角度而言，主要包括需要防护的网络系统中的资产数据等；漏洞维度数据是指网络空间中可能存在的漏洞、弱点、缺陷等各类数据，通过和资产数据的关联可以有效分析防护网络系统中可能存在的漏洞维度数据；威胁维度数据是指针对网络空间各类软件和硬件等可能发生的威胁行为等数据，包括各类不同的攻击行为数据、系统异常数据等。威胁维度数据一般是攻击者利用漏洞维度信息在对网络系统中的资产实施威胁行动过程中留下或被系统、防御设备检测到的数据。

3.2.1 资产维度数据

面向网络安全态势感知的资产维度数据是指各类硬件、软件等数据。从防御者角度而言，资产维度数据是指需要保护的网络系统中各类资产及不同资产之间的关联情况。各类资产在硬件层面包括计算机、服务器、路由器、交换机、打印机、扫描仪等；在软件层面包括运行在系统中的各种应用软件，如办公软件、计算软件、娱乐软件、社交软件、浏览器软件、音频软件、杀毒软件、系统工具、下载软件、办公软件、手机数码软件、输入法软件、图形图像软件等；在数据层面包括各类关键数据，如用户密码、配置文件、个人文件、企业数据等。不同资产之间的关联情况包括网络拓扑、硬件和软件之间的适配关系等。与各类资产相关的可以采集的数据包括但不限于下述数据：

（1）硬件数据：包括磁盘、内存、CPU（Central Processing Unit，中央处理器）等硬件设备的型号、版本号等基础信息；

（2）操作系统数据：包括操作系统的型号、版本号等基础信息；

（3）软件数据：包括不同软件的类别、型号、版本号等基础信息；

（4）CPU 占用率：用于评估计算机、服务器等硬件的 CPU 运行情况，以便评估硬件资产的状态；

（5）内存占用率：用于评估计算机、服务器等硬件的内存占用情况，以便评估硬件资产的状态；

（6）磁盘占用率：用于评估计算机、服务器等硬件的磁盘占用情况，以便评估硬件资产的状态；

（7）磁盘 IO 信息：用于评估计算机、服务器等硬件的磁盘工作状态；

（8）注册表：用于评估计算机、服务器上的重要软件和硬件的运行状态；

（9）系统调用：通过系统函数被调用的频次评估软件和硬件、驱动程序和驱动器的运行状态；

（10）进程：用于观察和评估是否存在异常运行的软件和进程；

（11）端口：通过端口的状态评估是否存在异常运行的软件、服务等；

（12）服务：用于评估计算机、服务器等的相关服务运行状态；

（13）网络状态：查看网络连接、网络服务、丢包率等网络相关的运行状态；

（14）出入流量：用于评估计算机、服务器出入的流量，通过出入流量评估是否存在异常软件、服务的运行等；

(15) 用户数据：通过用户名、用户群组等评估用户相关的数据；

(16) 权限数据：查看不同用户的权限数据，用于评估是否存在异常用户、异常权限更换等情况；

(17) 文件系统：评估计算机、服务器上文件系统的变化情况，用于评估是否存在异常的文件修改、文件删除等操作。

需要保护的网络系统中的各类资产数据较多，本书将资产维度数据划分为两类：静态资产信息和动态资源信息。其中，静态资产信息包括需要保护的各类计算机硬件、软件数据，即型号、版本等各类基础数据；动态资源信息反映资产状态、业务运行状态，包括运行的程序信息、配置信息、身份信息、资源状态信息等。资产维度数据一般会与执行业务相关联，对网络系统的防御目的也是为了保证业务的正常运行，因此与业务运行相关的信息也被划分为资产维度数据。

3.2.2 漏洞维度数据

漏洞维度数据是指网络空间存在的各类漏洞、弱点、缺陷等数据。对于使用网络安全态势感知系统的防御者而言，漏洞维度数据体现为需要防御的网络系统在资产维度可能存在的漏洞、弱点、缺陷等数据。一般而言，漏洞维度数据表现为在硬件、软件、协议的具体实现或系统安全策略上存在的缺陷，可使攻击者能够在未授权的情况下访问或破坏系统。从攻击者角度而言，攻击者在进行攻击之前，首先会寻找目标网络系统存在的漏洞、弱点、缺点等，然后分析和利用这些漏洞数据来入侵目标网络系统。因此，对于防御者而言，通过采集相关的数据提取防护系统存在的漏洞数据，能在一定程度上提前预知攻击者可能会利用的漏洞数据。因此，采集漏洞维度数据具有重要的作用和意义。一般而言，常见的网络安全漏洞数据包括以下几类：

(1) 软件漏洞：是指计算机、服务器上运行软件存在的脆弱性，可以看作是系统或软件的脆弱性。一般而言，软件漏洞可能是由于操作系统本身的设计缺陷所带来的，可被设计在操作系统中的软件继承。另外，还有一类软件漏洞是软件程序自身的安全漏洞，如在软件程序自身设计过程中的漏洞、在编写程序实现的过程中未充分考虑的边界条件、软件和硬件及框架的不适配所导致的漏洞等。

(2) 配置漏洞：主要是指在进行安全配置、系统配置、软件配置时，由于配置不合理，在网络、软件和硬件环境发生变化以后，未及时将安全配置进行调整，导致资产安全未得到保障而造成漏洞。

(3) 结构漏洞：是指由于网络系统没有采取有效的安全措施导致网络系

统处于不设防的状态。另外，在一些重要的网络系统中，由于交换机等网络设备设置不当，还可能造成网络流量被攻击者盗取等漏洞。

网络安全漏洞数据还包括由管理人员造成的漏洞等。本书重点关注存在于网络空间安全中可采集的漏洞，主要包括软件、协议、配置等方面的漏洞。从漏洞的威胁程度而言，漏洞数据可以分为低危漏洞、中危漏洞、高危漏洞。

（1）低危漏洞：能够导致轻微信息泄露的安全漏洞，包括反射型 XSS（包括反射型 DOM-XSS）、CSRF（Cross Site Request Forgery，跨站请求伪造）、路径信息泄露、SVN 信息泄露、phpinfo 等。

（2）中危漏洞：能被用来直接盗取用户身份信息或能够导致普通级别用户信息泄露的漏洞，包括存储型 XSS 漏洞、客户端明文密码存储等。

（3）高危漏洞：可被攻击者远程利用并能直接获取系统权限或导致严重级别信息泄露的漏洞，包括远程命令执行、SQL 注入、缓冲区溢出、绕过认证直接访问管理后台、核心业务非授权访问等，可导致服务器端权限、客户端权限等被攻击者获取，造成大量用户信息、企业机密信息泄露等。

从漏洞被利用的方式而言，漏洞维度数据可以分为本地漏洞数据和远程漏洞数据。其中，本地漏洞数据是指攻击者需要登录到本地系统时才能利用的漏洞数据，如权限提升等攻击行为利用的漏洞；远程漏洞数据是指攻击者可以通过远程访问目标网络进行攻击和利用的漏洞数据。从威胁类型而言，漏洞维度数据可以分为获取控制、获取数据、拒绝服务类型的数据。其中，获取控制类型的数据是指可用于执行攻击者制定的指令或命令的漏洞数据；获取数据类型的数据是指可导致劫持程序访问预期外的资源并泄露给攻击者的漏洞数据；拒绝服务类型的数据是指可以导致目标系统、任务等暂时或永远性失去响应正常服务能力的漏洞数据。从技术类型而言，漏洞维度数据可以分为内存破坏类漏洞数据、逻辑错误类漏洞数据、输入验证类漏洞数据、设计错误类漏洞数据、配置错误类漏洞数据等。

3.2.3 威胁维度数据

威胁维度数据主要是指攻击者在对网络空间的软件和硬件等资产进行攻击时遗留或暴露出来的相关数据。对于防御者而言，最关注的是攻击者可能针对目标网络系统发起的攻击行为。由于很多网络攻击并非单独行为，比如 APT（Advanced Persisted Threat，高级持久性威胁）攻击等往往通过多步攻击行为执行，其威胁维度数据是指在这些攻击行为过程中留下的痕迹，以及被防御设备发现的一些行为数据。威胁维度数据一般与攻击行为相关，因此需要设定与攻击行为相关的安全特征，并对具有该类安全特征的数据进行靶向采集,而不是采集和分析所有的数据,以便解决数据过载的问题。

威胁维度数据一般分为终端数据和流量数据。对于终端数据,防御者需要关注要保护的系统终端的各类数据,从而能从终端数据中发现并采集异常数据;对于流量数据,由于攻击者可能利用远程漏洞数据进行攻击,防御者需要关注网络流量的数据,通过网络流量数据采集威胁维度数据,以便进行态势提取。

3.2.3.1 终端数据

终端数据一般是指由防御者保护的单个计算机、服务器等终端设备的有关数据,按照数据种类可以分为终端资产数据、终端日志数据、终端告警数据。

(1) 终端资产数据:与前面讲到的资产维度数据类似,更关注位于具体终端上的资产数据,如设备 CPU、内存、硬盘、端口、文件系统、网络等终端设备上与资产相关的数据,用于评估终端的安全状态,当终端资产数据发生异常时,便可以采集相关的威胁维度数据。

(2) 终端日志数据:计算机系统运行过程、用户执行各类操作等的过程性事件记录数据,主要用于了解具体哪个用户、在什么时间、对哪台设备、哪个软件、做了具体什么操作。终端日志数据包括但不限于:

① 操作系统日志:包括在操作系统中执行各类操作时所产生的过程性记录;

② 浏览器日志:包括在浏览器上执行各类操作时所产生的过程性记录;

③ 文件日志:包括在不同文件上执行各类操作时所产生的过程性记录;

④ 应用程序日志:包括在各类应用程序上执行各类操作时所产生的过程性记录;

⑤ 网络日志:包括对网络状态、信息产生变化的过程性记录;

⑥ 数据库日志:包括对各类数据库执行各种操作时所产生的过程性记录。

(3) 终端告警数据:一般通过在终端部署终端检测与响应系统(Endpoint Detection & Response,EDR),可主动监控终端,及时发现与记录终端的各种安全事件检测告警数据,便于网络安全分析师进一步深入分析终端资产的安全。终端告警数据包括但不限于:

① 异常登录告警:包括检测出的用于异常登录的告警信息;

② 远程控制告警:包括检测出的针对终端远程控制的告警信息;

③ 木马控制告警:包括检测出的针对终端木马控制的告警信息;

④ 后门控制告警:包括检测出的针对终端后门控制的告警信息;

⑤ 本地提权告警:包括检测出的在终端本地进行提权(提高权限)的告警信息;

⑥ webshell 检测告警:包括检测出的 sebshell 告警信息;

⑦ 文件完整性检测告警：包括检测出的文件被篡改等告警信息；

⑧ 暴力破解告警：包括检测出的在终端进行暴力破解的告警信息。

3.2.3.2　流量数据

流量数据是指对网络协议实时解码、提取元数据、对网络中的流量进行采集等操作时所形成的数据。一般而言，流量数据包括完整内容数据、提取内容数据、会话数据、统计数据、告警数据等。

（1）完整内容数据：包捕获数据，即在网络中传输过的没有被过滤、没有被筛选过的原始数据，具有完整的内容描述。包捕获数据提供了两个端点之间传输的完全数据包信息，捕获这些信息对分析安全事件具有重要的意义。

（2）提取内容数据：包字符串数据，即从包捕获数据导出来的数据。由于包捕获数据体量大，分析师很难对所有的包捕获数据进行分析，而且包捕获数据往往只能保存数天至几个星期，因此从包捕获数据中提取出有用信息，对分析师非常有帮助。

（3）会话数据：流数据，即两个网络设备之间通信行为的汇总，通常为五元组，包含源 IP 地址、源端口、目的 IP 地址、目的端口、传输协议等五组信息。

（4）统计数据：对网络流量数据进行组织、分析等形成的统计性数据，可以描述来源于各类活动的各个方面的流量。

（5）告警数据：当各类型检测系统检测出某些量超过了所规定的界限，或者数据出现异常情况时，系统自动产生的告警信息，有助于分析师更好地分析网络安全状态，但是告警信息存在大量误报、错报的情况，使得告警信息在目前有时难以被有效、高效地利用。

在采集威胁维度数据时不能对所有的终端数据、网络数据进行采集和分析。虽然现在已经有各种工具能够支持对终端数据和网络数据的采集，但是数据体量大、数据更新速度快。如果采集所有的数据进行分析，将导致分析效率低下，而且分析师也不可能查看所有的数据去分析网络空间中可能面临的攻击行为。因此，为了解决数据采集过程中的数据过载问题，需要对不同类型的威胁行为设计相关的规则和特征，从而能对已知的各种威胁行为进行靶向采集；而对于未知的攻击行为，将通过采集终端的异常数据进行分析，并通过本书介绍的溯源等技术对攻击行为进行复现，在安全特征中加入新攻击行为的特征。

3.3　安全要素和安全特征的采集技术

本章 3.2 节从资产维度数据、漏洞维度数据、威胁维度数据方面介绍了网络安全态势感知过程中需要采集的安全要素与安全特征。本节将针对不同类别的安全要素和安全特征，介绍不同的数据采集方法及相关的采集工具。

3.3.1 资产维度数据采集

资产维度数据是网络安全态势感知过程中防御者要重点保护的元素和对象，对不同类型的资产维度数据进行有效采集是分析网络攻击影响与后果的重要步骤，有助于及时发现正在攻击过程中的网络攻击行为。本节将介绍如何对不同类型的资产维度数据进行采集。

（1）对资产基础数据的采集。对于与资产相关的硬件数据、操作系统数据、软件数据等静态资产数据，可以采用基础的采集工具进行采集。例如，通过计算机的设备管理器可以查看磁盘、内存、CPU 等硬件设备的型号、版本号等，通过计算机自带的系统软件可查看操作系统信息，通过软件管理工具可查看安装的软件类别、版本号等基础数据。获取此类基础数据主要是为了分析资产可能潜在的安全漏洞，例如，CVE-2020-8315 漏洞[2]主要存在于 Windows7 系统的部分 Python 库，CVE-2019-9635 漏洞[3]主要存在于谷歌 Tensorflow 1.12.2 之前的版本。

（2）对 CPU 占用率、内存占用率、磁盘占用率、磁盘 IO 信息等硬件运行类系统资源数据，可通过 WMI（Windows Management Instrumentation，Windows 管理规范）进行采集。采集此类数据主要是为了判断是否存在异常的硬件资源被占用的情况。例如，当磁盘 I/O 信息突然增加时，通过查看是否存在用户正常的磁盘读/写操作，可以判定是否是由于有异常的攻击事件发生而导致了 I/O 信息的异常变化。

（3）注册表数据可以通过注册表变化插件或工具（如 Process Monitor）进行采集。通过插件或工具可以对变化的注册表信息进行审计。当攻击者对注册表进行更改时，可通过查看是否是用户的正常操作，从而判断是否有攻击事件发生。

（4）系统函数调用数据可以通过 Hook 系统获得。这类数据可用于检测对敏感系统函数的频繁调用。例如，当发现 exec、eval、system 等敏感函数被频繁调用时，可进一步查看和检测是否存在 webshell 攻击。

（5）与进程相关的数据可以通过进程列表采集插件来采集。例如，可以通过 psutil 库获取进程列表；通过查看系统回调通知可以获得进程的创建、退出等信息；通过查看进程的数据可以判断是否有可疑的进程出现，是否有正常工作的进程被恶意关闭等。

（6）端口数据主要包括各开放端口（如 TCP 端口、UDP 端口等）的数据，可通过 psutil 库获取端口数据，检测是否存在异常的端口数据。

（7）服务类数据，可通过 WMI 获取系统服务信息，当攻击者改变某些系统服务信息时，可以有效采集这种服务类数据。

（8）网络类数据包括网络状态、出入流量、丢包率、网络连接情况、网卡处理的数据等。通过 WMI 可以采集网卡信息和相关的网络类数据，以判断是否存在异常的网络连接、异常的出入流量等。

（9）对用户数据可以通过系统账号插件进行采集。利用系统内置函数可以获取用户的用户名、用户群组等数据。

（10）对权限数据可通过类似的插件进行采集，以获取不同用户的权限变化。当攻击者进行提权时，防御者可根据用户权限变化的情况判断提权操作是否为攻击者所为。

（11）对文件系统的数据可通过文件监控插件进行采集。通过跟踪文件被打开、修改、删除等操作，记录文件系统审计数据，为分析师进行下一步判断提供依据。

资产维度数据易于采集。由于分析师需要对目标网络系统进行保护，因此目标网络系统的各类数据可以通过防御方安装部署的各种工具进行采集。此类数据的采集属于配合型的数据采集，相对而言较为容易。静态资产类型的数据一般而言变化不大，例如硬件型号、版本号等，软件数据更新速度也不快，当用户安装新软件、卸载软件、更新软件等时将会对软件类数据进行更新。对于动态资源数据的采集，可以根据运行的业务对动态数据进行更新和采集。此外，网络拓扑是网络安全态势可视化的基础，不仅能显示网络的连接结构等，还可以作为一个平台显示网络态势的各种信息。通过给目标网络安装探测器，采集相关的信息，可形成整个目标网络系统的拓扑信息。当目标网络系统发生计算机崩溃、网络瘫痪等问题时，可以在网络拓扑中及时显示出异常状态，以反映异常情况发生的位置、可能扩散的区域等。

对于大规模网络系统，其所有的资产数据体量也将变得很大，如果采集所有的资产数据，就会影响系统的运行状况。因此，在采集大规模网络系统的资产数据时，需要根据资产目标设计靶向数据采集方式，即对关注的重要资产数据进行采集，而非采集所有的数据。下面将介绍常用的采集技术和采集工具。

WMI 是一项核心的 Windows 管理技术[4]，以 CIMOM（Common Information Model Object Manager，公共信息模型对象管理器）为基础，可以被视为描述操作系统构成单元的对象数据库，为各种工具软件和脚本程序提供了访问操作系统构成单元的公共接口，主要用于管理本地和远程的资产数据。WMI 可以用于访问、配置、管理和监视目标网络系统中的 Windows 资源。利用 WMI 可以主动获取网络和系统数据，极大地方便了用户、分析师、安全管理人员对计算机进行远程管理。基于 WMI，各种工具软件和脚本程序不需要使用不同 API（Application Programming Interface，应用程序接口）访问操作系统的不同部分和单元，WMI 允许通过一个公共接口访问多种操作系统构成单元，不必分别对待各种底层接口。当用户拥有计算机设备的管理权限时，便可以在本地计算机或远程执行 WMI 操作。WMI 是对资产维度数据进行采集的一种常用技术。

SNMP（Simple Network Management Protocol，简单网络管理协议）是一个用于检查和管理网络设备的常用协议[5,6]，主要被用来采集网络管理信息及各类安全事件数据。SNMP 协议是专门用于管理服务器、工作站、路由器、交换机等网络节点的一种标准协议。网络管理员利于 SNMP 协议能够管理网络中的各类设备，发现并解决网络中出现的问题，接收安全事件报告，以便为分析师提供支持，让分析师及时知晓网络管理系统出现了网络安全问题。采用 SNMP 协议管理的网络往往由中央管理系统、被管理设备、代理等组成，被管理设备按 SNMP 协议向中央管理系统发送报告。SNMP 协议能够通过一个中央汇聚点轮询各个网络设备，也能把多个代理中的 SNMP 相关信息推送到中央汇聚点上。

中央管理系统可以通过 GET（提取一项信息）、GETNEXT（提取下一项信息）和 GETBULK（提取多项信息）等指令进行轮询，并取回被管理设备的信息；也可以让被管理设备的代理使用 TRAP 或 INFORM 指令主动传送相关信息；还可以通过 SET 指令传送配置更新、控制的请求，实现针对被管理设备的远程控制，达到主动管理系统的目的。这里介绍的 GET、GETNEXT、GETBULK、TRAP、INFORM 指令均是 SNMP 协议的重要基本命令。

端口扫描可以用于采集端口相关的动态数据。在一般情况下，端口扫描是一种用于攻击的行为，在未被允许的情况下进行端口扫描会被识别为安全事件。端口扫描可以作为一种主动采集数据的方法，向某一个终端的某一个端口提出建立一个连接的请求，通过对方的回应，判断目标终端是否已安装了相关服务。端口可以看作是一个通信信道。当向某一个端口提出建立连接的请求时，如果对方安装了相关服务就会有应答，反之则不会。利用这个原理，端口扫描可以对所有熟知的端口或选定某个范围内的端口分别建立连接，并记录目标终端相应的反馈情况，从而判断目标终端安装了哪些服务。通过扫描设备端口，可以发现终端设备开放了哪些端口、端口的分配及提供的服务，以及对应软件版本等。因此，端口扫描可以用作对动态资产数据的采集。当在防护的网络系统中获取了用户的授权以后，便可以通过端口扫描采集相应的数据。

3.3.2 漏洞维度数据采集

漏洞一般包括软件漏洞、配置漏洞、结构漏洞等。按照威胁程度来划分，漏洞可以分为不同危害级别的漏洞。由于不同类型的软件、系统存在各种不一样的漏洞，而且攻击者往往利用系统中存在的漏洞进行攻击，因此漏洞可以看作攻击者尝试攻击的入口。如何对漏洞数据进行采集是网络安全中一个十分重要的环节。然而，软件的数量巨大，软件和硬件结构、框架繁多，尽管很多公司在软件、系统上线之前都会进行大量的测试，还是无法对所有的漏洞都进行有效甄别。另外，很多漏洞存在于系统底层、软件和硬件适配环节、系统和软件更新迭代过程中等，有各种原因会导致新的漏洞出现，很难有一种统一的办法采集到所有的漏洞。下面将介绍业界最常用的方法，即通过开源的漏洞数据库获取漏洞数据、通过开放的漏洞数据库获取已发现的各种漏洞，并将漏洞数据表示为合适的形式。

目前常用的漏洞数据库包括CNNVD（China National Vulnearability Database of Information Security，国家信息安全漏洞库）[7]、CVE（Common Vulnerabilities and Exposures，通用漏洞披露）[8]、NVD（National Vulnerability Database，美国国家漏洞数据库）[9]等。其中，CNNVD介绍了详细的漏洞信息，如CNNVD-202004-1667漏洞[10]介绍了一款无线路由器D-Link DSL-2640B B2的EU_4.01B版本中的'do_cgi()'函数存在缓冲区错误漏洞。该数据库同时对相关的补丁信息、漏洞报告、漏洞预警等进行了介绍。CVE开始建立于1999年，对漏洞采用了公共的命名标准，对漏洞进行描述，介绍漏洞披露时间、相关的操作系统、软件系统、存在漏洞的函数等信息。NVD包括数据库与安全相关的软件缺陷、错误配置、产品名称、影响范围等。

采集漏洞维度数据可以通过各种漏洞数据库对已知的漏洞信息进行采集，采集时，将信息保存为合适的格式，信息包括不同漏洞存在的硬件系统、软件系统等，如与CNNVD-202004-1667漏洞相关联的硬件设备为路由器D-Link DSL-2640B B2的EU_4.01B版本等。采集此类数据的目的是为了分析所防护的目标网络系统可能存在的漏洞，并及时采取相应的措施进行防御。例如，部分已公布的漏洞都有对应的补丁信息，如果所防护的目标网络系统存在某漏洞，便可通知用户安装对应的补丁，防止漏洞被攻击者利用。很显然，漏洞数据库中存在的这些漏洞信息都是通过对历史攻击事件分析得来的，而对于很多未知的攻击事件，其利用的漏洞信息并不一定会存在于漏洞库中。网络攻防是一个博弈的过程，防御者很难对所有的漏洞维度数据进行采集，只能根据已有的知识（如公布的漏洞数据库）和分析师自身的经验采集相关的漏洞数据。对于未知的漏洞，只能在发现和诊断出攻击行为以后，才能对漏洞数据进行更新和完善。

漏洞维度数据主要通过已有的漏洞数据库、补丁库、漏洞报告等进行采集，相对而言，采集方式比较容易，难点在于如何与目标网络系统存在的漏洞关联起来，一般而言，还可以通过漏洞扫描等方式进行采集。

通过漏洞扫描可以对指定的远程或本地终端系统进行安全性检测。基于已有的漏洞信息，扫描发现可利用的漏洞是一种用于检测渗透式攻击行为的方法。一般而言，扫描探测属于一种攻击行为。如果未经过目标网络系统的允许，那么这种行为属于一种非正常的行为，可能对目标网络系统造成破坏。但是，对于防御者而言，对需要防护的目标网络系统进行扫描可以主动获取系统存在的安全漏洞，是一种主动获取漏洞信息的方法，并且这类扫描行为可以在分析师、用户的监督之下完成。通过漏洞扫描，分析师能够了解所防护目标网络系统的安全设置和运行的应用服务状态，还能及时发现存在的安全漏洞。一般而言，根据对象不同，漏洞扫描可以采用针对网络的漏洞扫描、针对终端的漏洞扫描等。

3.3.3 威胁维度数据采集

资产维度数据和漏洞维度数据的采集方式相对而言属于配合型的采集方式。威胁维度数据的采集方式属于非配合型的采集方式，数据采集难度较大。一般而言，攻击者在尝试不同的攻击行为时，会在目标网络系统中留下各种痕迹，此类威胁维度数据可以被采集。而目标网络系统并不知道攻击者何时发动攻击，无法预料攻击者将采用什么攻击方法，也无法知晓攻击者从目标网络系统的哪个部分发起攻击，更无法判断攻击者的最终意图。因此，采集威胁维度数据只能通过终端数据和流量数据的变化情况，对可能存在的威胁行为进行判断。很显然，如果对所有的数据均进行采集，将给分析师带来数据过载的问题，因此在采集威胁维度数据时，应当根据不同类型的威胁行为设计相应的规则和特征，实现针对威胁行为的靶向数据采集。

本节首先介绍针对终端数据和流量数据采集的一般性方法，然后介绍如何根据威胁行为的规则和特征进行靶向数据采集。

3.3.3.1 终端数据采集

终端数据是指位于整个系统中与单个计算机、服务器等终端设备相关的数据，一般包括终端资产数据、终端日志数据、终端告警数据等。

对于终端资产数据，前文已介绍过，可以通过各种系统工具、插件对终端资产数据进行采集，包括对终端的CPU、内存、硬盘、端口、文件系统、网络等数据进行采集,以便评估终端软件和硬件资产数据的安全状态。

对于终端日志数据,可以通过各类型的日志采集插件进行采集,例如通过操作系统日志采集插件、解析系统安全审计、获取系统对文件的操作等;对于浏览器日志数据,可以通过浏览器的日志插件采集记录浏览器的访问记录等日志。通过 Flume 支持在日志系统中定制各类数据发送方的这种功能,可以采集日志数据。

Flume[11]是一个高可靠的分布式海量日志采集、聚合及传输系统。Flume 是 Apache 下的一个孵化项目,最早是由 Cloudera 提供的日志收集系统,支持定制各类数据发送方,同时提供对数据进行一些简单处理的功能,可将数据传输到各种不同的数据接收方,如将数据保存为文本并存入分布式系统 HDFS 和 HBase 等。Flume 可以从控制台、Syslog 日志系统等不同的数据源中采集数据,再将其传输到指定的目的地。为了确保成功传输,Flume 系统会先将数据缓存到管道(Channel),待数据真正传输到目的地后,再删除缓存数据。

Syslog 也被称为系统日志或系统记录,是加州大学伯克利软件分布研究中心开发的系统日志协议,可以用于记录设备日志数据[12]。Syslog 可记录终端系统发生的各类型事件,分析师通过查看终端系统记录可以掌握系统情况。目前很多终端设备都支持 Syslog 协议,包括路由器、交换机、应用服务器、防火墙等,通过分析这些终端设备的日志,可以追踪和掌握与设备和网络有关的情况,并及时发现威胁行为。

对于终端告警数据,一般可通过部署在终端设备上的防御设备进行获取。例如,在终端设备上部署终端检测与响应 EDR 系统[13],可对终端设备进行主动监控,当发现终端设备出现异常登录、远程控制、木马控制、后门控制、本地提权、webshell 检测、文件篡改、暴力破解等数据时,将整合数据并形成告警信息,发送给分析师进行进一步分析。此类 EDR 系统种类较多。例如,绿盟公司研发的 NSFOCUS Endpoint Detection and Response[14],采用主动防御和横向对比等方法,从多个维度对比分析,感知主机异常变化,发现初期入侵点,对非正常行为实时拦截和告警,并可对可疑文件进行删除、隔离等;奇安信终端安全响应系统[15]通过威胁情报、攻防对抗、机器学习等方式,从主机、网络、用户、文件等多个维度评估网络系统中存在的未知风险,以行为引擎为核心,利用威胁情报,缩短从发现威胁到处置的响应时间。

对于不同类型的安全防御设备、安全工具,可以通过代理的方式采集和发送数据。代理(Agent)可以看作运行在传感器中,且分布在多个主机上的用于采集数据的脚本,主要负责从各安全设备、安全工具的插件中采集服务日志和报警日志等相关信息,并将采集到的各类信息统一格式后发送给态势感知系统。通过代理采集数据可以理解为在终端放置各种辅助设备,辅助设备可以主动采集相关数据,并发送给态势感知系统进行态势提取。

3.3.3.2 流量数据采集

流量数据包括完整的内容数据、提取的内容数据、会话数据、统计数据、告警数据等不同类型的数据。本节将针对不同类型的流量数据,介绍其采集方法及相关工具。

完整的内容数据:未被过滤、完整的网络数据。可通过多种网络抓包软件、包捕获软件采集此类数据。例如,Wireshark 是一款强大的开源包捕获软件[16],内含数百种内置协议可对捕获的数据包进行解析,可用于显示每个数据包的详细细节。一般而言,Wireshark 可以显示捕获数据包列表、数据包结构、原始数据包等。其中数据包列表主要记录被捕获的每个数据包。Wireshark 示例如图 3-2 所示。图中,最上面窗口中显示的每一行均表示一个数据包,其内容包括每个数据包的摘要,如数据包的捕获时间、源 IP 地址、目的 IP 地址、所使用的协议、协议数据中的部分内容等;中间窗口中显示数据包结构,包括被选中数据包的协议、包字段等详细结构;最下面窗口中显示原始数据包,包括捕获数据包的原始内容,通过十六进制和 ASCII 码表示。

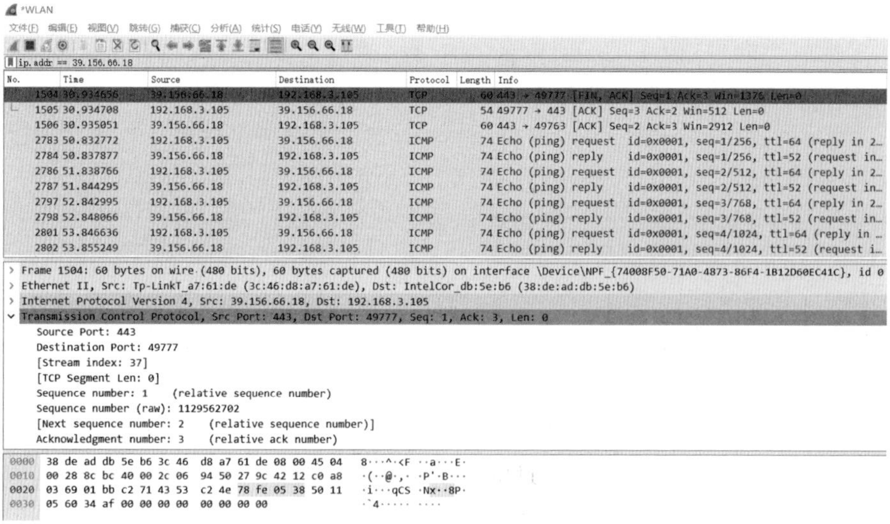

图 3-2 Wireshark 示例

Sniffer 也是一款著名的抓包软件[17],一般被译为嗅探器,可以用来监视网络状态和数据流动情况,可以捕获数据帧并进行分析,可以通过配置过滤器保留特定的数据帧,可以通过多种视图深度分析数据帧等,适用于无线网络和有线网络。图 3-3 展示了 Sniffer 捕获的主机信息示例。

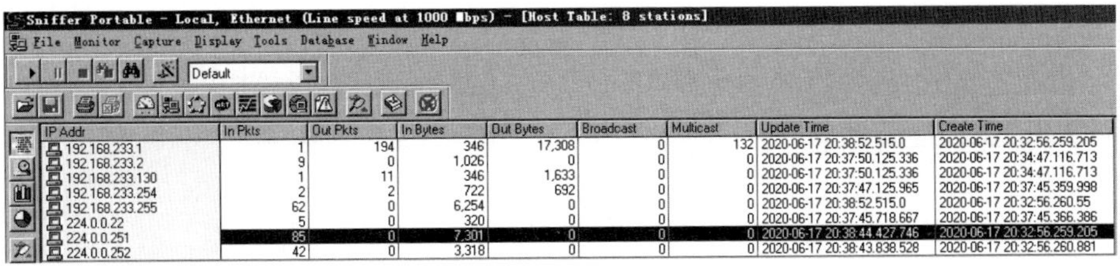

图 3-3　Sniffer 捕获的主机信息示例

此外，用于捕获数据包的工具还有很多，如 Tshark[18]、SpyNet[19]等，不同抓包工具的特点和功能不尽相同，本书不一一介绍。目前也有专门的库用于创建抓包软件。例如，Libpcap 库[20]是当前最流行的用于网络抓包的库，允许应用程序和网络接口之间交互捕获数据包，提供了一个独立于平台的 API，便捷性高，被用于多个抓包工具。Libpcap 库是 unix/linux 平台下的网络数据包捕获函数库，提供数据包捕获（捕获经过网卡的原始数据包）、自定义数据包发送（构造任意格式的原始数据包，并发送到目标网络）、流量采集与统计（对采集到的流量信息按照新规则进行分类和统计，并输出到制定终端）、规则过滤（提供脚本，允许用户对采集的流量数据包进行过滤）等功能。Libpcap 库是大多数网络监控软件实现的基础。

提取的内容数据：从包捕获数据导出来的易于存储的包字符串数据。包字符串数据是一种介于包捕获数据和会话数据之间的数据，主要包括从报文协议的报头中提取的明文字符串，数据粒度接近捕获的原始数据包，比原始数据包更容易管理，也可以被存储更长的时间。包字符串数据的数据格式多种多样，支持分析师按照自己的需求自定义。其常见的格式包括两种：一种是只提取协议的报头信息，例如从应用层协议的报头中生成特定格式的包字符串，去掉相关数据的填充字段等，可以看作数据包的快照；另一种是只提取有效载荷数据（payload data），即存放所携带数据的填充字段，例如保存应用层协议报头后面的数据，而非报头字节。采集此类数据的工具包括 Justniffer[21]、EtherDeteck Packet Sniffer 等。Justniffer 是一款功能比较全面的网络协议分析工具，可以捕获网络传输的数据包，并按照分析师的定义生成相关的日志，如 Apache web 服务器的日志文件等，同时能够追踪响应时间，拦截 HTTP 协议传输的文件等，能够让分析师交互式地从实时的网络流或数据包文件中追踪特定的数据流。EtherDeteck Packet Sniffer 也是一款类似的网络协议分析工具。EtherDeteck Packet Sniffer 获取 web 服务器响应时间示例如图 3-4 所示。图中的方框显示出通过终端交互形式计算 web 服务器响应时间。

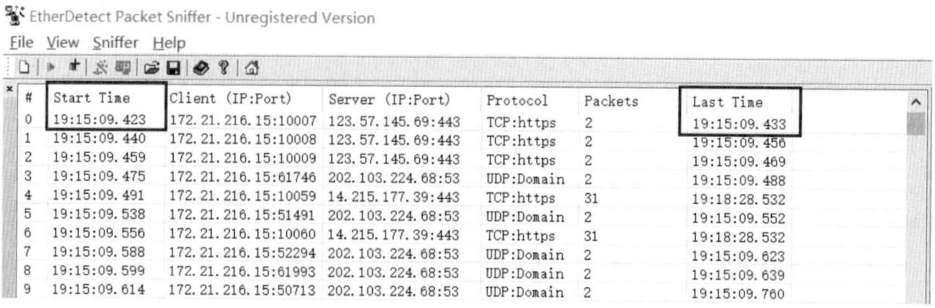

图 3-4 EtherDeteck Packet Sniffer 获取 web 服务器响应时间示例

会话数据：两个网络设备之间通信流数据的汇总，存储着用户之间通信会话的相关属性和配置信息等。会话数据不像数据包那样含有详细数据，容量小，便于保存很长时间，有利于在攻击事件发生时和发生后对攻击进行溯源和复盘。会话数据常见的格式为五元组，示例如图 3-5 所示，包含源 IP 地址（192.168.1.1.）、源端口（10000）、目的 IP 地址（121.15.68.1）、目的端口（80）、传输协议（TCP）等。会话数据的形成过程比较简单：当网络中出现新的五元组数据时，将创建一个新的会话，表示一组网络设备开启会话；当网络中匹配到已经出现过的五元组时，将在已有的会话信息中添加检测出的会话数据。

192.168.1.1	10000	121.15.68.1	80	TCP
源IP地址	源端口	目的IP地址	目的端口	传输协议

图 3-5 会话数据常见格式示例

采集会话数据的工具包括 Argus[22]等。Argus 可以使用自定义格式对数据进行记录，支持 pcap 格式，argus-server 抓包时可以先打开一个端口，然后通过这个端口连接，并读取所抓包内的信息。3.3.3.2 开关介绍的 Wireshark 软件也具有类似的功能。图 3-6 展示了一个 Wireshark 生成会话数据的示例。

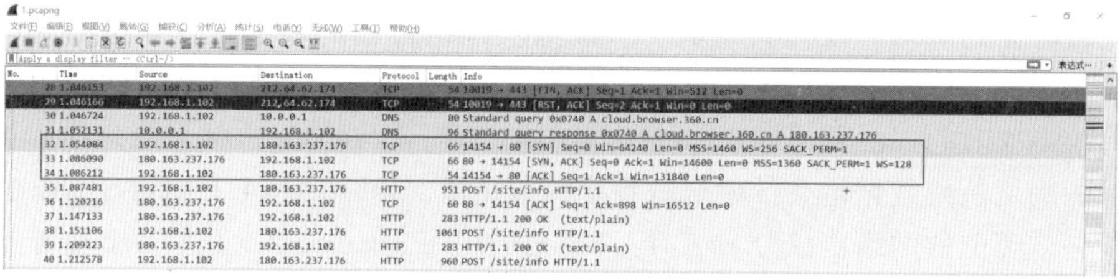

图 3-6 Wireshark 生成会话数据的示例

统计数据：对网络流量数据进行组织和分析形成的数据。采集这类数据常用的工具包括 Wireshark、Netflow Analyzer[23]、Tstat[24]、Tcptrace[25] 等。Wireshark 能对流量进行统计，Wireshark 统计数据流量示例如图 3-7 所示。Wireshark 不仅能展示数据流量的分布，还能展示多种不同类型的统计数据。Wireshark 展示的不同类型的流量统计数据示例如图 3-8 所示。此外，Wireshark 统计的 I/O 吞吐量示例如图 3-9 所示，展示了 Wireshark 对 I/O 吞吐量的统计数据。

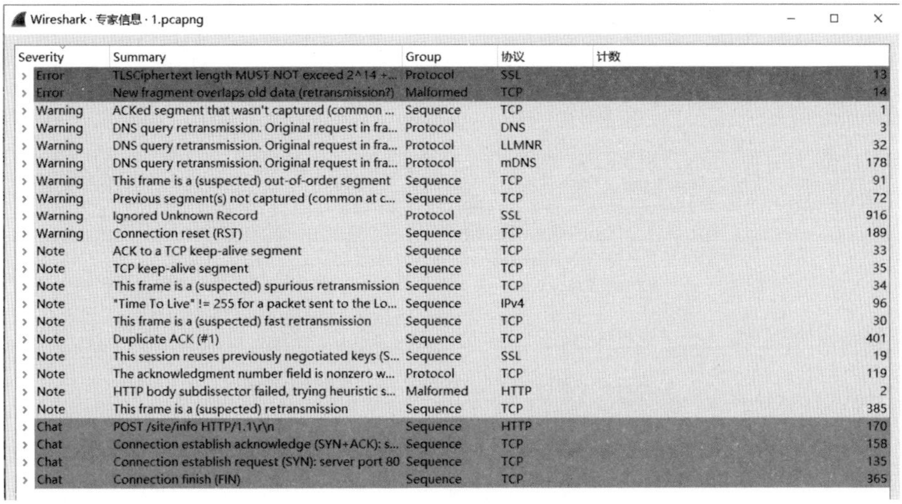
Wireshark · 专家信息 · 1.pcapng

Severity	Summary	Group	协议	计数
Error	TLSCiphertext length MUST NOT exceed 2^14 +...	Protocol	SSL	13
Error	New fragment overlaps old data (retransmission?)	Malformed	TCP	14
Warning	ACKed segment that wasn't captured (common ...	Sequence	TCP	1
Warning	DNS query retransmission. Original request in fra...	Protocol	DNS	3
Warning	DNS query retransmission. Original request in fra...	Protocol	LLMNR	32
Warning	DNS query retransmission. Original request in fra...	Protocol	mDNS	178
Warning	This frame is a (suspected) out-of-order segment	Sequence	TCP	91
Warning	Previous segment(s) not captured (common at c...	Sequence	TCP	72
Warning	Ignored Unknown Record	Protocol	SSL	916
Warning	Connection reset (RST)	Sequence	TCP	189
Note	ACK to a TCP keep-alive segment	Sequence	TCP	33
Note	TCP keep-alive segment	Sequence	TCP	35
Note	This frame is a (suspected) spurious retransmission	Sequence	TCP	34
Note	"Time To Live" != 255 for a packet sent to the Lo...	Sequence	IPv4	96
Note	This frame is a (suspected) fast retransmission	Sequence	TCP	30
Note	Duplicate ACK (#1)	Sequence	TCP	401
Note	This session reuses previously negotiated keys (S...	Sequence	SSL	19
Note	The acknowledgment number field is nonzero w...	Protocol	TCP	119
Note	HTTP body subdissector failed, trying heuristic s...	Malformed	HTTP	2
Note	This frame is a (suspected) retransmission	Sequence	TCP	385
Chat	POST /site/info HTTP/1.1\r\n	Sequence	HTTP	170
Chat	Connection establish acknowledge (SYN+ACK): s...	Sequence	TCP	158
Chat	Connection establish request (SYN): server port 80	Sequence	TCP	135
Chat	Connection finish (FIN)	Sequence	TCP	365

图 3-7　Wireshark 统计数据流量示例

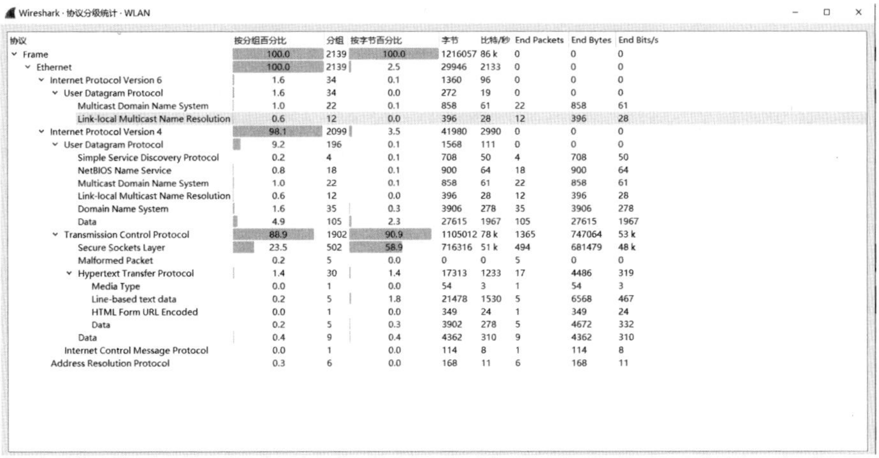
Wireshark · 协议分级统计 · WLAN

协议	按分组百分比	分组	按字节百分比	字节	比特/秒	End Packets	End Bytes	End Bits/s
Frame	100.0	2139	100.0	1216057	86 k	0	0	0
Ethernet	100.0	2139	2.5	29946	2133	0	0	0
Internet Protocol Version 6	1.6	34	0.1	1360	96	0	0	0
User Datagram Protocol	1.6	34	0.0	272	19	0	0	0
Multicast Domain Name System	1.0	22	0.1	858	61	22	858	61
Link-local Multicast Name Resolution	0.6	12	0.0	396	28	12	396	28
Internet Protocol Version 4	98.1	2099	3.5	41980	2990	0	0	0
User Datagram Protocol	9.2	196	0.1	1568	111	0	0	0
Simple Service Discovery Protocol	0.2	4	0.1	708	50	4	708	50
NetBIOS Name Service	0.8	18	0.1	900	64	18	900	64
Multicast Domain Name System	1.0	22	0.1	858	61	22	858	61
Link-local Multicast Name Resolution	0.6	12	0.0	396	28	12	396	28
Domain Name System	1.6	35	0.3	3906	278	35	3906	278
Data	4.9	105	2.3	27615	1967	105	27615	1967
Transmission Control Protocol	88.9	1902	90.9	1105012	78 k	1365	747064	53 k
Secure Sockets Layer	23.5	502	58.9	716316	51 k	494	681479	48 k
Malformed Packet	0.2	5	0.0	0	0	5	0	0
Hypertext Transfer Protocol	1.4	30	1.4	17313	1233	17	4486	319
Media Type	0.0	1	0.0	54	3	1	54	3
Line-based text data	0.2	5	1.8	21478	1530	5	6568	467
HTML Form URL Encoded	0.0	1	0.0	349	24	1	349	24
Data	0.2	5	0.3	3902	278	5	4672	332
Data	0.4	9	0.4	4362	310	9	4362	310
Internet Control Message Protocol	0.0	1	0.0	114	8	1	114	8
Address Resolution Protocol	0.3	6	0.0	168	11	6	168	11

图 3-8　Wireshark 展示的不同类型的流量统计数据示例

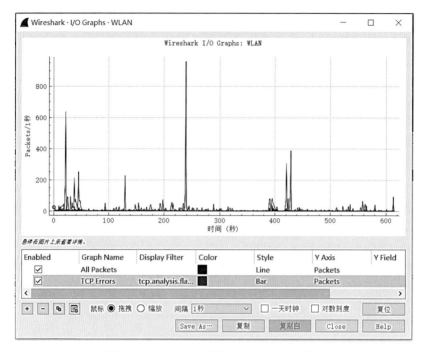

图 3-9　Wireshark 统计的 I/O 吞吐量示例

告警数据：不同类型防御设备、检测系统检测出异常数据时发出的告警信息。此类数据可以看作对基础网络数据进行了分析和整合，并融合了部分检测规则所生成的具有代表性意义的数据。入侵检测系统（IDS）能监视和解析网络流量，是防火墙之后的一个重要防御系统，也是产生告警数据的一个重要系统。入侵检测系统的种类很多。很多公司都开发了 IDS 系统进行防御。例如：天融信入侵检测系统 TopSentry[26]通过旁路监听网络流量，能对网络中的漏洞攻击、DDoS 攻击、病毒传播等风险隐患进行检测，及时发现客户风险网络访问、资源滥用行为等；启明星辰研发的天阗入侵检测与管理系统[27]可对多种病毒、蠕虫、木马、DDoS、扫描、SQL 注入、XSS、缓冲区溢出、欺骗劫持等攻击行为以及网络资源滥用行为等威胁进行检测，同时对于网络流量的异常情况能及时告警；Snorby[28]是一个开源的入侵检测系统接口，可以对数据进行分析，并对异常数据进行告警。

对流量数据进行采集的方法和工具很多，可通过 NetFlow、sFlow、IPFIX 等协议采集流量数据。

NetFlow[29]可以收集进入及离开网络界面的数据包数量及内容，最早由思科公司研发，是思科设备 NLOS 软件中内嵌的一种功能，可以将网络流量记录到设备的高速缓存中,以便提供非常精准的流量监测,可应用在路由器及交换器等产品中。NetFlow 提供网络流量的会话级视图。NetFlow 系统一般而言包含探测器、采集器、报告系统等部分。其中,探测器主要用于对网络数据进行监听;采集器收集探测器发来的数据;报告系统通过采集器收集的数据生成易于分析师阅读的报告。NetFlow 统计的流量数据包含与来源和目的相关的各类信息,包括使用的协议、端口等,能帮助分析师和管理人员了解网络流量情况。NetFlow 常用于对异常流量的分析,通过 NetFlow 采集的数据可以对异常流量的种类、来源、目的、后果、数据包类型、端口、协议等多方面进行分析。

sFlow[30]是由 InMon、HP 和 FoundryNetworks 等公司联合开发的一种网络监测技术,通过数据流随机采样的方法,可提供较为完整的流量数据,适用于超大网络流量环境下的流量分析,有助于用户实时分析网络传输的性能、趋势及存在的问题。sFlow 技术能够在整个网络中以连续实时的方式监视每一个端口,并且不需要镜像监视端口,可以保证对整个网络性能的影响很小。sFlow 可以对高速千兆、万兆的端口进行准确监视,并可以扩展到管理数万个端口。与使用端口镜像、探针和旁路监测技术的传统网络监控解决方案相比,sFlow 具有更低的成本和优势。

IPFIX[31]全称为 IPFlow Information Export,即 IP 数据流信息输出,是一个用于网络数据流信息测量的标准协议。IPFIX 统一了流量监控的标准,通过使用统一的模型,简化了数据流输出架构。在 IPFIX 出现之前,网络管理员和分析人员需要为支持不同的流报告应用而花费额外的精力和时间。IPFIX 制定的一系列 RFC 形式的标准,提供了专业的网络流量检测参考标准。IPFIX 描述了数据流信息输出的众多规则,包括时间戳、流终止、数据包分段等规则。IPFIX 将流定义为在一个时间间隔内经过某观察点的一系列 IP 数据包。属于同一个流的 IP 数据包具有相同的传输层头字段、应用层头字段等。根据捕获数据包的属性可以对数据包进行重组,还原原始的流信息,进而对网络流量进行监测。

3.3.3.3 针对威胁行为的靶向数据采集

针对不同类型的威胁行为,态势感知系统需要设计不同的规则和特征,并对满足安全特征的数据进行采集,从而判断威胁行为的产生。防火墙、终端检测与响应系统 EDR、入侵检测系统 IDS、入侵防御系统 IPS 等都会设计相关的规则和特征,实现对已知部分攻击行为的检测和发现,并及时告警。一般而言,威胁行为可以分为单步攻击行为和多步攻击行为。其中,单步攻击行为是描述攻击行为的最小单元;多步攻击行为是由多个单步攻击行为组成的并能实现一定目的的行为。

针对威胁维度数据的靶向采集,主要是对单步攻击行为的特征进行总结,并设计相应的规则和安全特征。对单步攻击行为可以从攻击意图、技术路线、实现方法、实现具体细节这四个层次进行分析,每个层次都有很多种具体的攻击行为。一种攻击行为可能在不同的层次上被进一步细分,例如攻击意图层次包括扫描探测、渗透突破、远程控制、窃取利用等攻击行为。扫描探测攻击行为在技术路线层次上又可以细分为网络层扫描、传输层扫描、应用层扫描和情报搜集等。网络层扫描在实现方法层次上又可以细分为 ARP Request 扫描、ARP Replay 扫描、ICMP 扫描等。对于具体的网络层扫描攻击行为,为了判断是否有此类攻击行为要进行靶向数据采集,针对流量数据进行检测,设计关于端口信息、主机信息等的扫描探测特征,当从流量数据中分析出符合此类安全特征的数据时,便可以及时告警该威胁数据。对于多步攻击行为,只能通过检测的多个单步行为的数据进行关联分析。本书第 4 章将介绍一些针对单步攻击和多步攻击行为的检测方法。

蜜罐和蜜网技术也是采集威胁维度数据的一种方式。蜜罐技术[32]本质上是一种对攻击者进行欺骗的技术,通过在系统中布置一些作为诱饵的主机、网络服务或信息等,诱使攻击者对它们实施攻击,从而可以对其攻击行为进行捕获和分析,了解攻击者所使用的工具与方法,推测其攻击意图和动机。这种技术可以看作是专门为吸引并诱骗攻击者而设计的。通过对攻击者采用的攻击行为、方法的采集,分析师能够清晰地知道目标网络系统面临的安全威胁,能够了解攻击者可能使用的一些最新的攻击方法及利用的漏洞等。通过蜜罐技术采集的威胁维度数据具有很高的价值,因此,实现蜜罐技术的蜜罐系统应该具备对攻击行为的发现、产生告警、记录具体的攻击路径等功能。

蜜罐一般分为实系统蜜罐和伪系统蜜罐。其中,实系统蜜罐可以理解为真实的蜜罐,即运行着真实的系统,并且带着真实可入侵的漏洞。这类蜜罐系统虽然有很危险的漏洞,但是能记录很多最为真实的威胁行为数据。伪系统蜜罐是建立在真实系统基础上的,其平台与漏洞存在非对称性,有助于防止蜜罐系统被攻击者破坏,并能模拟出一些不存在的漏洞。

蜜网的功能和蜜罐类似,是由多台终端设备组成的网络。蜜罐是单一的计算机设备。蜜网一般是隐藏在防火墙后面的,所有进出的数据都会被监控和采集,通过捕获的威胁维度数据,有助于分析攻击者使用的工具、攻击方法、攻击动机等。

3.4 网络安全数据融合

本章前三节介绍了不同类型网络安全数据的采集工作，包括从资产维度、漏洞维度、威胁维度采集各种网络安全数据。由于数据来源于多个维度，因此同一个维度甚至同一种数据也有可能来自不同的采集工具，导致采集的数据格式不同。例如，很多厂商都研发了入侵检测系统 IDS，由不同 IDS 系统返回的告警数据格式不完全一致。因此，为了更好地对网络安全数据进行整合，需要对来自不同维度的网络安全数据进行融合。本节将介绍网络安全数据融合的常用技术和方法。由于数据可能存在缺失、格式不一致、重复等问题，因此本节将介绍数据清洗、数据集成、数据规约、数据变换的方法，以便实现对网络安全数据的融合处理。

3.4.1 数据清洗

采集的数据可能存在数据重复、数据偏差等情况，不经过数据清洗可能导致分析过程因存在偏差的脏数据影响，而使最后的分析结果不理想。因此，采集的网络安全数据需要进行清洗。一般而言，数据清洗是指去除数据集中的噪声数据、不一致的数据、对遗漏数据进行填补等。

3.4.1.1 噪声数据

噪声数据是指数据集中存在错误或异常数据，一般是指偏离期望数值较大的数据。此类数据一般源自设备出现故障、在数据传输过程中出现错误等特殊情况，对其处理的一般性方法是使用"光滑"的数据进行替代。常用的方法如下：

（1）均值替代：对偏离数据整体分布的噪声数据，采用其周围数据的平均值替代。例如，可以采用噪声数据前后两个数据的平均值替代噪声数据，实现数据的平滑性。

（2）回归替代：当检测到单个偏离幅度较大的噪声数据以后，根据该数据周围的多个数据设计一个函数做数据拟合，再用拟合的数据替代噪声数据。前面讲的均值替代方法属于较简单的回归替代方法。常用的回归替代方法包括线性回归、逻辑回归、多元回归等。对于维度较低的数据可以采用线性回归的方法将数据拟合为一条直线；而对于高维度的数据则可以采用多元线性回归的方法，将其拟合到多维曲面上。

（3）分箱法：将待处理的数据按照一定的规则放入不同的箱子中，对每一个箱子中的数据采取特定的方法进行处理。一般而言，分箱的方法包括等深分箱法、等宽分箱法、自定义区间法等。其中，等深分箱法是将数据平均分配到每一个箱子中，即每一个箱子中的数据个数基本保持一致；等宽分箱法是指根据数据区间进行划分，每一个箱子中的数据区间范围是固定的，将符合区间范围的数据分入对应的箱子中；自定义区间法是用户可以自定义每一个箱子中的数据区间范围，再将数据放入对应区间的箱子中。分箱以后，对于每一个箱子中的数据处理方法包括均值平滑法、中位数平滑法、边界平滑法等。其中，均值平滑法是指对同一箱子中的所有数据求平均值，箱子中的数据用平均值代替；中位数平滑法是指计算箱子中数据的中位数，再用中位数替代箱子中的数据；边界平滑法是指将箱子中数据的最大值和最小值作为边界，再把箱子中的每一个数据替换为最大值或最小值。

（4）聚类：常用来将数据划分为不同的类别，以便判断不同数据的相似程度。对于噪声数据，可以通过聚类方法将正常数据归类，并设置合理的参数用于检测噪声数据，再将噪声数据去除，或者替换为类别与其最接近的边界数据。

以分箱法为例，假设在检测网络攻击行为时会检测 TCP 连接的数据，TCP 连接的数据可以分为基本特征数据、内容特征数据等。例如，在 KDD Cup 1999 网络入侵检测数据集[33]中，TCP 连接的数据包含以下 9 类基本特征：

duration：表示连接持续的时间，其数值以秒为单位，范围是［0,58329］；

protocol_type：表示协议类型，包括 TCP、UDP、ICMP 等；

service：表示目标主机的网络服务类型，包括 70 多种不同的类型；

flag：表示连接正常或错误的状态，包括 11 种不同的状态；

src_bytes：表示从源主机到目标主机的数据字节数，其数值范围为［0,1379963888］；

dst_bytes：表示从目标主机到源主机的数据字节数，其数值范围为［0,1309937401］；

land：表示连接是否来自同一个主机，是否是相同的端口；

wrong_fragment：表示错误分段的数量，其数值范围为［0,3］；

urgent：表示加急包的个数，其数值范围是［0,14］。

当采集多条数据以后，需要对数据进行预处理。例如，对于连接持续时间，首先判断是否超出了数值范围，然后对多条数据中可能存在的噪声数据进行处理，如在多条采集的数据中包含的 duration（连接持续时间）分别为

{800,1000,1200,1500,1800,2100,2500,2800,3000,3500,5000,5900}

采用分箱法对这些数据进行处理,根据不同的分箱方法可以进行不同的划分。比如,根据等深分箱法将上述数据分为 3 个箱子。由于等深分箱法中每一个箱子中数据的个数一样,因此可以进行如下划分:

箱 1:{800,1000,1200,1500}

箱 2:{1800,2100,2500,2800}

箱 3:{3000,3500,5000,5900}

等宽分箱法是每一个箱子中的数据区间固定,即将每一个箱子中的数据区间定义为 2000,则箱 1 包含的数据区间为 [0,2000],箱 2 包含的数据区间为 [2001,4000],依此类推,上述数据将放入以下几个箱子:

箱 1:{800,1000,1200,1500,1800}

箱 2:{2100,2500,2800,3000,3500}

箱 3:{5000,5900}

自定义区间法是用户可以先自定义每一个箱子中的数值范围,然后将数据放入对应的箱子中。下面以等深分箱法的结果为例,介绍对每一个箱子中数据的处理方法:通过均值平滑法计算每一个箱子中数据的平均数,使用平均数替代箱子中的每一个数据,箱 1 中 4 个数据的平均值为(800+1000+1200+1500)/4=1125,因此用 1125 替代箱 1 中原来的 4 个数据;与此类似,箱 2 中 4 个数据的平均值为(1800+2100+2500+2800)/4=2300;箱 3 中 4 个数据的平均值为(3000+3500+5000+5900)/4=4350,因此将 3 个箱子中的数据修改为:

箱 1:{1125,1125,1125,1125}

箱 2:{2300,2300,2300,2300}

箱 3:{4350,4350,4350,4350}

中位数平滑法是选取箱子中所有数据的中位数,箱 1 有 4 个数,其中位数为中间两个数据的平均值(1000+1200)/2=1100,类似地,箱 2 的中位数为(2100+2500)/2=2300,箱 3 的中位数为(3500+5000)/2=4250,因此将 3 个箱子中的数据修改为:

箱 1:{1100,1100,1100,1100}

箱 2:{2300,2300,2300,2300}

箱 3:{4250,4250,4250,4250}

可以看出,中位数和平均数并不一定相等。采用中位数或平均数进行替代的方法是均值替代方法。边界平滑法是将箱子中的所有数据替换为箱子中的最大值或最小值,以箱 1 的数据为例,其最大值为 1500,最小值为 800,对于数据 1000,与最小值相差 200,与最大值相差 500,因此将其替换为最小值 800;对数据 1200,与最小值相差 400,与最大值相差 300,因此将其替换为最大值1500。其他箱子中的数据可以通过类似的方法进行处理，得到的结果为：

箱1：{800,800,1500,1500}

箱2：{1800,1800,2800,2800}

箱3：{3000,3000,5900,5900}

不同的方法适用于处理不同的噪声数据，需要根据实际的数据情况选择合适的方法进行数据清洗。

3.4.1.2 不一致的数据

产生不一致数据的原因很多。例如，KDD Cup 1999网络入侵检测数据集中存在少量不符合规范的数据，需要将不一致的数据提取出来。此外，数据内涵前后不一致可能导致数据冲突，数据更新不及时等也可能导致前后数据矛盾等。在网络安全数据方面，如果数据的采集时间清晰明确，可以通过采集时间进行更新，即选择最新的数据进行替换；而对于大多数情况下发生的数据冲突、格式冲突等情况，需要通过3.4.2节介绍的数据集成方式进行处理。

3.4.1.3 遗漏数据

遗漏数据包括很多情况，可能由于采集工具、方法不完备导致部分数据未被采集。例如，在采集资产数据时仅采集了CPU、磁盘、内存等数据，而忽视了网卡等其他资产数据，此时应该在设计数据格式时进行充分考虑，对重要的资产数据设计合理的格式，并采用相应的方式进行采集；又如，某些数据不存在记录，属性值为空白，此时应想办法填补空白的属性值，从而不影响分析师的分析工作。常用的方法如下：

（1）设置全局常量：用一个全局常量对控制的属性值进行填补。虽然此类方法可使数据完整，但是由于填补的数据没有实际意义，因此对数据分析的帮助很小。

（2）人工填充：当发现数据属性值空白时，根据人工经验，对一些简单、易于填写的属性进行填充，并能保证数据的准确性。此类方法在数据规模小时可以采用，并要求填充数据的人员应具备相关的经验。

（3）平均值填充：与处理噪声数据类似，根据空白数据周围数据的平均值进行填充，可以保障数据整体的光滑性。

（4）相似样本填充：借鉴推荐系统的做法，对于空白属性值的数据，分析该数据与其他数据的相似性，找到最相似的几个数据，利用相似数据在该空白属性上的平均值进行填充。该方法能利用推荐系统的思路，所填充的属性值也具有意义。

（5）拟合填充：与处理噪声数据类似，使用各种拟合算法计算最有可能的数据，并使用拟合以后的数据进行填充。

3.4.2 数据集成

由于采集的网络安全数据存在多源异构特性，因此数据中会存在很多不一致和数据冗余的情况，如数据格式的定义不一致、数据数值不一致等。数据集成可对不一致的数据进行处理，即将分散在多个数据源中的数据集成为具有统一表达形式的数据。数据集成的本质是为数据提供统一的格式，使分析师可以更加高效地查询和利用这些数据，提高数据共享和利用的效率。常用的数据集成方法包括数据格式集成、多视图集成、模式集成、多粒度数据集成等方法。本书对具体的数据集成方法不做详细介绍，仅从实体、数据格式、数据自身的集成方面进行简要介绍。

网络安全数据集成可以从以下三个方面进行。首先是实体方面，要统一实体命名，即对不同维度采集的实体名字进行统一，也就是对标识符进行统一。例如，采集的数据可能使用 CPU、中央处理单元、计算单元、中央处理器等不同的标识符进行表示，此时需要对不同的标识符且具有相同含义的实体进行统一。常用的方法包括同义词字典、基于知识图谱的实体对齐等方法。其中，同义词字典的方法是将具有相同含义、不同标识符的实体列举出来，通过设计正则表达式对不同的实体进行统一；基于知识图谱实体对齐的方法是对采集的实体进行向量化，计算出不同实体的关联关系，将含义相近、连接关系相近的实体对齐。经过实体统一以后，不同的数据源将对数据的标识符进行统一。

其次是数据格式方面。不同数据源定义的数据格式不一致，例如，系统 A 定义的流量数据包括源 IP、源端口、目的 IP、目的端口、P1、P2 等 6 个属性，而系统 B 定义的流量数据包括源 IP、源端口、目的 IP、目的端口、P3、P4、P5、P6（如流量大小、协议）等 8 个属性，对于不同的数据格式，需要整合为一个统一的格式。常用的方法为通过对数据格式进行合并，即将数据格式按照统一以后的属性进行合并，形成源 IP、源端口、目的 IP、目的端口、P1~P6 等 10 个属性。

最后是数据自身的集成方面。对于不同数据源采集的相同数据，将冗余的数据消除，保留一份数据即可。对于不同数据源采集的数据，如果数据有冲突，通常可使用平均法、投票法、权重法等来处理。其中，平均法是指对有冲突的数据计算平均值，以平均值作为集成以后的数据；投票法是指根据不同数据的投票情况，将票数多的数据作为集成以后的数据；权重法是指根据数据源的可信度，设计不同数据源的权重，并根据权重计算集成以后的数据。

数据集成能有效解决不同数据源之间数据共享和互通的问题，通过数据的集成能为分析师提供集成以后的数据，提高分析师的工作效率。

3.4.3 数据规约

通过数据清洗和数据集成，从多渠道获取的网络安全数据可以通过一个统一的格式提供给分析师，但是网络安全数据涉及的属性太多，数据清洗和数据集成仅解决了数据错误、冗余等问题，而对数据量大、属性多等问题，如何能进一步解决以便提高分析师的效率呢？数据规约便是一种可行的方法，通过对数据进行精简，大幅度减少需要处理的数据，让分析师可以关注更为重要的数据。常用的数据规约方法包括样本规约、特征规约、维度规约等。

样本规约是指从完整的数据集中选取具有代表性的样本子集，从而降低数据集规模。样本规约的方法来自统计学，通过对部分给定样本的估计，能很好地还原原始数据的分布，因而在实际执行样本规约时，需要合理地选取符合原始数据分布的样本子集，尽可能地保留原始数据集的特性。

特征规约是指剔除原始数据集中无关紧要的数据特征。网络安全数据可能包含成百上千的数据特征，而大部分数据特征可能都与网络安全态势感知不相关，因此可以认为这些数据特征是冗余的。特征规约即从这些数据特征中选取与态势感知任务最相关的特征，找出最小特征集，使得与态势感知相关的数据分布和原始的数据分布尽可能接近，在保留必要的数据用于态势分析（如攻击事件检测等）以外，尽可能多地去掉无关数据。

维度规约的主要目的是减少分析过程中随机变量或属性的个数。例如，webshell攻击事件和流量相关的数据属性、系统函数调用相关的属性等密切相关，即使经过特征规约还存在多个相关属性。通过维度规约可以将需要关注的属性数目进一步减少，构造少量有关联的属性。例如，既调用了系统函数又上传了webshell等新数据，通过构造数量更少的新属性，将原始数据映射到少量的新属性上，进一步减少分析的维度。常用的维度规约方法包括小波变换[34,35]、主成分分析方法[36,37]等。其中，主成分分析方法在 p 维正交向量（p 维数据属性）中找出最能代表数据的 k 个子空间，并通过投影方法将原始数据投影到 k 个维度的属性空间中。

以主成分分析算法（Principal Component Analysis，PCA）为例，其核心思想为利用正交变换把由线性相关变量表示的观测数据转换为少数几个由线性无关变量表示的数据，这些线性无关的变量被称为主成分。由于在实际采集和观测数据时，很难去判断采集或提取的数据特征是否具有相关性，因此可能会采集很多具有相关性的特征。通过主成分变换的方法可以从大量的具有相关性的变量中提取出少数几个线性无关的变量，从而简化后续的分析和计算，提升效率。

PCA 包括以下步骤：

第一步：根据观察到的样本数据计算协方差矩阵 $\pmb{\Sigma}$；假设每个数据都包含 p 个维度的特征 $\{x_1, x_2, \cdots, x_p\}$，计算得到的协方差矩阵为 p 行 p 列矩阵；

第二步：计算正交矩阵 $\pmb{U}$，使得 $\pmb{U}^T \pmb{\Sigma} \pmb{U}$ 为对角线矩阵，且对角线上的元素 $\lambda_1, \lambda_2, \cdots, \lambda_p$ 从大到小依次排列，即 $\lambda_1 \geq \lambda_2 \geq \cdots \geq \lambda_p$；

第三步：计算每个特征值 λ_i 对应的特征向量 $(\pmb{u}_{1i}, \pmb{u}_{2i}, \cdots, \pmb{u}_{pi})$，则第 i 主成分可以表示为 $y_i = \pmb{u}_{1i} x_1 + \pmb{u}_{2i} x_2 + \cdots + \pmb{u}_{pi} x_p$；

第四步：取前 $k \leq p$ 个维度的主成分表示数据，完成对原始数据的维度规约。

下面将通过与网络安全相关的实例，进一步描述 PCA 的原理和计算过程。假设采集的数据包含 p 个维度的特征，则可以将这些特征记为变量 $\{x_1, x_2, \cdots, x_p\}$。例如，在 KDD Cup 1999 网络入侵检测数据集中的每一条数据包含了 41 个维度的特征，这些特征包括 TCP 连接的基本特征、TCP 连接的内容特征、基于时间的网络流量统计特征、基于主机的网络流量统计特征。其中，TCP 连接的基本特征如本节所述包括连接持续时间、协议类型、目标主机的网络服务类型、连接正常或错误的状态数据、从源主机到目标主机的数据字节数、从目标主机到源主机的数据字节数、是否连接和使用相同的主机与端口、错误分段的数量、加急包个数等 9 个维度的特征。TCP 连接的内容特征包括以下 13 种不同的变量特征：

hot：表示热点列表中的个数；

num_failed_logins：表示登录尝试失败的次数；

logged_in：表示是否成功登录；

num_compromised：表示受到威胁状态的次数；

root_shell 表示是否获得超级用户的 shell 外壳；

su_attempted：表示是否出现 su 命令执行的尝试；

num_root：表示 root 权限访问的次数；

num_file_creations：表示文件创建操作的次数；

num_shells：表示使用 shell 命令的次数；

num_access_files：表示访问控制文件的次数，例如访问 /etc/passwd 等文件的次数；

num_outbound_cmds：表示一个 FTP 会话中传递命令的次数；

is_hot_login：表示是否属于热点列表的登录，例如超级用户或管理员登录等；

is_guest_login：表示是否是 guest 登录。

基于时间的网络流量统计特征包括 9 种。由于网络攻击事件在时间上有很强的关联性，因此需要统计出当前连接记录与之前一段时间内的连接记录之间存在的某些联系。数据集统计了当前连接记录与之前 2s 内的相关特征，包括之前 2s 内与当前连接具有相同目标主机的连接数、与当前连接具有相同服务的连接数、与当前连接具有相同目标主机的连接中出现 "SYN" 错误连接的百分比、与当前连接具有相同服务的连接中出现 "SYN" 错误连接的百分比、与当前连接具有相同目标主机的连接中出现 "REJ" 错误连接的百分比、与当前连接具有相同服务的连接中出现 "REJ" 错误连接的百分比、与当前连接具有相同目标主机的连接中具有相同服务连接的百分比、与当前连接具有相同目标主机的连接中具有不同服务连接的百分比、与当前连接具有相同服务的连接中具有不同目标主机连接的百分比等。

基于时间的网络流量统计主要是统计在当前连接之前 2s 的范围内，与当前连接之间存在的各类关系。在实际的网络入侵中，某些攻击者会使用慢速的攻击模式来扫描主机或端口，当扫描周期大于 2s 时，基于时间的统计方法就很难从数据中找到关联。因此，基于主机的网络流量统计特征要记录当前连接之前 100 个连接记录中与当前连接存在的关系，此类特征有 10 个，主要的 5 个特征包括与当前连接具有相同目标主机的连接数、与当前连接具有相同目标主机相同服务的连接数、与当前连接具有相同目标主机相同服务的连接所占的百分比、与当前连接具有相同目标主机不同服务的连接所占的百分比、与当前连接具有相同目标主机相同源端口的连接所占的百分比等。

从上述对特征的描述可以看出，很多特征之间是存在关联的，可以从中提取出更具有代表性的特征用于算法设计。对于 p 个维度的变量 $\{x_1, x_2, \cdots, x_p\}$，主成分分析方法是为了对这 p 个变量进行线性组合，设计出新的 k 个维度的变量 $\{y_1, y_2, \cdots, y_k\}$，其中新的维度个数 k 小于等于 p，可以达到对原有数据降维的目的。算法的核心思想是找出 k 个线性无关的新变量，通过少量新变量，能保留原有数据的主要信息量。先举一个二维的简单示例，假设特征维度为 2，有 3 个不同的数据点，如选取上述特征中介绍的 num_compromised（受到威胁状态的次数）和 num_failed_logins（登录尝试失败的次数），x_1 表示第一个特征 num_compromised，x_2 表示第二个特征 num_failed_logins，采集了三个数据点：$A(10,5)$，$B(6,2)$，$C(2,2)$，在二维坐标轴中画出这三个数据点。PCA 的核心思想是用一个特征 y_1 表示，即在图 3-10 中找到一个新的坐标轴 y_1，将原来的三个数据点投影上去，使得新生成的三个投影数据点 A'、B'、C' 在新坐标轴上最能体现原始数据的信息。

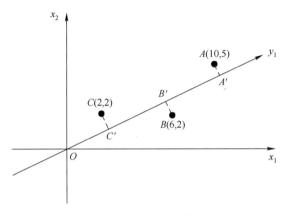

图 3-10 PCA 示例

为了找到新坐标轴，使得投影数据点包含的信息足够丰富，最大化 $OA'^2+OB'^2+OC'^2$，即最小化 $AA'^2+BB'^2+CC'^2$。以图 3-10 为例，假设新坐标轴表示为 $ax_1+x_2=0$，计算三个数据点 A、B、C 到该直线的距离，按照点到直线的计算公式，可以计算点 A 到该直线的距离

$$AA'=\frac{|10a+5|}{\sqrt{a^2+1}}$$

同理，可以计算另外两点到该直线的距离

$$BB'=\frac{|6a+2|}{\sqrt{a^2+1}}$$

$$CC'=\frac{|2a+2|}{\sqrt{a^2+1}}$$

因此，可以计算

$$AA'^2+BB'^2+CC'^2=\frac{140a^2+132a+33}{a^2+1}$$

为了计算上述公式的最小值，对右边的式子求导，可以计算出 $a\approx-0.4767$。因此，可以将新坐标轴表示为 $y_1=-0.4767x_1+x_2$，在新坐标轴上表示原来的数据点，可以在很大程度上保留数据特征，而且只用了一个维度的特征，实现了数据降维。

对于一般情况下 p 个维度的变量 $\{x_1,x_2,\cdots,x_p\}$，主成分分析方法为了设

计 k 个维度的新变量 $\{y_1, y_2, \cdots, y_k\}$,每一个新维度的变量是原来变量的线性组合,并且新维度的每一个变量之间线性无关,即设计每一个新变量的线性组合 $y_i = u_{1i}x_1 + u_{2i}x_2 + \cdots + u_{pi}x_p$,假设存在一组新的 p 个维度的变量,组成下述 p 个线性组合

$$y_1 = u_{11}x_1 + u_{21}x_2 + \cdots + u_{p1}x_p$$
$$y_2 = u_{12}x_1 + u_{22}x_2 + \cdots + u_{p2}x_p$$
$$\vdots$$
$$y_p = u_{1p}x_1 + u_{2p}x_2 + \cdots + u_{pp}x_p$$

其中每一个新变量中的系数平方和为 1,即满足

$$u_{1i}^2 + u_{2i}^2 + \cdots + u_{pi}^2 = 1$$

同时,每一个不同的变量之间线性无关。PCA 将每一个新变量作为一个主成分,并且按照能表示信息的多少排序,其中 y_1 为第一主成分,y_2 为第二主成分,依此类推。当需要选择 k 个维度的主成分对数据进行降维时,仅需选取前 k 个维度的主成分即可。为了计算上述不同的线性组合,首先计算原始 p 个维度特征的协方差矩阵,记为

$$\boldsymbol{\Sigma} = \begin{bmatrix} \sigma_1^2 & \sigma_{12}^2 & \cdots & \sigma_{1p}^2 \\ \sigma_{21}^2 & \sigma_{22}^2 & \cdots & \sigma_{2p}^2 \\ \vdots & \vdots & \ddots & \vdots \\ \sigma_{p1}^2 & \sigma_{p2}^2 & \cdots & \sigma_{pp}^2 \end{bmatrix}$$

由于上述协方差矩阵是非负定的对称矩阵,因此存在正交矩阵 $\boldsymbol{U}$,将上述协方差矩阵进行对角化,满足

$$\boldsymbol{U}^{\mathrm{T}} \boldsymbol{\Sigma} \boldsymbol{U} = \begin{bmatrix} \lambda_1 & \cdots & 0 \\ \vdots & \ddots & \vdots \\ 0 & \cdots & \lambda_p \end{bmatrix}$$

其中,对角阵中除了对角线上的数字可以不为 0 外,其他地方的数字都是 0;$\lambda_1, \lambda_2, \cdots, \lambda_p$ 分别表示矩阵 $\boldsymbol{\Sigma}$ 的特征根,通过矩阵变换很容易实现特征根从大到小依次排列,即满足 $\lambda_1 \geq \lambda_2 \geq \cdots \geq \lambda_p$。PCA 表明,特征根 λ_1 对应的 p 维特征向量正好是第一个主成分,即上述矩阵 $\boldsymbol{U}$ 中的第一列,具体的证明过程本书不详细介绍,感兴趣的读者可以参考相关的文献[38]。更进一步,第二主成分中的系数正好对应特征根 λ_2 的 p 维特征向量,即矩阵 $\boldsymbol{U}$ 中的第二列,依此类推,便可以计算出所有新维度变量中的系数。即 p 个线性组成中每个变量的参数对应着上述矩阵 $\boldsymbol{U}$ 中的列,即 $y_i = u_{1i}x_1 + u_{2i}x_2 + \cdots + u_{pi}x_p$ 中的 p 个参数 $(u_{1i}, u_{2i}, \cdots, u_{pi})$ 对应矩阵 $\boldsymbol{U}$ 中的第 i 列。因此,在计算出协方差矩阵 $\boldsymbol{\Sigma}$ 和对

应的矩阵 U 后,便可以表示出新的 p 个维度的特征为

$$\begin{bmatrix} y_1 \\ y_2 \\ \vdots \\ y_p \end{bmatrix} = \begin{bmatrix} u_{11} & u_{21} & \cdots & u_{p1} \\ u_{12} & u_{22} & \cdots & u_{p2} \\ \vdots & \vdots & \ddots & \vdots \\ u_{p1} & u_{p2} & \cdots & u_{pp} \end{bmatrix} \begin{bmatrix} x_1 \\ x_2 \\ \vdots \\ x_p \end{bmatrix} = U^{\mathrm{T}} \begin{bmatrix} x_1 \\ x_2 \\ \vdots \\ x_p \end{bmatrix}$$

因此,在实际应用的时候可以通过上述过程,很方便地计算出降维以后的新变量。

以 KDD Cup 1999 网络入侵检测数据集为例,选取基于时间的网络流量统计特征,如选取当前连接之前 2s 内与当前连接具有相同目标主机的连接数作为特征 x_1,选取与当前连接具有相同服务的连接数为 x_2,假设对采集的 8 条数据进行分析,基于时间的网络流量统计特征示例见表 3-1。表 3-1 中记录了 8 次不同连接的连接之前 2s 内关于特征 (x_1, x_2) 的数据记录。

表 3-1 基于时间的网络流量统计特征示例

	连接 1	连接 2	连接 3	连接 4	连接 5	连接 6	连接 7	连接 8
x_1	100	90	70	70	85	55	55	45
x_2	65	85	70	90	65	45	55	65

首先,两个维度的数据分别为向量

$$X_1 = \begin{bmatrix} 100 & 90 & 70 & 70 & 85 & 55 & 55 & 45 \end{bmatrix}^{\mathrm{T}}$$

$$X_2 = \begin{bmatrix} 65 & 85 & 70 & 90 & 65 & 45 & 55 & 65 \end{bmatrix}^{\mathrm{T}}$$

根据这两个向量分别计算出两个维度的平均值:$\bar{x}_1 = 71.25$,$\bar{x}_2 = 67.5$,再计算协方差矩阵

$$\Sigma = \frac{1}{8-1} [X_1^{\mathrm{T}} \quad X_2^{\mathrm{T}}] [X_1 \quad X_2] = \begin{bmatrix} 323.4 & 103.1 \\ 103.1 & 187.5 \end{bmatrix}$$

计算上述协方差矩阵的特征值,即计算

$$|\Sigma - \lambda I| = \begin{vmatrix} 323.4 - \lambda & 103.1 \\ 103.1 & 187.5 - \lambda \end{vmatrix} = 0$$

其中,矩阵 I 为单位矩阵,即对角线上的元素为 1,其他元素为 0;$|\Sigma - \lambda I|$ 表示计算矩阵 $\Sigma - \lambda I$ 的行列式。对上式求解以后可以得到两个特征值

$$\lambda_1 = 378.9 \quad \lambda_2 = 132$$

其中,λ_1 特征值对应的特征向量为第一主成分对应的参数;λ_2 特征值对应的特征向量为第二主成分对应的参数。因此,代入 $\lambda_1 = 378.9$ 计算特征值,即求解 $(\Sigma - \lambda I) U_1 = 0$,其中 $U_1 = [u_{11} \quad u_{21}]^{\mathrm{T}}$,同时加入系数平方和为 1 的限制条

件，求解下列方程组

$$\begin{cases} (323.4-\lambda_1)u_{11}+103.1u_{21}=0 \\ 103.1u_{11}+(187.5-\lambda_1)u_{21}=0 \\ u_{11}^2+u_{21}^2=1 \end{cases}$$

可以解得 $u_{11}=0.88$，$u_{21}=0.47$，故第一主成分可以表示为

$$y_1=0.88x_1+0.47x_2$$

同理，可以求解第二特征值 λ_2 对应的特征向量，求解结果为 $\boldsymbol{u}_{12}=-0.47, u_{22}=0.88$，因此第二主成分可以表示为

$$y_2=-0.47x_1+0.88x_2$$

因此，当仅采用一个特征来表示原来的数据时，便可以采用第一主成分 y_1 对应的数据表示原来的特征，该特征可以看作融合了 x_1 和 x_2 的新特征，在当前连接之前2s与当前连接具有相同目标主机连接数上的权重为0.88，而在与当前连接具有相同服务连接数上的权重为0.47。

数据规约对数据进行了精简，被规约以后的数据集规模能显著降低，而且依然能保留原始数据集的大致特点，为分析师提供了更好的帮助。

3.4.4 数据变换

数据变换是指将数据从一种表示形式变换为另一种更利于分析的表示形式，从而为网络安全态势感知提供更有效的数据表示形式。例如，通过聚类的方法可以将数据分为不同的类别，为分析师提供更加高层的数据属性；通过离散化方法可以将原始的连续型数据变换为多个区间的离散型数据，以便于分析师更好地根据离散化的区间理解数据背后隐藏的含义；通过泛化处理的方法可以用更抽象、更高层次的概念等表示形式替换更具体的数据，分析师便可从中分析并抽象出攻击事件的关联、攻击背后的原因等。另外，可视化也是数据变换的一个方法，将数据用图表的形式展示出来能有助于分析师对于数据的整体分析。本书第10章将介绍网络安全态势可视化技术，此处不再赘述。

3.5 本章小结

本章介绍了面向网络安全态势感知的数据采集工作，对比分析了传统态势感知和网络安全态势感知中数据采集工作的不同。传统态势感知中采集数据的方法单一，部分数据采集难度大；而网络安全态势感知过程中采集数据的方法很多，数据采集容易，但是数据量大、数据更新快，如果采集所有的

数据，将存在数据过载的技术难题，会导致分析师无法有效提取和理解当前的网络安全态势。因此，需要根据网络安全相关的要素和特征进行有目标的靶向数据采集。本章从资产维度数据、漏洞维度数据、威胁维度数据分别介绍了相关的安全要素和特征，并介绍了针对不同安全要素的采集方法及工具。网络安全数据体量大、种类多，为了形成对态势感知的有效理解，本章也简要介绍了如何对多源异构的网络安全数据进行融合，通过数据清洗、数据集成、数据规约、数据转换等方法，为分析师提供更有意义的网络安全数据，以便于分析师更加有效地理解网络安全态势、检测潜在的网络攻击、预测网络安全态势的发展趋势。

目前已有的网络安全采集数据的方法主要根据已有的安全要素和特征进行采集。这些特征大多是根据已发生的安全事件总结出来的。如何对未知的网络安全事件快速提取数据特征，实现对未知安全事件的安全要素进行有效采集将是网络安全数据采集的一个难题，也是未来的一个重要研究方向。另外，安装数据采集系统将会影响原有业务的效率，需要研究和实现轻载靶向数据采集技术，在尽量不干扰目标系统的情况下实现对数据的有效采集。现有的数据采集和融合技术适用于小规模网络系统，如何在大规模网络系统中实现全面、实时、准确的数据采集还需要进一步的技术突破。

参考文献

[1] Builing a SOC with Splunk [EB/OL]. [2020-06-07].
https://www.splunk.com/pdfs/technical-briefs/building-a-soc-with-splunk-tech-brief.pdf.

[2] CVE-2020-8315 [EB/OL]. [2020-06-07].
http://cve.mitre.org/cgi-bin/cvename.cgi?name=CVE-2020-8315.

[3] CVE-2019-9635 [EB/OL]. [2020-06-07].
http://cve.mitre.org/cgi-bin/cvename.cgi?name=CVE-2019-9635.

[4] Windows Management Instrumentation [EB/OL]. (2018-05-31) [2020-06-07].
https://docs.microsoft.com/en-us/windows/win32/wmisdk/wmi-start-page.

[5] Simple Network Management Protocol (SNMP) [EB/OL]. (2018-05-31) [2020-06-07].
https://docs.microsoft.com/en-us/windows/win32/snmp/simple-network-management-protocol-snmp-.

[6] An Introduction to SNMP (Simple Network Management Protocol) [EB/OL]. (2014-08-18) [2020-06-07].
https://www.digitalocean.com/community/tutorials/an-introduction-to-snmp-simple-network-management-protocol.

[7] CNNVD (China National Vulnerability Database of Information Security，国家信息安全漏洞库) [EB/OL]. [2020-06-07]. http://www.cnnvd.org.cn/web/index.html.

[8] CVE (Common Vulnerabilities and Exposures，通用漏洞披露) [EB/OL]. [2020-06-07].

http://cve.mitre.org/.

[9] NVD (National Vulnerability Database,国际漏洞数据库) [EB/OL]. [2020-06-07].
https://nvd.nist.gov/.

[10] CNNVD-202004-1667,D-Link DSL-2640B B2 缓冲区错误漏洞 [EB/OL]. (2020-04-29) [2020-06-07].
http://www.cnnvd.org.cn/web/xxk/ldxqById.tag?CNNVD=CNNVD-202004-1667.

[11] Apache Flume [EB/OL]. [2020-06-07]. http://flume.apache.org/.

[12] Syslog: The Complete System Administrator Guide [EB/OL]. [2020-06-07].
https://devconnected.com/syslog-the-complete-system-administrator-guide/.

[13] Overview of endpoint detection and response [EB/OL]. (2020-06-06) [2020-06-07].
https://docs.microsoft.com/en-us/windows/security/threat-protection/microsoft-defender-atp/overview-endpoint-detection-response.

[14] 绿盟终端检测与响应系统 (NSFOCUS Endpoint Detection and Response,简称 NSFOCUS EDR) [EB/OL]. [2020-06-07]. https://www.nsfocus.com.cn/html/2019/207_1230/89.html.

[15] 奇安信终端安全响应系统 [EB/OL]. [2020-06-07].
https://www.qianxin.com/product/detail/pid/52.

[16] Wireshark [EB/OL]. [2020-06-07]. https://www.wireshark.org/.

[17] Sniffer [EB/OL]. [2020-06-07]. https://www.packet-sniffer.net/sniffer-pro.htm.

[18] Tshark [EB/OL]. [2020-06-07]. https://tshark.dev/.

[19] SpyNet [EB/OL]. [2020-06-07]. http://spynet.is.tue.mpg.de/.

[20] The libpcap project [EB/OL]. [2020-06-07]. https://sourceforge.net/projects/libpcap/.

[21] Justniffer [EB/OL]. [2020-06-07]. https://sourceforge.net/projects/justniffer/files/.

[22] Argus (auditing network activity) [EB/OL]. (2012-04-03) [2020-06-07].
https://openargus.org/oldsite/howto.shtml.

[23] Netflow Analyzer [EB/OL]. [2020-06-07].
https://www.manageengine.com/products/netflow/.

[24] Tstat, TCP STatistic and Analysis Tool [EB/OL]. (2016-05-30) [2020-06-07].
http://tstat.tlc.polito.it/.

[25] Tcptrace [EB/OL]. [2020-06-07]. http://www.tcptrace.org/.

[26] 天融信入侵检测系统 TopSentry [EB/OL]. [2020-06-07].
http://www.topsec.com.cn/product/40.html.

[27] 天阗入侵检测与管理系统 [EB/OL]. [2020-06-07].
https://www.venustech.com.cn/article/type/1/244.html.

[28] Snorby [EB/OL]. [2020-06-07]. https://github.com/Snorby/snorby.

[29] NetFlow [EB/OL]. [2020-06-07]. https://netflow.us/.

[30] sFlow [EB/OL]. [2020-06-07]. https://sflow.org/.

[31] IPFIX [EB/OL]. [2020-06-07]. https://sourceforge.net/projects/libipfix/.

[32] Cheswick B. An Evening with Berferd in Which a Cracker Is Lured, Endured, and Studied [DB/OL]. [2020-06-07]. http://www.cheswick.com/ches/papers/berferd.pdf.

[33] KDD Cup 1999 data,网络入侵检测数据集 [EB/OL]. (1999-10-28) [2020-06-07].
http://kdd.ics.uci.edu/databases/kddcup99/kddcup99.html.

[34] Qu Y, Adam B-L, Thornquist M, et al. Data reduction using a discrete wavelet transform in discriminant analysis of very high dimensionality data [J]. Journal of International Biometric Society, 2003, 59 (1): 143-151.

[35] Kaewpijit S, Moigne JL, EI-Ghazawi T. Spectral Data Reduction via Wavelet Decomposition [C] // Proceedings of SPIE, 2002.

[36] Wold S. Principal component analysis [J]. Chemometrics & Intelligent Laboratory Systems, 1987, 2 (1): 37-52.

[37] Partridge M, Jabri M. Robust principal component analysis [C] //Neural Networks for Signal Processing X. Proceedings of the 2000 IEEE Signal Processing Society Workshop (Cat. No. 00TH8501), 2000.

[38] 古德费洛, 本吉奥, 库维尔. 深度学习 [M]. 赵申剑, 黎彧君, 符天凡, 等译. 北京: 人民邮电出版社, 2017.

第 4 章
网络安全态势感知的认知模型

在执行具体的网络安全态势感知任务时,需要对当前网络的状态进行分析和理解。传统态势感知需要先对所观察的环境中的各种元素进行分析和理解,然后制定作战策略,进一步评估和预测未来的态势状态。然而,在网络安全态势感知中,采集的网络安全数据体量大、种类多,如何有效地理解网络安全态势是一项难度大且具有挑战性的工作。

建立网络安全态势感知系统的目的是给安全分析师提供更好的平台和系统。然而,不同层级的安全分析师对网络安全态势的理解不一样:低级别的分析师只能关注局部的异常数据;高级别的分析师可以对分布在不同地方的异常数据进行关联分析,发现重大的潜在攻击行为。面对海量的网络安全数据,分析师将面临数据过载的难题,很难从海量数据中实现针对网络安全态势的全面、准确、实时的感知,因此,需要有自动化的方法帮助分析师理解网络安全态势。网络安全态势感知系统就是这样一种能够利用自动化的方式帮助分析师理解网络安全态势的系统,建立网络安全态势感知系统具有重要的意义。在利用自动化的方式理解网络安全态势的过程中,系统需要根据分析师的思路和认知过程设计认知模型,从分析师的角度理解网络安全态势,以便实现认知过程的自动化。因此,本章将着重介绍网络安全态势感知的认知模型。

本章 4.1 节将介绍理解网络安全态势的意义和存在的难点;4.2 节将从认知模型和认知过程的角度介绍几种对人类认知建模的方法,并分析将这些建模方法用在网络安全态势感知中存在的不足;4.3 节将介绍一种适合网络安全态势感知的认知模型,它可以对网络安全多源异构数据进行关联分析,本书称之为 MDATA 模型,并重点介绍如何构建和表示 MDATA 模型,如何使用 MDATA 模型进行知识推演和利用,从而更好地帮助分析师理解网络安全态势;4.4 节将对本章内容进行小结。

4.1 理解网络安全态势的意义和存在的难点

本节首先以一个实际的例子介绍理解网络安全态势的意义和存在的难点,

即以夜龙 APT（Advanced Persisted Threat，高级持久性威胁）攻击为例（见图 4-1）：攻击者首先尝试通过 SQL 注入等方法攻陷 Web 服务器，在攻击过程中可以利用 HTTP Get Request 漏洞（如 CVE-2010-2309）；当成功攻陷 Web 服务器以后，可通过端口扫描进行扫描探测，尝试发现系统更严重的漏洞并进行攻击和突破；当发现系统存在严重的漏洞后，如永恒之蓝 CVE-2017-0144 漏洞，则可采用缓冲区溢出攻击、Hash 攻击等方式进行攻击和突破；成功以后，利用 Rootkit、Gh0st 等工具植入木马、后门等完成安装控制；取得控制权之后，通过文件回传，实现对重要资源窃取，实现攻击目的。

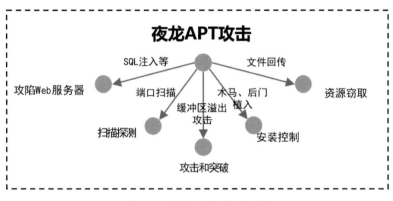

图 4-1　夜龙 APT 攻击示例

在这个过程中，作为防御者的分析师能够采集多方面的异常数据，应该如何处理呢？很显然，分析师应该首先判断当前的态势情况，即通过这些异常数据去回答一系列问题：系统是否正在被攻击？如果系统正在被攻击，则入侵行动正处于什么阶段？攻击带来的影响和后果有多大？攻击者位于何处？例如，当分析师发现 Web 服务器被攻陷以后，能分析出系统目前正在被攻击，但是如何预料下一步攻击者的动作并判断目前的入侵行动处于什么阶段呢？此时分析师需要更多的数据来支撑其对后续情况的预判。由于需要分析的数据种类多、数据量大，分析师难以逐一查验，因此目前很多企业研发的防御类工具，如 IDS（Intrusion Detection System，入侵检测系统）告警、防火墙日志、IPS（Intrusion Prevention System，入侵防御系统）等，都可以提供一些数据用于解决上述问题。这些工具能拦截部分已知的攻击（如防火墙日志可以过滤掉在规则库中匹配的攻击流量，IPS 能禁止与某些规则匹配的访问等），返回异常数据以便于分析师进行甄别和对攻击行为进行判断。分析师需要在攻击者持续入侵和攻击系统的过程中，及时判断当前局势并快速做出响应。例如，发现 Web 服务器被攻陷以后，有大量的端口扫描行为，那么分析师需要判断攻击者是否在寻找更严重的漏洞、是否在尝试获取更关键的机密数据。对当前系统状态的判断、攻击行为的理解、攻击意图的揣摩等过程便是分析师对网络安全态势的理解过程。分析师可以通过采集的数据判断当前系统的安全态势，通过采取合理的响应措施，防止攻击造成的影响进一步扩大。

正如第 1 章所述，网络安全态势感知系统要实现的三个目标包括全面、准确、实时：通过对硬件、软件、系统、数据异常、网络行为等情况的分析，从全网角度感知网络安全事件；对正在发生的攻击行为进行准确研判，能高效地发现攻击，评估其危害及预测其发展趋势；需要实现对攻击事件的实时发现、评估和预测，以便为分析师提供及时的事件报告，从而采取相应的措施，减少网络攻击的危害。因此，理解网络安全态势对实现网络安全态势感知系统至关重要。

4.1.1 理解网络安全态势的意义

对于图 4-1 所示的攻击案例，在攻击者尝试攻击的过程中，分析师会收到各种防御设备的告警信息，但这些告警信息并非完全正确，误报率和错误率很高。而且，攻击者有可能将攻击活动分散到不同的系统，导致分析师难以有效察觉。分析师需要在大量的告警信息中找出关键数据并进行关联分析，从而能够正确、高效地找出潜在的攻击事件，并做出响应。对于网络态势感知系统来说，理解网络安全态势就是在获取海量网络安全数据信息的基础上，对多源异构的网络安全数据进行融合和关联分析，发现当前网络系统中存在的漏洞，检测出系统中存在的攻击事件，并对攻击事件的性质进行判断。

在网络安全态势感知过程中，全面深入地理解网络安全态势具有重要意义。Endsley 等人[1]介绍了理解网络安全态势的具体目标，包括：确定适当的对抗措施；分析哪些活动是恶意活动、恶意活动是如何发生的，确定需要上报的分析结果；确定对各种威胁因素的分析结果；确定关联分析结果；保持网络和系统的正常运行，防护网络、抵御攻击等。具体而言，理解网络安全态势需要评估和分析以下情况：目的端口活动情况、目的节点、源 IP、端口与协议之间关系等可能对系统造成的影响；网络流量数据对告警评估的影响；随机开放端口对网络漏洞的影响；恶意活动对现有系统的应对措施和防护方案的影响；不同的攻击方式对资产的影响；相关联事件对预期告警评估的影响；受损节点对系统健康状态的影响；误报告警信息的影响；等等。

理解网络安全态势的主要目的是分析恶意的活动和攻击，分析存在的威胁，并将分析结果反馈给分析师，以便分析师制定相应的防御措施。因此，理解网络安全态势有助于实现对网络攻击事件的全面掌握、准确发现、实时评估。

4.1.2 理解网络安全态势存在的难点

在传统的作战领域，理解态势通常是指对当前作战形势的判断，包括通过对重要水路、陆路、山川等物理地形的分析，理解当前作战的局势。例如，"人间路止潼关险"是指潼关地势险要。潼关地处黄河渡口，位居山西、陕西、河南三省要冲之地，南有秦岭，东南有禁谷，谷南又有十二连城，北有渭、洛二川，西近华岳，是历来兵家必争之地，素有"第一关"的美誉。古代作战时理解态势，不仅需要掌握地形、关卡等相对固定的信息，还要掌握作战双方的兵力部署、目标位置的移动、己方兵力的移动等可能随时变化的信息，从而可为战斗决策提供依据。然而，理解网络安全态势，难度更大，更具挑战。

首先，分析师对网络安全态势的认知难度更大。理解传统作战的态势虽然需要熟读兵书，并通过各种已知的作战案例理解当前的作战局势，但理解网络安全态势对分析师的要求更高。分析师需要了解要保护的系统所包含的所有资产，并要换位思考，从攻击者的角度思考可能利用的漏洞，甚至采取的攻击方法和攻击步骤等。纵然有防御设备能自动分析异常数据，但分析师仍然需要掌握多种终端防御设备和流量检测设备的功能、工作原理、内置的规则等。不同分析师对于攻击的认知、当前态势的判断等，会由于自身的知识、所掌握的技能、对工具了解的程度不同等原因而不同。因此，理解网络安全态势在认知过程中的难度更大，人类分析师很难全面、准确、实时地理解当前网络系统的安全态势。

其次，网络安全态势的动态变化快、时效性高。对传统作战态势的理解大多是根据固定要素，地理环境等变化不常见，决策者对于态势的理解仅仅会随着作战任务的变化、作战情况的改变而进行调整。理解网络安全态势需要分析师高度关注安全要素的变化情况，由于网络安全数据大、更新快，分析师需要及时从新数据中分析出潜在的攻击行为，难度很大。而且，网络攻击时效性强，当攻击者通过某漏洞成功入侵系统以后，不会重复之前的尝试性工作，可能会进行下一步的攻击行为，如提权、横向移动等，此时要求分析师能及时高效地从历史数据中判断攻击者对当前系统的入侵程度，并通过相应的措施阻断后续更严重的攻击行为。这也是网络安全态势感知系统需要实现实时检测、分析、评估网络攻击的主要原因。

另外，敌我双方对于传统态势的理解基本处于对等地位，对于网络空间态势的理解处于不对等地位。对于攻击者来说，理解的是整个系统中何处可能存在脆弱部件、何处有漏洞可以利用；对于防御者来说，需要对整个系统的安全性进行整体感知。攻击者仅需发现并利用一处漏洞便可成功入侵系统；防御者需要对整体态势进行理解。因此，传统态势感知可以理解为地位对等、多方共享的态势感知，而网络安全态势感知则是地位不对等甚至存在竞争和博弈的态势感知。在网络攻防过程中，防御者处于明显的劣势地位，需要根据攻击者的行为被动地进行态势理解、调整防御措施。

除此之外，网络攻击存在的形态也不同，攻击行为并非单点、单次的行为，每种形态的攻击很可能会存在于系统的不同部分、不同终端、不同服务中，从而导致分析师难以从单一的数据源中分析出攻击行为。例如，分析师可能仅从 IDS 告警中发现 Web 服务器被攻击的行为，但无法判断攻击的最终目的。本章讲述的夜龙 APT 攻击示例便是一个很好的例子。分析师需要根据流量告警、终端异常告警、文件异常信息等来源于系统不同部分的安全数据进行综合分析，理清不同攻击行为的时序关系，并实现对攻击的溯源和复现，从而采取措施，完善防御设备的规则等，防止类似的攻击行为再次奏效。

综合以上分析，理解网络安全态势的难度大、技术难题多，网络攻击行为分布广、变化快，攻击行为时序特点强，分析师需要对多方面的数据进行关联分析，才能对网络安全态势有一个全面、准确的理解。

目前的网络攻击按照攻击方式可以分为单步攻击、多步攻击等，按照攻击危害可以分为有效攻击和无效攻击等。针对传统的单步攻击（如 SQL 注入攻击）和多步攻击（如 APT 攻击），分析师可以根据攻击行为的特征、规则对攻击事件进行检测，许多态势感知系统也可根据相应的特征、规则对攻击行为进行检测和发现。因此，理解网络安全态势需要对目标系统中各种类型的攻击行为进行检测和区分。虽然目前已经有很多描述人类认知过程的模型，但是这些认知模型用于处理的事件相对简单，而网络安全态势数据量大、变化快、时效性强，导致已有的认知模型很难适用于网络安全态势感知中，因此需要从认知模型的层面进行创新，提出一种适合于理解网络安全态势的认知模型。

下面先介绍几种人类常用的认知模型，然后基于笔者提出的多维数据关联和威胁分析模型——MDATA，重点介绍基于 MTATA 的网络安全认知模型。

4.2　人类认知过程中常用的认知模型

分析师的认知能力对于理解网络安全态势非常重要。虽然信息技术的发展能支撑网络安全态势的分析和理解,如防御设备可以发出告警信息、能实现可视化分析技术等,但是分析师自身的认知能力在理解网络安全态势的过程中起着决定性的作用。本节将根据人类认知过程中的建模方法,介绍几种常用的认知模型,并进行总结,探索如何在构建网络安全态势感知系统时,将人类认知过程和认知模型转化为可自动化地实现的模型架构,以便于不同的分析师在一个较为统一的模型基础上,对网络安全态势进行更加深入的理解和分析。

4.2.1　3M 认知模型

3M 认知模型是根据人类在真实世界中对客观事物的认知过程建立的模型。一般而言,人类对客观事物的认知过程可以简化为对三个问题的回答,即"是什么"、"为什么"、"怎么实现",英文用"What"、"How"和"Why"表示。

"是什么"是解决事物本质的问题,即形成可将该事物与其他事物区分开的内在属性。例如,人们可以通过事物的属性、特征、形式、性质等建立起对事物本质的理解。在理解网络安全态势中,"是什么"即为不同的物体、事件命名。例如,对不同的漏洞按照统一的命名规则进行命名,对不同类型的资产也按照统一的命名规则进行命名,命名规则可以根据漏洞和资产的属性、特征、表现形式等制定,这样就可以从名字上理解漏洞和资产"是什么"。

"为什么"是探究事物或事件发生的原因,即任何事件的发生都存在因果关系,只有正确认识事物或事件发生的原因,才能真正认识事物。例如,在夜龙 APT 攻击中,攻击者能成功地通过 SQL 注入、代码执行等方式攻陷 Web 服务器,分析师需要理解为什么这些攻击方法能成功、这些攻击方式利用了什么漏洞,可以锁定被这些攻击所利用的具体漏洞,从而真正理解 Web 服务器被某攻击方法攻陷的原因。

"怎么实现"是人类理解事物或事件具体发生的过程,具有很明显的时序特性。例如,夜龙 APT 攻击能成功地对内部资源进行窃取,其攻击步骤包括攻陷 Web 服务器、扫描探测、攻击和突破、安装控制、资源窃取等。这些步骤即是攻击者实现对内部资源窃取的具体过程。理解具体的实现过程将帮助分析师理清攻击线路,能通过相应的防御措施防止后续出现类似的攻击事件。

3M 认知模型旨在解释上述三个最基本的问题,探索和研究人类的思维机制,特别是人类对于事物、事件的具体理解过程。该过程具体包括感知、注意、知识表示、记忆、学习、求解、推理等。本书不赘述每个过程涉及的具体技术。3M 认知模型虽然可以用于网络安全态势感知中,实现对单步攻击事件、部分复杂多步攻击事件的检测，但是很难实现对网络系统中的有效攻击行为进行检测。

4.2.2 ACT-R认知模型

ACT-R（Adaptive Control of Thought-Rational，思维-理性的自适应控制）认知模型由美国心理学家Anderson等人[2,3]提出。该模型依托的理论是基于人脑认知的机制和结构，试图理解人类如何获得知识、如何组织知识以及如何产生智力活动等，属于解释人类认知过程工作机理的理论。

Anderson等人于1976年提出了ACT（Adaptive Control of Thought，思维的适应性控制）模型，着重强调高级思维的控制过程，1983年发展完善，并在《认知结构》（*The Architecture of Cognition*）一书中从心理加工活动的各个方面对ACT基本理论进行了阐述[4]。同时，Anderson等人将人类联想记忆模型（Human Associative Memory，HAM）理论与ACT模型相结合，创立了新的理论模型。该理论模型主要涉及对陈述性知识的表征方式，分析这些表征方式如何影响人类的行为，主要针对陈述性知识，没有讨论程序性知识。之后，Anderson等人提出了陈述性知识和程序性知识的区别，并借鉴Newell等人的思想，认为程序性知识主要是由产生式规则实现的，并提出了能体现程序性知识和陈述性知识相结合的产生式系统模型ACTE，随后建立了一套ACT*的理论。该理论包含了一系列关于ACT产生式系统如何在神经学上进行实现的假设等。

ACT产生式系统主要由三个记忆部分组成：工作记忆、陈述性记忆、产生性记忆。工作记忆主要包括从陈述性记忆中提取的信息、从外部世界传入信息的编码和各种产生式活动所执行的信息等。工作记忆和陈述性记忆的不同之处在于，工作记忆主要存储暂时性的知识，如外部世界的信息经过编码以后会暂时存储在工作记忆中，而通过外部世界信息形成的长时性保持信息则存储在陈述性记忆中。产生性记忆是将工作记忆中的材料与产生式的条件进行对应和匹配，并将产生式匹配成功所引起的执行过程、行动等发送到工作记忆中。

ACT产生式系统持续了10年时间，直到Anderson等人提出了一个新系统ACT-R。该系统反映了这些年在认知模型理论及技术上的发展，是一个计算模拟的工具。从表面来看，ACT-R类似编程语言平台，是一个基于许多心理学研究成果构建的平台，基于ACT-R构造的模型能反映人类的认知行为，已经发布了ACT-R、ACT-R 2.0、ACT-R 3.0、ACT-R 4.0、ACT-R 5.0、ACT-R 6.0、ACT-R 7.0等版本。其中，ACT-R 6.0版本可以支持不同系统操作平台，最新的ACT-R 7.0版本[5]在功能上进行了完善。

ACT-R认知模型主要是一种认知架构，用以仿真并理解人类认知的理论，试图理解人类如何获得知识、如何组织知识以及如何产生智能行为等。ACT-R 认知模型认为，人类在认知过程中需要四种不同的模块参与，包括目标模块、视觉模块、动作模块和描述性知识模块。

ACT-R 认知模型的系统架构如图 4-2 所示。目标模块、视觉模块、动作模块和描述性知识模块各自独立工作，由一个中央系统协调。每个模块专注于处理特定类型的数据，并通过与其关联的缓存区与中央系统交互，工作过程与人脑中特定区域的激活过程相似[6]。

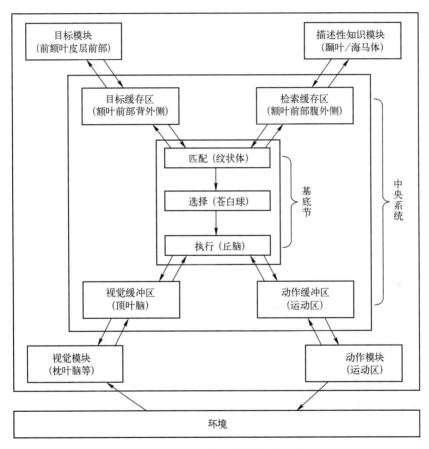

图 4-2 ACT-R 认知模型的系统架构

在 ACT-R 认知模型中，基底节及与其相关的联结所负责的任务是执行生成规则。基底节包括纹状体（大脑基底神经节之一）、苍白球（位于纹状体的豆状核上，是基底节的重要组成部分）、丘脑（又称背侧丘脑，是大脑皮层不发达动物感觉的最高级中枢，是大脑皮层发达动物最重要的感觉传导接替站）。在中央系统中，目标缓存区和检索缓冲区将信息传递到纹状体，纹状体执行匹配操作，纹状体主要完成模式识别的工作；苍白球负责协调冲突，执行选择的工作；丘脑控制产生式动作的执行，一般通过苍白球会影响丘脑中的细胞，从而控制动作的执行。基底节执行的生成规则表征了 ACT-R 认知模型中的程序性记忆。ACT-R 认知模型最重要的一个特点是由外部世界和内部模块共同决定和表征的。由外部世界获取的信息存在缓存区中，缓存区中的各种模式会被识别和激活，生成规则的重要功能则是升级缓存区的内容，形成回路。

  不同的模块执行不同的操作，与基底节进行交互，每个模块都专注于处理特定类型的信息，基底节所在的中央系统对这些信息进行整合和协调等。例如，目标模块跟踪目标及其内部状态，通过中央系统的目标缓存区进行交互。在人脑结构中，目标模块位于人脑前额叶皮层前部（人脑前额叶是指大脑额叶的前部区域，运动皮层和运动前区皮层的前方），目标缓存区位于额叶前部背外侧，目标模块获取的信息由目标缓存区缓存后，通过基底节的处理执行后续行为。视觉模块用于追踪视线范围内的事物、对象的位置等，位于人脑中的枕叶脑（枕叶脑是左大脑、右大脑包含的四个部分之一，另外三个部分为额叶脑、顶叶脑和颞叶脑）。视觉缓存区位于顶叶脑，用于缓存视觉模块采集的各类信息。动作模块用于控制动作，如手部动作模块用于控制手部运动等。动作模块位于人脑中控制运动的区域，通过动作缓存区进行交互，并执行相应的动作。描述性知识模块是最重要的模块，存储了人类积累的长期不变的知识，包括基本事实、专业知识等，如 3+5=8 等数学基本知识，也能存储针对具体行业、具体领域的专业知识，如网络安全领域的网络基础知识、基本的网络攻防知识等。这些知识以堆或块的形式存储，在实际工作过程中，人脑会根据这些知识块的活动水平来选择相应的知识块，以便解决实际问题。知识块与检索缓存区交互，以实现对相关知识的检索。描述性知识模块位于海马体（海马体位于大脑丘脑和内侧颞叶之间，主要负责长时记忆的存储转换和定向等功能），与之交互的检索缓存区位于额叶前部腹外侧。

  在 ACT-R 认知模型中，描述性知识模块能够通过人类已有的知识完成分析和判断任务。在网络安全态势感知中，描述性知识模块可以理解为通过综合分析以前的历史攻击事件，形成一系列可用于判断攻击事件的知识，例如防火墙、IDS、IPS 中设置的规则，在一定程度上便是用于描述攻击事件的知识。分析师的知识主要包括在学习阶段获取的基础知识，以及在实际操作中总结的经验性知识。这些知识都可以作为理解和分析当前网络安全态势的基础。目标模块在网络安全态势感知中可以类比为分析师关注的信息，如分析师可能会关注敏感文件、配置文件、注册表等资产，分析师在认知过程中的目标模块将会包括大量此类数据。视觉模块可以理解为采集相关网络安全数据的过程。本书第 3 章已经介绍了不同安全要素的采集方法和工具，在此不再赘述。动作模块可以对应为分析师判断当前态势后采取的后续措施，例如，低级别的分析师可能会将发现的攻击事件形成报告并上报给高级别的分析师或 SOC（Security Operation Center，安全行动中心），或者直接通过某些操作阻断攻击路径等。利用 ACT-R 认知模型虽然可以通过已有的知识去判断攻击行为，检测已知的单步攻击和多步攻击事件，但是依然很难检测针对目标系统中重要资产的有效攻击事件。

4.2.3　基于实例的认知模型

基于实例的认知模型，其理论基础是假设人类根据已有的历史实例进行学习，从中总结出相应的处理方法，并在后续遇到类似情况时采取有效的应对措施。IBLT（Instance-Based Learning Theory，基于实例的学习理论）由 Gonzaler 等人[7,8]提出，其观点如下：学习者拥有一种通用机制，将"情景-决策-效用"三元组存储在知识组块中，即通过观察当前的情景，记录采用的决策方案以及取得的效果，当后续出现类似的情景时，根据记录决策方案的效果，选择最合适的决策方案去执行。通过该理论可以为未来的决策提供一种泛化解决方案。从上述描述可以看出，基于实例的学习理论与强化学习（Reinforcement Learning，RL）的思路有相似之处：强化学习的过程是通过观察当前环境后，采用不同的动作（action），记录不同动作得到的效果（reward），并反馈到当前环境中，再不断地更新；基于实例的学习理论更多是将环境、动作、效果记录下来，为后续的决策提供更加直观的解释和支撑。

Gonzaler 等人在 2003 年的论文"Instance-based learning in dynamic decision making"中提出 IBLT 与动态决策有关的学习理论，提出动态决策过程中的五种学习机制：基于实例的知识、基于识别的检索、自适应策略、基于需求的选择、反馈更新。IBLT 理论建议人们在动态决策过程中通过积累来学习和完善实例，包括对实例的决策情况、行动和效用决定等。当决策者与动态任务交互时，决策者会根据与过去实例相似的任务识别情况，将其判断策略从基于启发式的方法调整为基于实例的方法，并根据实际的行动结果反馈，完善积累的知识。研究人员基于 IBLT 的学习机制，通过借鉴 ACT-R 认知模型，实现了 IBLT 认知模型，并通过一系列实验展示了 IBLT 认知模型所得到的结果与人类实际工作中获得的结果高度接近。在论文中，虽然 IBLT 认知模型被限制于处理动态任务，但是论文作者认为该模型也适用于其他动态环境的一般决策任务。

在 IBLT 认知模型中，实例（instance）被定义为"情景-决策-效用"（situation，decision，utiliy）三元组，记为 SDU 三元组。SDU 三元组是存储在组块中的内容。其中，特定的情景（situation）被描述为一系列的环境因素；决策（decision）表示适用于某种情景下的一组动作；效用（utility）是在特定情景下对决策好坏程度的评价。文献[7]中举了一个例子来阐述 SDU 三元组的存储方式。假设在以前的某个时间，您使用了某一种柔和颜色的油漆（记为产品 A）粉刷了屋子，对于产品 A 的情景可以描述为（产品 A，油漆，柔和色彩），对于产品 A 的决策可以描述为（购买/不购买），由于产品 A 的实用性很高，您很喜欢这个产品，因此，在您的记忆中就类似有一个 SDU 三元组的存储块，存储块格式如下：

$$((产品 A, 油漆, 柔和色彩), 已购买, 喜欢)$$

假设今天您在一家超市寻找某种油漆，想粉刷另一间屋子时，商店还有 5 分钟就要关门，而您的选择有很多，这个时候，根据 IBLT 理论，鉴于已经存储的 SDU 三元组存储块，您将有很大可能选择直接购买产品 A 或与其类似的产品，因为您喜欢这个产品，此时无法对其他产品进行良好的评估。

IBLT 认知模型不仅涉及上述 SDU 三元组实例存储块的积累过程，还涉及对不同学习机制的汇总，包括基于实例的知识、基于识别的检索、自适应策略、基于需求的选择、反馈更新。其中，基于实例的知识是指包含上述 SDU 三元组实例的形式积累的知识；基于识别的检索是指根据正在评估的情景，判定已经存储实例的相似性，并对 SDU 三元组存储块进行检索；自适应策略是指根据动态任务中交互和实践的情况，从基于启发式的决策自适应变为基于实例的决策；基于需求的选择是指对选择过程中的情况进行控制，根据实际需求进行选择；反馈更新是更新 SDU 三元组存储块，并保持对决策和效用因果归因的评估。

IBLT 认知模型的决策过程如图 4-3 所示。在 IBLT 认知模型的决策过程中，认知（Recognition）、判断（Judgement）、选择（Choice）、反馈（Feedback）是关键的 4 个步骤。一般的决策过程都是在已有的记忆中寻找相似的替代品，如果记忆中有与当前情景类似的记忆，则可以用于决策的替代方案是根据过去的经验，通过试验性方法或参考综合效用数值来选择。

IBLT 认知模型从环境中提取当前的情景，根据环境中的关键要素进行提示性选择。在认知步骤中，通过在记忆中寻找，根据相似性判断当前情景是

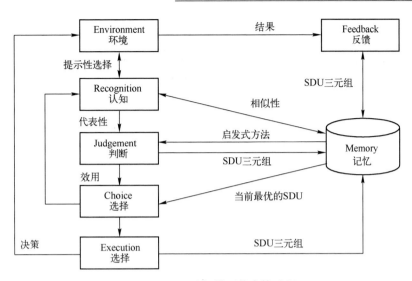

图 4-3　IBLT 认知模型的决策过程

否具有代表性，是否在以前的 SDU 三元组中出现过。在判断步骤中，从记忆中提出 SDU 三元组作为替代方案，通过启发式等多种方法进行提取，对提取的历史记忆中的替代方案按其效用进行判断。在选择步骤中，判断是否需要搜索更多的替代方案或执行当前最佳的替代方案。在执行步骤中，按照某一种替代方案执行相应的动作。在反馈步骤中，由于环境中的情景在执行步骤之后会发生变化，因此要将结果反馈，形成反馈机制。

在决策过程中，决策的答案取决于决策者的期望水平，如果决策者对当前最佳的替代方案"不满意"，将会评估更多的替代方案。在动态决策过程中，影响决策者"满意度"的主要决定因素是做出决定所需的时间。如果决策者可以用来选择决策方案的时间所剩无几，则决策者将执行当前最佳的替代方案。

当按照某一种替代方案执行相应的动作后，环境中的情景会发生变化，记忆中的 SDU 三元组会随之增加。随着更多替代方案和决策情况的出现，决策者所存储的 SDU 三元组存储块将积累更多的方案。反馈机制会向决策者提供先前选择替代方案的实际效用值，以便对之前存储的 SDU 三元组实例进行更新。

Gonzaler 等人采用 ACT-R 4.0 版本的架构实现一个 IBLT 认知模型 CogIBLT，并用该模型仿真一个净水厂（Water Purification Plant，WPP）负责动态决策的实际任务的执行过程。其中，环境中的情景由水箱的属性定义，具体属性包括评估时间、水量、价值、截止日期等；决策表示激活或停用水箱相关的泵；效用是与完成时间相关的度量标准。通过对实际任务的模拟，Gonzaler 等人对实现的 IBLT 认知模型进行了仿真验证。

在网络安全态势感知中，我们可以利用基于实例的认知模型为分析师提供根据积累的历史经验进行决策的工具。Dutt 等人[9]基于这种思路提出了用于研究网络安全态势感知的 IBL（Instance-Based Learning，基于实例的学习）模型，并用 IBL 模型刻画分析师的认知过程。IBL 模型假设存在一个模拟的分析师。该分析师在记忆中预先添加了多个可能发生网络事件的实例，每个事件的实例均包括 IP 地址、端口、IDS 告警信息等多维度属性信息，以及分析师对于不同安全事件所做出的决策。例如，是否将某安全事件划分为恶意的、是否将某安全事件上报给处理中心等。拥有这样的实例记忆以后，当新的网络事件出现时，该模型首先会通过认知判断机制从已有的记忆中检索类似的发生过的实例，然后结合分析师设置的针对恶意事件判断的阈值，评估当前的网络事件是否超过风险容忍的阈值，一旦超过，分析师将会判断目前发生了网络攻击事件，从而掌握当前的网络安全态势。

与 ACT-R 认知模型类似，基于实例的认知模型也是通过历史的攻击事件、历史的知识去判断正在发生的攻击事件的。基于实例的认知模型虽然可以在网络安全态势感知中实现对于单步攻击和多步攻击事件的检测，但是很难实现针对有效攻击事件的准确和实时检测。

4.2.4　SOAR 认知模型

SOAR（State Operator And Result，状态运算和结果）认知模型是由 Newell 等人[10]提出的面向通用智能的一种认知模型。其核心思路是对知识、思考、智力、记忆等进行讨论，应用范围非常广。SOAR 认知模型用于表示状态（State）、运算（Operator，也叫算子）、结果（Result），简单而言就是通过运算改变状态，从而产生结果。SOAR 认知模型是一种通用的问题求解程序，以知识块理论为基础，利用基于规则的记忆，获取搜索知识和对应的操作、运算等，即从经验中学习，记住以前是如何解决问题的，并把这种经验和知识用于以后的问题求解过程之中，实现对通用问题的解答。

SOAR 认知模型认为，人类的知识是由概念、事实和规则组成的，并且会在大脑中进行保存，因此可以认为大脑是一个存放了大量知识的"知识库"。记忆是更为复杂的系统：短期记忆更多是为语言理解、学习、推理等提供临时存储空间；长期记忆是在提供存储空间的基础上提供信息加工时所需的信息，可以回忆相关知识；决策过程是对输入、状态描述、提议算子、比较算子、选择算子、算子应用、输出等进行循环。

最初的 SOAR 认知模型仅包括长期记忆和工作记忆。其中，长期记忆是被编码为产生式规则的信息；工作记忆是编码为符号图结构的信息。基于符号的工作记忆存储了用户对当前环境及情况的评估。用户可以利用长期记忆，回忆相关的知识，通过输入、状态描述、提议算子、比较算子、选择算子、算子应用、输出这样决策过程的循环，并根据结果的情况进行评估，循环上述步骤，选择下一步操作，直到达到目标状态。

SOAR 认知模型的框架结构如图 4-4 所示。最初的 SOAR 认知模型包括产生式记忆（Production Memory，属于长期记忆）和工作记忆（Working Memory）两部分。其中，工作记忆包括三个模块：上下文堆栈（Context Stack）、目标（Objects）和选择（Preferences）。上下文堆栈可以指定目标、问题空间、状态、运算等；目标包括解决问题时要达到的目标或状态；选择是指搜索过程所进行的选择，包括对不同算子的选择等。产生式记忆包含一组产生式规则的信息，可以辅助检查和评估工作记忆，并可以在目标和选择模块中加入新的目标或选择项，扩充现有的目标等，不能修改上下文堆栈。决策过程（Decision Procedure）可以检查选择模块中的选项和上下文堆栈，修改上下文堆栈中的内容。工作记忆管理（Working Memory Manager）部分可以操作和修改工作记忆，包括删除部分元素等。分块机制（Chunking Mechanism）可以为产生式记忆添加新的规则。

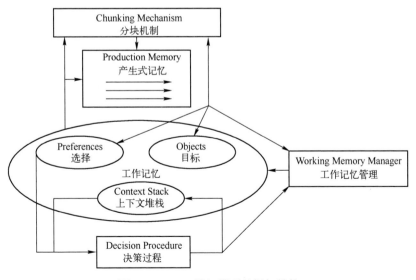

图 4-4　SOAR 认知模型的框架结构

SOAR认知模型应用广泛，有很多SOAR的相关软件。在SOAR认知模型被推出后，还被进行了大量拓展，应用范围不断扩大。在30多年的发展过程中，SOAR认知模型加入了很多新模块，例如工作记忆活跃度、利用强化学习选择算子、加入情感、增加语义记忆模块和情景记忆模块等，拓展后的模型应用也很广泛[11]。其中，工作记忆活跃度主要受到ACT-R认知模型的启发，在SOAR认知模型的工作记忆中添加了"活跃度"的参数，用于描述工作记忆的相关度，主要在判断工作记忆元与哪个规则匹配时参加计算。活跃度可以用来判断激活哪个规则，同时会作为部分情景记忆被存储起来，以保证被提取的情景是与当前情况最为相关的。利用强化学习选择算子调整选择机制，可以获得反馈效益最大化。在早期的SOAR认知模型中，所有选择算法的优先权都是通过符号描述的，加入数字化优先系数以后，可以通过强化学习改变优先系数，从而对规则的选择进行修改。拓展以后的SOAR认知模型加入了情感因素，将情感数值化，作为强化学习过程中的反馈参数，即对当前决策进行奖励或惩罚，从而显著提高学习速度。情感对于目标相关性、目标推断等多个方面都有很重要的影响。拓展的SOAR认知模型加入了语义记忆模块和情景记忆模块。语义记忆模块提供了对陈述性事实的存储和提取等，主要由工作记忆的结构组成，通过工作记忆产生线索，从而被提取，产生线索主要用于搜索语义记忆中的最佳匹配，并将匹配的结果传回工作记忆中。情景记忆模块存储的是有关经验的记忆。相比语义记忆模块，情景记忆模块保存着与时间、地点相关的信息，语义记忆模块存储的知识与这些情景相关的信息没有关联。情景记忆模块存储在工作记忆中的实例，可便于以过去的经验进行有效提取。当通过情景中的某线索提取时，一旦与情景相关的线索出现，工作记忆中的最佳匹配便会被发现。此外，一些相关研究还在拓展在SOAR认知模型中加入可视化成像模块，这是因为之前的SOAR认知模型都是基于已有的符号工作记忆，表达用户对当前情景的理解和认知，当添加可视化成像模块以后，能支持构建和操作相关的图像类工作记忆，可视化成像模块存放在可被工作记忆提取图像的长期记忆中。采用可视化成像可以使用更少的过程性知识，以便于更快地解决一些空间推理问题。

在网络安全态势感知中，SOAR认知模型可以为网络安全事件构建知识库，SOAR认知模型中的长时记忆保存了属于网络安全事件的典型特征及规则。当新的网络事件发生时，利用SOAR认知模型可以提取记忆，执行相关的算法，并判断新的网络事件是否属于恶意的攻击行为。但是，SOAR认知模型应用于网络安全态势感知系统时，无法实现针对有效网络攻击事件的检测，因此需要在SOAR认知模型上进行创新，提出适合网络安全态势感知的认知模型。

4.2.5 其他认知模型

除了上述介绍的几种认知模型，目前还存在经典的 ICM（Idealized Cognitive Model，理念化的认知模型）、基于神经网络的认知模型、PDP（Parallel Distributed Processing，并行分布处理模型）等。

ICM 假定人类依据结构来组织和表征现实，通过命题模型、意象图式模型、隐喻模型、转喻模型构建人类的心理空间。由于这种假定是人类想象的，并不是客观存在的，因此 ICM 被称为理念化的认知模型。

基于神经网络的认知模型模仿人类大脑结构和功能，通过模拟神经元之间的连接，形成一个具有反馈的网络。这种认知模型是属于人工智能的连接主义学术流派的认知模型，缺乏可解释性，无法对认知过程中的决策过程做出合理的解释。

PDP 主要探索认知过程的微结构，在网络层次上模拟人的认知活动，假定信息处理是由一组相当简单的单元通过相互作用完成的。与神经网络模型相似，PDP 也属于连接主义学术流派的认知模型。

对认知模型的探索涉及心理学、信息学等多种学科。对于认知模型，本书不展开介绍，仅介绍常见的几种在网络安全态势感知中发挥作用的认知模型。

4.3 基于 MDATA 的网络安全认知模型

4.2 节介绍了几种常见的认知模型，当这些模型应用于网络安全态势感知时，并不能对网络事件进行深度检测，不能对网络的有效攻击进行全面、实时、准确的发现、评估及评测。已有的认知模型不能完全适用于网络安全态势感知，主要原因有以下几个方面：

（1）网络安全知识更新速度快，可用于认知建模的案例不足。已有的历史事件并不一定能用于分析当前的网络事件，最新的网络知识很难从历史经验中进行总结。例如，历史攻击会针对某数据库漏洞实施攻击，当攻击发生以后，系统会采用相关的工具为漏洞打上补丁，后续的网络安全事件会很难通过相同的办法完成攻击。当然，对于很多未升级的系统，还是有可能被相同的攻击方式攻击的。另外，网络安全的相关知识更新速度很快，传统的方法更多是通过制定规则、黑名单、白名单的方式进行事件检测的，而近年来涌现了很多新型攻击方式，分析师还未对这些攻击方式产生应对的经验，很难形成相关的认知。

（2）网络攻击多样化。很多智能化的攻击方式导致分析师无法用历史经验进行分析和理解。随着人工智能技术的快速发展，很多智能化工具涌现出来。例如：2018年由多所高校联合开发的一套基于生成对抗网络（Generative Adversarial Network，GAN）的人工智能系统[12]，能在0.5s内破解Captcha在线验证码系统；2014年的美国黑帽大会（BlackHat USA大会）上发布的Heybe工具[13]可以关联多个攻击模块，实现自动化渗透测试。这些智能化的攻击方式隐蔽性极强，分析师很难通过历史经验和认知进行分析，其中基于深度神经网络的攻击方式由于缺乏可解释性，可能攻击者本人也无法对攻击路径、攻击行为进行解释，对于防御方的分析师而言，难度就更大了。

（3）网络攻击行为越来越多地体现为高度分布化，网络安全知识动态变化，并且伴随着明显的时间和空间特性。虽然分析师对集中式的攻击方法已经有了足够多的认知和理解，但是分布式的攻击方法要求分析师能关联多个场景、多个数据源进行分析，历史经验不一定能适用在分布式场景中。而且，网络安全知识随着攻击行为的改变会发生动态变化。本章4.1节介绍的夜龙APT攻击具有明显的时空特性，不同的攻击步骤具有时序上的关联性，比如，当攻击者成功攻陷Web服务器以后，才会经过扫描探测等进行攻击突破，体现了网络安全知识也需要具有相应的随时间变化的特性；在空间特性方面，不同的IP地址、内网和外网的区别都是攻击者会时刻关注的，例如，在夜龙APT攻击中，攻击者在通过永恒之蓝漏洞进行内部攻击突破时，源地址和目的地址均在内网，而在进行资源窃取时，源地址为内网地址，目的地址为外网地址，攻击行为在空间上也具有相应的空间特性。因此，网络安全知识应该随着时空特性进行动态修改，而传统的认知模型很难实现这种动态修改。

建立面向网络安全态势的认知模型具有很大的难度，不同分析师的知识、观点、技能等各不相同。本书介绍由本书作者团队开发的一种适用于网络安全态势感知的认知模型，即MDATA模型（Multi-dimensional Data Association and Threat Analysis，多维数据关联和威胁分析模型）。通过该模型可以对多维度的数据进行关联分析，并对具有时空特性的网络安全知识进行构建，为分析师提供适合网络安全态势感知的认知模型。

本节先介绍MDATA模型的概况，然后从模型表示、模型构建、模型推演和模型利用的角度介绍如何将MDATA模型应用于网络安全态势感知。

4.3.1 MDATA模型的概况

MDATA模型被命名为多维数据关联和威胁分析模型。创立MDATA模型的目的是解决网络安全态势感知中数据分布广、网络安全知识因具有时空特性而难以表示等难题。

在介绍 MDATA 模型之前，先介绍一些有关知识图谱的背景知识。知识图谱（Knowledge Graph，KG）是由谷歌公司提出的一种知识库表示方法[14]，本质上是一种语义网络。知识图谱通过多种类型的节点、边，表示实体、概念、关系、属性等；通过多关系图表示真实世界中存在的各种实体和概念，以及这些实体和概念之间的关联关系，从而将知识进行有效表达。

知识图谱中的一种常用表示方式是采用三元组对知识进行表示和存储，如 RDF（Resource Description Framework，资源描述框架）将知识分解为（主语，谓语，宾语）这样的三元组。常用的知识图谱表示方法将知识表示为（实体，关系，实体）或（实体，属性，属性值）的形式，通过很多这样的三元组表达事实。例如，攻击者 A 通过 SQL 注入攻击的方式攻击服务器 B，可以表示为（攻击者 A，SQL 注入攻击，服务器 B），其中攻击者 A 和服务器 B 可以看作两个不同的实体或主语和宾语，而 SQL 注入攻击可以看作关系或谓语，这样可以将这句话表示成三元组的形式，并进行存储和展示。目前有很多开源的工具，如 Neo4j、JanusGraph 等可以对三元组进行存储，从而将知识进行有效表示。在网络安全领域，可以采用知识图谱来构造网络攻击行为知识库，指导分析师对攻击行为进行有效的检测和防御。例如，业界广泛使用网络空间攻击链（cyber KillChain）模型[15]和 MITRE 公司的 ATT&CK（Adversarial Tactics，Techniques and Common Knowledge，对抗性策略、技术和通用知识）网络攻击行为知识库[16]，为分析师分析攻击入侵行为、理解攻击者意图等提供指导和技术支撑。在 KillChain 模型和 ATT&CK 模型中，实体的关系、攻击逻辑的关系可以被整理为知识图谱，如 KillChain 模型中的"阶段任务"可以被拆解为（攻击者，攻击方法，受害系统）三元组，从而形成用于分析网络攻击行为的知识图谱。

如果直接将知识图谱用于网络安全态势感知，那么会存在以下缺点。

首先，知识图谱中表示的知识一般为静态知识，在知识发生变化时需对三元组进行更新，而知识图谱更新三元组的过程较为麻烦，需要对其相关联的实体、关系等都进行更新。例如，苹果的含义本身是代表某一种水果，在苹果公司的产品逐渐推出以后，实体"苹果"的含义已经发生了改变，可以代表苹果公司，也可以代表一种品牌的电脑、手机等。在网络安全态势感知中，苹果更应该表示电脑品牌或公司。

其次，网络攻击已经由单步攻击演变为多步攻击，攻击行为之间存在时序关系，知识图谱很难对存在时序关系的知识进行表示，三元组的表示形式有很大的局限性。例如，夜龙 APT 攻击的时序步骤很难用现在的知识图谱体现。网络攻击行为具有空间特性，在不同的地理位置空间、不同的 IP 地址等均可能存在攻击行为，而知识图谱中的三元组也无法表示此类情况。

最后，网络安全态势在资产维度、漏洞维度、攻击行为维度都存在不同的知识，知识图谱的表示方法很难将不同的知识进行有效关联和整合。

本书提出的 MDATA 模型主要包括关联表示、关联构造、关联计算三部分，其中关联表示通过超语义图进行表示，具体为

$$超语义图 = <Concept, Entity, Relation, Property>$$

其中：Concept 表示概念集合；Entity 表示实体集合，即概念的具体实例；Relation 表示关系集合；Property 表示属性集合。

实体集合 Entity 分为主要实体（Primary Entity，PE）和次要实体（Secondary Entity，SE）：主要实体为在知识表示中更重要的实体，实体之间通过关系 Relation 连接；次要实体是针对主要实体的描述，与主要实体通过属性 Property 连接。通过区分主要实体和次要实体，可以将关系和属性准确区分，从而解决知识图谱中关系、属性未明确区分的问题。

关系集合 Relation 中的每一种关系都包含时空特性，即关系集合可以表示为

$$Relation = \{R, TimeZone, Spatial, T-S\}$$

其中：TimeZone 表示关系 R 的时区特性；Spatial 表示关系 R 的空间特性；T-S 表示关系 R 的时空融合特性。例如，攻击者 A 攻陷了某服务器 B 的时区特性可以采用 TimeZone 表示，攻击者 A 扫描端口，这些端口可以看作空间特性；当攻击者 A 获取服务器的重要资源并回传时，资源回传的时间、源地址和目的地址等可以看作融合的时空特性。

属性集合 Property 与前面的关系集合类似，也表示为具有时空特性的属性

$$Property = \{P, TimeZone, Spatial, T-S\}$$

其中时间特性、空间特性、时空融合特性和关系的描述方法类似。通过对关系、属性增加时空特性，可有效表示具有时空特性的知识，当知识发生变化时，只需对相应的时空特性进行完善或增加新的具有时空特性的知识即可。

关联构造的过程主要包括概念构造、实体识别、关系抽取、属性抽取、知识验证、知识更新等算子，通过不同的算子可以计算超语义图的各个组成部分。

关联计算的过程主要包括知识推演、子图匹配、实体查询、关系查询、属性查询、路径计算等算子，通过不同的算子可以支撑各种不同的计算需求。

4.3.2　MDATA 模型的表示方法

MDATA 模型可以通过 4.3.1 节介绍的多元组方式表示，但是现有的图数

据库等并不支持此类多元组的表示，多元组也很难通过现有的可视化方法进行展示。因此，本节介绍一种改进的三元组方式，对 MDATA 模型进行表示。

MDATA 模型的表示如图 4-5 所示，主要实体 PE 之间通过关系 R 连接，主要实体 PE 和次要实体 SE 之间通过属性 P 连接。接下来，进一步对关系 R 和属性 P 进行拆分表示，关系 R 的表示形式如图 4-6 所示。将关系 R1 表示为图中的一个新节点，该节点的命名方式为其连接的两个主要实体。图 4-6 中连接 PE1 和 PE2 的关系 R1 可以表示为节点 PE1-R1-PE2，在关系节点上加入时空特性，包括用时区特性 TimeZone 表示时间段、空间特性 Spatial 表示所属的空间、时空融合特性 T-S 表示同时处于该时间区域和空间的特性。

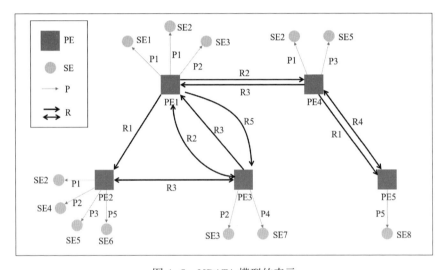

图 4-5 MDATA 模型的表示

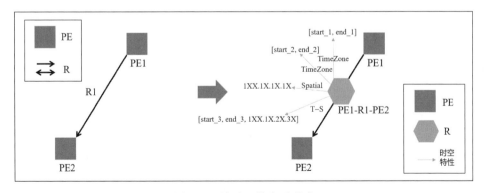

图 4-6 关系 R 的表示形式

属性 P 也可以采用类似的形式加入时空特性，属性 P 的表示形式如图 4-7 所示。

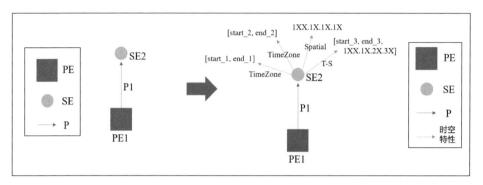

图 4-7　属性 P 的表示形式

因此，MDATA 模型可以通过改进的三元组表示，图 4-5 中的知识表示形式可以细化为图 4-8 中的形式。

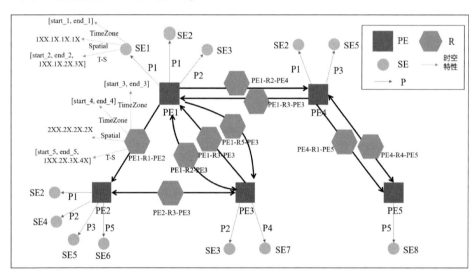

图 4-8　MDATA 模型的详细表示形式

在网络安全态势感知中，我们可以将资产（如计算机、服务器、硬件、软件、文件系统等）表示为主要实体，将型号、版本号等作为次要实体，从而可以将资产之间的关联作为关系，将资产的型号、版本号等定义为属性。在关系层面，不同资产之间的关联关系可能随着时间、空间发生变化，如某终端之间的连接关系随着网络拓扑的改变而发生改变，因此关系会存在时间和空间上的特性。在漏洞层面，漏洞与资产存在关联关系，即某资产是否存在对应的漏洞，而漏洞的描述、特点等是次要实体，表示漏洞的相关属性；在攻击行为层面，攻击者采用的攻击方式是主要实体，攻击方法和漏洞存在利用关系，而攻击方法具体的描述、特点等为相关属性，这些关系和属性均存在时空特性，可以采用本节介绍的方法进行有效表示。

4.3.3 基于MDATA模型的网络安全认知模型构建

在MDATA模型的表示形式基础上，本节将介绍如何基于MDATA模型构建网络安全认知模型。构建网络安全认知模型需要从分析师角度体现其认知过程，下面主要介绍在理解网络安全态势的过程中，分析师需要哪些知识、如何对攻击行为进行分析。

首先，分析师需要清晰地了解所保护的资产，也就是需要形成一个针对资产维度的知识库（简称为资产知识库），让分析师能够知道需要保护的系统内部包含哪些资产，这些资产之间有什么关系等。而分析师自己可能很难完全掌握所有的资产情况。因此，该模型需要首先给分析师构建一个资产知识库，梳理好各种类型的资产。

下面通过一个示例来说明资产知识库包括的内容。资产知识库示例如图4-9所示。构造的资产知识库包括：IP地址（如192.168.1.4），终端设备（计算机、服务器、防御设备等），每一个终端设备上的操作系统型号（如Windows7、Windows10、CentOS 7.6等）、软件（如office2016、google chrome等），除此之外，终端还包括具体的硬件信息、重要的文件系统等，此处不一一列举。从防御者的角度而言，分析师对于需要防护的目标网络系统能够进行主动式的数据采集，能对已有的资产状态进行采集，形成全面准确的资产知识库。其中资产知识库包括网络连接状态、各种静态资产数据、各种动态资产数据等，分析师能根据资产运行的任务，全面准确地了解当前的资产情况。

构建好资产知识库以后，分析师应该关注的是这些资产存在哪些漏洞和安全隐患，即需要从漏洞维度形成相应的知识库。虽然有CNNVD、CVE、NVD等漏洞数据库，但是分析师很难对所有的漏洞信息都熟知，因此在构建态势感知系统的过程中应当自动化地对这些漏洞信息进行存储，形成漏洞维度的知识库。基于MDATA模型可以为分析师构建漏洞维度的知识库。由于目前大多只能通过已报告的漏洞信息整理漏洞数据，因此构建的漏洞数据库是一种面向已知攻击行为的知识库，针对未知的漏洞无法在该知识库中体现，仅能根据实际情况进行数据更新和完善。

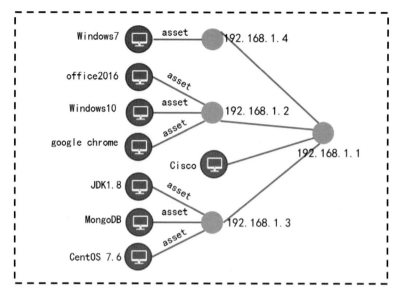

图 4-9 资产知识库示例

漏洞维度知识库示例如图 4-10 所示。CNNVD-202004-1846 漏洞[17]是一个针对多款 NETGEAR 无线路由器产品的命令注入漏洞。该漏洞源于外部输入数据构造可执行命令的过程中，网络系统或产品未正确过滤其中的特殊元素，攻击者可利用该漏洞执行非法命令。该漏洞影响的设备和版本包括 NETGEAR D7800 1.0.1.34 之前版本、NETGEAR R7800 1.0.2.42 之前版本、NETGEAR R8900 1.0.3.10 之前版本、NETGEAR R9000 1.0.3.10 之前版本、NETGEAR WNDR4300v2 1.0.0.54 之前版本、NETGEAR WNDR4500v3 1.0.0.54 之前版本。通过实体识别、关系抽取、属性抽取等算子可以构造图 4-10 所示的漏洞知识，漏洞和受影响的设备相关联，而受影响设备的属性为受影响的版本；通过 MDATA 模型的表示方法可以很清楚地发现该漏洞存在什么样的设备以及对应的版本中，分析师可以借助这样的漏洞知识库对网络安全态势进行理解和分析。同时，知识库中还会包括攻击方式、漏洞类型、危害等级等其他关系，图 4-10 中仅列出可执行命令注入的攻击方式，其他关系未详细描述。在构造漏洞知识库的同时，也将根据对应的补丁信息构造相关联的补丁知识，分析师可以判断存在漏洞的系统是否已安装了相应的补丁，从而对系统的资产状态进行有效评估。漏洞认知库的构建过程通常需要通过实体识别、关系抽取、属性抽取等算子实现，具体算法可以采用经典的模式匹配、基于神经网络的方法等。这些方法有很多，由于这些方法并非本书的重点，因此在此不详细描述具体的方法。

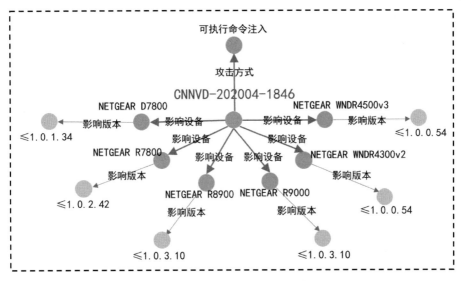

图 4-10　漏洞维度知识库示例

通过 MDATA 模型构建了漏洞维度的知识库以后，态势感知系统可以结合需要防护的资产信息进行关联，对资产可能存在的漏洞数据提前获知，从而能在攻击行为发生之前掌握已有的漏洞信息，当攻击行为发生时，便可以大大提升攻击行为的检测效率，从而实现实时的网络安全态势感知。

在拥有了资产维度的知识库和漏洞维度的知识库以后，分析师能否对攻击行为进行分析呢？答案显然是否定的。分析师掌握网络安全态势的重要步骤是对发生的攻击行为进行分析，资产维度的知识库和漏洞维度的知识库提供了防御者所在层面的知识，而攻击者层面的知识很难通过这两个维度的知识库获取。正如第 1 章和第 3 章所述，在网络安全态势感知过程中，防御者处于劣势地位，仅能对防护的网络系统进行全面和准确的态势提取和态势理解，无法对攻击者层面的知识进行全面和准确的感知。

为了从防御者层面对网络安全态势进行理解，第 3 章描述了需要采集的威胁维度数据。态势感知过程可以利用威胁维度数据为分析师构建与攻击行为相关的知识库。作为防御者，分析师一般会通过异常数据、防御设备的告警信息等进行关联分析，但是随着与攻击行为相关的威胁数据越来越多，分析师将面临数据过载的问题，很难分析所有的攻击行为，难以做到全面准确地进行网络安全态势感知。因此，借助于认知模型，态势感知系统可以根据威胁维度数据构建攻击行为知识库，通过防御设备、分析人员发现的异常信息等，建立与攻击行为相关的知识。

下面依然以夜龙 APT 攻击为例，攻击者利用 HTTP GET Request 漏洞

（CVE-2010-2309），对 Web 服务器实施 SQL 注入攻击、命令执行攻击，而这些攻击行为会被相应的防御设备察觉并提示告警信息。例如，由天融信公司研发的防御设备和 snort 入侵检测设备均会察觉 SQL 注入攻击行为，并发出相应的告警信息，此处记录告警信息的编号分别为 topsec-7XXX 和 snort-19XXX，snort 入侵检测设备也能发现代码执行攻击行为，发出的告警信息为 snort-1XXXX。攻击行为知识库示例如图 4-11 所示。攻击行为有对应的源地址（记录为外网地址 extranet-XX1、extranet-XX2）和目的地址（记录为内网地址 intranet-YY）。图 4-11 展示了采用 MDATA 模型对此攻击知识的构建过程：假设 Web 服务器 A 存在 CVE-2010-2309 漏洞（HTTP GET Request 漏洞），攻击者通过 SQL 注入和命令执行攻击服务器，六边形为关系节点，在"攻击"关系节点上增加了空间特性，即源地址、目的地址，按 MDATA 模型中对关系节点的重定义，两个关系节点可以分别记为 SQL 注入-攻击-Web 服务器 A 和命令执行-攻击-Web 服务器 A。两种攻击方式会触发相应的防御设备，告警关系也构建在图 4-11 中。通过攻击行为库，分析师可以清楚地发现不同攻击方式利用的漏洞情况、不同攻击方式对应的告警以及不同攻击方式的时空特性。在此示例中，仅描述了攻击行为的空间特性。很多攻击行为还具备时间特性，最简单的时间特性便是攻击事件发生时的时间区间，如开始时间和结束时间。当攻击事件（如本章所述的夜龙 APT 攻击）由多个攻击步骤组成时，不同攻击行为之间的时序关系能被分析师用来分析攻击行为之间的关联关系，然而攻击行为多，相关的告警信息也很多，如何将众多的攻击事件进行有效关联也是分析师理解网络安全态势的一个重要过程。

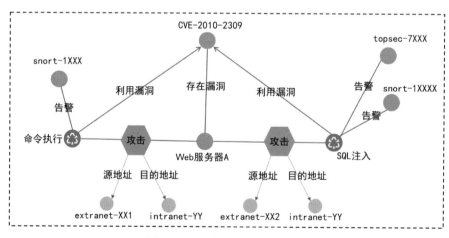

图 4-11 攻击行为知识库示例

通过上述三个不同维度的知识库，分析师可以对防护的目标网络系统中的资产、可能存在的漏洞有全面且准确的理解，通过建立的攻击行为知识库，可以对威胁维度数据有一个全面的认识。在此基础上，当目标网络系统发生攻击行为时，系统会实时发现攻击行为，为分析师提供相关的分析数据。不同的分析师可以在此基础上进一步根据自己的角色、不同攻击事件的特点等进行深入的分析。因此，MDATA 模型可以为分析师理解网络安全态势提供支撑，能有效解释面向分析师的网络安全认知过程。MDATA 模型是实现全面、准确、实时检测网络攻击行为，并有效理解网络安全态势的重要模型。

在构建实际的网络安全态势感知系统的过程中，由于防护的目标网络系统往往会包含大量的资产设备，不同设备上安装的软件、运行的任务等各不相同，因此会在资产维度形成大规模的知识库。而在漏洞维度，随着越来越多软/硬件的推出和使用，漏洞数据会越来越多，将所有资产维度的信息和漏洞维度的信息关联以后，将产生大量的漏洞维度知识库；再考虑攻击者的各种攻击行为产生的威胁维度信息，采用 MDATA 模型生成的各类知识库将十分庞大，如何对庞大的知识库进行管理和关联利用将是一个重大技术难题。下面将介绍如何通过雾云计算架构[18]实现面向网络安全态势感知认知模型的管理和协同计算等。

雾云计算架构是一种用于泛在网络空间大数据分析处理的体系架构。随着互联网、物联网、移动互联网、工业互联网等多种类型网络的发展，网络空间的概念逐渐拓展，从单一的互联网发展为融合各种网络类型的泛在网络空间。在泛在网络空间中进行数据分析和处理具有很大的难度。例如，在泛在网络空间进行信息搜索时，需要综合考虑互联网、物联网、传感网等多个来源的数据，综合利用海量的传感器、智能终端采集的数据进行关联分析。传统的云计算模式主要以后台处理为中心，泛在网络空间的计算模式需要从"以后台处理为中心"转向"后台与边缘、中间相结合"的计算方式。在这样的背景下，雾云计算架构被提出，以便解决泛在网络空间中的数据分析和处理问题。网络安全态势感知也需要对来自不同传感器、不同终端设备等的数据进行关联分析，对构造的资产维度、漏洞维度、威胁维度的知识库进行关联。因此，采用雾云计算架构能更好地实现对这些知识库的管理和利用。

雾云计算架构分为三个层次：雾端主要从大数据海洋中抽取知识；中间层用于对抽取的知识进行融合；云端是对融合以后的多知识体进行协同计算，从而满足用户的计算目标。因此，雾云计算是由知识体、知识体之间的关系、知识体之间的协同操作三部分组成的，可以表示为

$$\text{FogCloudComputing} = <\text{KnowledgeActor}_i, R_{jk}, \{\text{Operation}_m\}>$$

其中：KnowledgeActor$_i$表示不同的知识体，如形成的不同资产维度知识库、漏洞维度知识库等，可以将网络安全态势中采用MDATA模型生成的资产维度知识库、漏洞维度的不同漏洞对应的知识库，以及威胁维度发生的攻击行为的知识库看作雾云计算架构中的知识体；R_{jk}表示不同知识体KnowledgeActor$_j$和KnowledgeActor$_k$之间的关系，如每一个终端设备形成的知识体包含设备上的硬件、软件、与工作任务相关的信息，而不同的设备通过网络相联，互相通信的端口等关系可以看作资产维度知识体关系。资产维度形成的知识体和漏洞维度的知识体也存在关系，例如某设备具有某漏洞，便可以通过"存在关系"进行表示，即资产存在的漏洞。漏洞维度知识体和威胁维度知识体也存在关系，例如某漏洞可能被攻击者利用，攻击行为知识体便通过"利用关系"与漏洞维度知识体关联；{Operation$_m$}表示知识体之间的协同操作与计算，包括多知识体和它们之间协同工作的任务 Task$_m$等，例如针对攻击事件的发现，需要通过形成的多个知识体进行协同工作，才能实现全面、实时、准确的攻击事件检测。

在面向泛在网络空间的数据分析处理中，知识体是一个智慧的软构件，可以是前端面向目标抽取的简单知识，也可以是在云端形成的超大规模知识云，如健康知识体、天气预报知识体、人类常识知识体等。在网络安全态势感知中，每个知识体可以对应通过MDATA模型建立资产维度知识库、漏洞维度知识库、威胁维度攻击行为知识库等。此类知识体也是一个智慧的软构件，可以是对每台终端设备抽取资产信息形成的资产知识体、抽取防御设备反馈威胁行为数据形成的知识体等，也可以是通过这些知识体在云端形成的超大规模知识云，如漏洞知识体、补丁知识体、某APT攻击知识体、SQL注入攻击体等。知识体具有自学习、自演化、可描述、可管理、灵活在线组装、分布式部署等特点，并且知识体之间可以进行协调问题求解。

文献[18]介绍了面向泛在网络空间大数据分析处理的雾云计算架构，如图4-12所示。该架构在多知识体及其协同推理的基础上，通过雾端的前端计算、中间层的融合计算和后端的云计算可以实现多知识体协同计算。

雾云计算与边缘计算、云计算的主要区别在于，雾云计算是在多知识体的基础上，支持雾端、中间层和云端的高度协同计算能力，其中各层知识体分别运行在不同的知识体运行平台，能对海量、多来源数据进行有效的关联和协同分析。

雾端知识体是根据边缘节点上采集的数据，利用边缘节点的计算能力在本地进行实时计算得到的知识体。在网络安全态势感知过程中，边缘节点上部署的终端设备往往带有多个传感器（探针）等，可以实时采集数据，并在

第4章 网络安全态势感知的认知模型

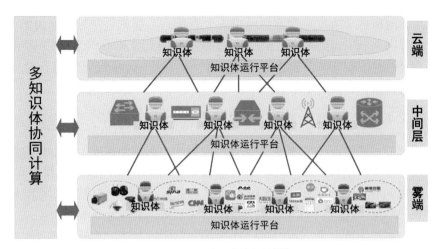

图 4-12 雾云计算架构[18]

边缘节点上形成资产维度、漏洞维度、威胁维度的雾端知识体。基于雾端知识体,可以实时发现发生在终端设备上的攻击行为,由于部分攻击行为可能采取多个步骤、对多个不同的终端设备发起攻击,雾端知识体不足以支撑对此类攻击行为的实时检测,因此还需要中间层和云端的知识体配合进行实时检测。

中间层位于雾端和云端之间,通常由部署在距离边缘节点较近的服务器组成。在检测攻击行为时,可以对中间层知识体与雾端知识体进行关联分析。中间层知识体和雾端知识体所处的位置和重要性都不同,中间层知识体通常运行在计算能力、存储能力较强的服务器上。这些服务器往往是对局部雾端知识体进行综合计算的中心平台。中间层知识体在雾云计算架构中扮演着核心角色。一方面,中间层知识体能够访问多个本地边缘节点的数据和知识,可以对具有一定拓扑结构的局部边缘节点进行分布式协同计算;另一方面,中间层知识体能够和云端知识体互联进行协同计算,对雾端形成的知识体进行更新。

云端通常是雾云计算架构的后台处理中心,具有强大的计算能力,能将分散在泛在网络空间中的边缘物联网节点、互联网应用、移动 APP、智能终端节点、互联网中间节点的知识等进行汇聚,能从全局角度对所有的知识体进行融合计算和全局推理,是雾云计算的全局中心。在网络安全态势感知系统中,云端知识体是对全局态势进行把控的中心,能对边缘端的知识、中间层形成的知识等进行汇聚,形成全局的知识体。

利用雾云计算架构将不同维度知识库融合,可实现不同维度知识库的协同工作,能从全局角度全面掌握网络安全态势;雾端得以及时获取知识,能实现针对网络安全态势实时和准确的感知。因此,采用雾云计算架构对MDATA模型生成的知识库进行管理和利用,能实现有效的网络安全态势感知。

4.3.4 基于 MDATA 模型的网络安全知识推演

MDATA 模型可以为分析师提供资产知识库、漏洞知识库、攻击行为知识库,将这些知识库关联在一起,就可以根据已有的知识库推演未知的知识,还可以在知识动态更新时对这些知识库更新。本节将介绍如何实现基于 MDATA 模型的网络安全知识推演,主要内容包括以下三个方面:

(1) 通过实体对齐、知识库融合等方法实现知识库的关联,并对知识进行验证;

(2) 通过关联的知识库,可发现未表示在知识库中的知识并补全关系;

(3) 知识随着时空特性发生变化时,可更新知识库。

基于 MDATA 模型构建的三类知识库需要进行关联才能为分析师提供更直观和更有意义的知识。经过 4.3.3 节的介绍,读者会发现,不同类型的知识库其实会存在一些相同的实体。资产知识库中会存在服务器、硬件、软件、系统等实体,而硬件、软件等实体也存在于漏洞知识库,服务器等资产实体会存在于攻击行为知识库、漏洞知识库。因此,可以将资产知识库中的实体、漏洞知识库中的实体和攻击行为知识库中的实体有效关联起来,形成面向分析师的网络安全知识库。例如:图 4-10 中的漏洞是与无线路由器有关的漏洞,而无线路由器是属于资产知识库中的实体;图 4-11 中的 SQL 注入、命令执行攻击方式都是利用 CVE-2010-2309 漏洞的,因此可以将攻击行为知识库和漏洞知识库关联;这些攻击方式攻击的目标是 Web 服务器 A,Web 服务器 A 属于资产知识库中的实体,可以将攻击行为知识库和资产知识库关联。

为了实现对上述不同类型知识库的关联,可以首先采用实体对齐技术,将不同知识库中的相同实体统一命名(注意:同类型知识库也需要对相同实体统一命名,例如,CVE 漏洞知识库中的 CVE-2010-2309 和 CNNVD 漏洞知识库中的 CNNVD-201006-275 具有相同的实体,需要对它们的实体统一命名),然后采用类似知识图谱融合的方法,在对相同实体融合的过程中,实现对不同类型知识库的关联。在关联过程中,对于可能出现错误的知识需要进行消歧。例如:同一个漏洞在不同漏洞知识库中的描述可能出现偏差,需要根据额外的信息进行验证和消歧;同一个攻击方法能利用多个漏洞,先验证是否需要对漏洞对应的漏洞知识进行消歧,然后对每条漏洞知识进行验证。

知识消歧和验证的方法很多，本书不详细介绍。通过对不同维度的知识进行关联以后，原本看似无关的实体之间将产生新的关系，从而产生新的知识。

当知识库实现关联以后，如何发现未在知识库中的知识呢？回顾图 4-10 中的示例，CNNVD-202004-1846 漏洞存在于 NETGEAR 的多个路由器中，当资产 NETGEAR D7800 路由器 C 关联在资产知识库中时，需要判断路由器的版本，如果版本在 1.0.1.34 之前，则可以判定该路由器存在 CNNVD-202004-1846 漏洞，需要将路由器 C 和漏洞关联，补全"存在漏洞"关系。更进一步分析，根据能利用该漏洞的攻击方法，比如方法 1、方法 2、方法 3 等，需要在知识库中补全这些攻击方法和路由器之间可能存在的"攻击"关系。当其中某种攻击方法真正出现，即出现对应的"告警"信息时，分析师能判断出攻击者是利用这个漏洞对路由器实施攻击的。

新知识的发现过程可以看作各种补全过程。一般而言，新知识的发现可以分为关系补全、属性补全、主要实体补全、次要实体补全等。实现知识发现的技术方法包括基于逻辑规则的推理、基于表示学习的推理等。

以关系补全为例，基于逻辑规则的推理方法是将规则通过合取法组合在一起，根据规则中出现的主体推理出多个实体之间存在的规则，从而实现关系补全。例如，图 4-10 中的漏洞 CNNVD-202004-1846 和可执行命令注入之间存在"攻击方式"的关系，可以表示为

$$\text{攻击方式}(\text{CNNVD-202004-1846}, \text{可执行命令注入})$$

上述规则可以记为：攻击方式（漏洞，攻击）的具体实例；同理，CNNVD-202004-1846 漏洞存在于 NETGEAR 的多个路由器中，假定型号为 NETGEAR D7800 的路由器（这里将其命名为路由器 C）存在漏洞，也可以将"存在漏洞"的关系规则记为：存在漏洞（设备，漏洞），可以将实例表示为

$$\text{存在漏洞}(\text{路由器 C}, \text{NETGEAR D7800})$$

基于逻辑规则的推理方法可以根据不同规则之间的关系发现新知识，如可形成

$$\text{被攻击}(X,Z) \leftarrow \text{存在漏洞}(X,Y) \wedge \text{攻击方式}(Y,Z)$$

其中，存在漏洞规则表示设备 X 中存在漏洞 Y，攻击方式规则表示针对漏洞 Y 有对应的攻击方式 Z，因此被攻击规则为设备 X 可能受到通过 Z 进行的攻击。结合图 4-10 的具体示例，可以推理出路由器 C 和攻击方式之间的关系为

被攻击(路由器 C,可执行命令注入) ← 存在漏洞(路由器 C,NETGEAR D7800) ∧

攻击方式(CNNVD-202004-1846,可执行命令注入)

基于表示学习的推理方法和传统知识图谱中知识推理的思想类似。将MDATA模型中的主要实体、次要实体、关系、属性等表示为多维度向量,通过计算向量之间的关系实现对关系、属性、主要实体、次要实体的补全工作。以图4-10中路由器"被攻击"为例,假设路由器属于NETGEAR D7800系列,其版本号为1.0.1.34(这里将其命名为路由器C),通过表示学习以后,可以用一个多维向量进行表示,如使用一个五维向量$\overline{X}=(0.1,0.2,0.3,0.5,0.2)$表示;同时,对可执行命令注入的攻击方式也使用多维向量表示,假设表示方式为$\overline{Z}=(0.2,0.1,0.2,0.1,0.2)$,而把"被攻击"的关系表示为向量$\overline{R}_{attack}=(0.1,-0.1,-0.15,-0.4,0.05)$,可以看出上述三个向量之间存在关系$\overline{X}+\overline{R}_{attack}\approx\overline{Z}$。对另一个路由器(型号为NETGEAR R7800,版本号为1.0.2.42,这里将其命名为路由器D)的情况也可以表示为类似的五维向量,假设$\overline{X}_D=(0.1,0.21,0.32,0.48,0.2)$,可以计算$\overline{X}_D+\overline{R}_{attack}\approx\overline{Z}$,于是认为路由器D所表示的主要实体与可执行命令注入也存在"被攻击"关系。此类基于表示学习的方法大多采用深度神经网络对主要实体、次要实体、关系、属性进行计算,生成对应的向量表示,但是此类方法缺乏可解释性,例如为什么路由器C可以表示为(0.1,0.2,0.3,0.5,0.2)、为什么被攻击关系可以表示为(0.1,-0.1,-0.15,-0.4,0.05)等,对这些表示方法很难进行直观的解释,导致在新知识发现过程中产生的部分知识无法被有效解释。

在网络安全态势感知中,由资产维度、漏洞维度、威胁维度所形成的知识库之间存在很多关系。例如:"存在关系"可以表示漏洞维度与资产维度之间的关系,即资产中存在漏洞;"利用关系"可以表示威胁维度与漏洞维度之间的关系,即攻击者利用某漏洞进行的攻击行为;"作用关系"可以表示资产维度与威胁维度之间的关系,即攻击者通过某种攻击,作用于某具体的资产。对此类关系进行补全,是网络安全态势感知过程中的重要环节。关于各种关系,本书将在第5章详细介绍。

当知识动态变化时,基于MDATA模型的网络安全知识库可以快速更新。与传统知识图谱等表示方式不同,MDATA模型融入了时空特性。因此,当知识动态变化时,网络安全知识库仅需对部分知识进行改变,如果是时空特性发生变化,则仅需增加对应的时空特性,无须对整个知识库的表示形式进行修改。例如,攻击行为库中针对Web服务器A的某一次SQL注入攻击是通过外网地址extranet-XX1发起的,知识库将会记录该攻击行为;当攻击者通过另一个外网地址extranet-XX3发起SQL注入攻击时,仅需在"攻击"关系上增加"源地址"的空间特性,即可实现对网络安全知识库的更新。又如,本章介绍的针对 NETGEAR 路由器的命令注入漏洞 CNNVD-202004-1846，当 NETGEAR R7800 路由器 C 安装了补丁[19]（补丁编号：CNPD-202004-2284）后，该路由器将不再存在该漏洞，可以在"存在漏洞"的关系上增加"时间区间"特性，即用［开始时间，安装补丁时间］表示仅在此时间区间内存在漏洞，并不需要删除该关系，从而最大限度地保留网络安全知识库中知识的动态变化过程。

通过上述随着知识动态变化而更新网络安全知识库的方法，可以实现基于 MDATA 模型的网络安全知识演化，为分析师提供更加高效、准确的网络安全知识。与传统知识表示方法不同，基于 MDATA 模型的知识表示方法可以支持对知识动态变化的表示、支持对不同类型知识库的关联、支持对潜在知识的发现等。

4.3.5 利用基于 MDATA 模型构建的网络安全知识库进行攻击检测

在网络安全态势感知中，对攻击事件进行检测是一个极为重要的步骤，也是分析师掌握当前网络安全态势的重要依据。传统的攻击检测方法分为基于特征比对的单步检测、基于规则推理的多步攻击检测等。本节将介绍如何利用基于 MDATA 模型构建的网络安全知识库进行攻击检测。

先简要介绍单步攻击检测和多步攻击检测的一些背景知识。SQL 注入攻击是攻击者利用某些数据库的外部接口把用于攻击的数据插入实际的数据库查询等操作语句中，导致数据库被入侵。其原因是程序未对用户输入的数据进行细致过滤，导致非法数据通过查询语句导入。例如，在浏览器的 GET 或 POST 请求中，攻击者可以通过构造非法的输入数字或字符串进行攻击。在 GET 型接口，某请求 XXX/sql/news.php?id=123 相当于给数据库发送请求：查询 id 为 123 的新闻，这种请求可以理解为执行查询语句 sql="SELECT * FROM news WHERE id=123"（该语句表示从 news 数据库中输出 id 为 123 的内容）。当攻击者输入 XXX/sql/news.php?id=123 OR 1=1 以后，原本数据库应该输出 id 为 123 的内容，但是由于语法解析时，该查询语句会首先判断 1=1，即上述输入命令的后半部分"OR 1=1"，显然 1=1 为真，查询语句将跳过选择"id=123"的部分，从而输出 news 库中的所有内容。

类似地，POST 请求一般被用于传输登录操作中输入的用户名 username 和密码 password。后台对 POST 请求的用户名、密码进行参数校验，如果匹配，才会允许登录。但是，SQL 语言中#或--之后的字符串会被当作注释处理，当攻击者在用户名中输入这样的字符后，会导致后台在做匹配判断时忽略对密码的检验，从而造成攻击者没有输入正确的密码但却成功地入侵了系统。

针对这样的攻击方式，可以提前输入数据流的特征，以便与攻击特征库中特征进行匹配，当输入数据流存在攻击特征库中的特征时，便会检测出相应的攻击行为。例如，对 GET、POST 请求中的参数进行拆分，被拆分以后的参数若发现重复的 key（关键字），如发现上述"OR 1=1"的输入，便会发出攻击告警。此外，可以针对请求中不常用的但是在 SQL 语言中会使用的语句设计正则表达式，如 delete [^]+from（删除操作，可以检测恶意删除数据库的行为）、drop database（删除数据库）、drop table（删除表）、insert into（插入数据）、bulk insert（批量插入数据）等，将输入的数据流和特征库中的规则、特征进行比对，如果能匹配某种特征，便发出攻击告警。

随着攻击方式的多样化、攻击过程的持续化发展，网络攻击已经逐步从单步攻击变化为多步攻击。例如，APT 攻击会通过一组成员相互协作完成攻击，攻击准备和攻击过程的持续时间都比较长，往往是通过多个步骤进行攻击的。对于这样的多步攻击，目前常用的方法首先是设计一个规则库，将常见单步攻击事件的告警信息关联，形成针对多步攻击的规则，然后采用规则推理和匹配机制，通过对告警信息的关联分析发现多步攻击。例如：可以通过告警信息的因果关系，形成基于因果关系的告警关联分析；可以通过概率计算的方式，根据不同告警信息的顺序，采用贝叶斯网络对由不同告警信息形成的规则计算其置信度，如告警信息 E1/E2/E3/E4/E5 先后发生，采用贝叶斯网络计算，得出这些告警信息关联为某多步攻击事件 AttackEvent 的概率 Pr（AttackEvent│E1→E2→E3→E4→E5），当发生这些告警信息时，选取概率最大的攻击事件作为预测结果，提供给分析师使用。

本节上面介绍的攻击行为检测方法，都是根据历史攻击事件的特征、攻击行为的规则等对新的攻击行为所进行的分析和判断。近年来新出现了一些基于机器学习、神经网络的攻击行为检测方法。这些方法的核心思路是从异常流量、告警数据中提取与历史攻击事件相似的特征、规则等，结合已发生的攻击事件，对正在发生的攻击行为进行分析。随着攻击方法的多样化发展、攻击工具的日益普及，攻击者尝试对系统进行攻击的成本越来越低，分析师每天收到的防火墙、IDS 等防御设备的告警信息越来越多，而很多告警信息并非对应着真正的攻击行为，并非所有的攻击行为都是针对系统的有效攻击，应该如何从海量的告警信息、安全数据中检测出能对系统造成危害的有效攻击呢？这是一个难题。目前的检测方法属于被动防御类方法，即当各类攻击行为发生以后才进行关联分析。这种方法对攻击事件发生以后的分析才比较有效。那么，能否在事前和事中对攻击行为做出高效的分析和判断呢？这又是一个难题。为解决这两个难题，本节将介绍基于MDATA模型的有效攻击检测，讲解如何通过MDATA模型构建的网络安全知识库对有效攻击行为进行检测，并及时在事前和事中做出快速响应。

基于MDATA模型的有效攻击检测如图4-13所示。这种检测是从通过MDATA模型构建的三类相互关联的知识库入手的。对于分析师来说，网络中的有效攻击是能对资产造成真实影响并产生后果的攻击行为。因此，首先通过资产知识库分析系统所有与关键资产相关的数据，通过漏洞知识库分析系统中可能存在漏洞的资产，如4.3.4节列举的NETGEAR路由器等，然后将存在的漏洞和可利用该漏洞执行的攻击行为关联，在图4-13中找出攻击行为知识库中可能存在的攻击行为，如SQL注入、缓冲区溢出攻击等。这些攻击行为在实际发生的时候，MDATA模型会构造对应的时空特性，如图4-13中标注的源地址、目的地址、攻击行为发生的时间区间等。如果发生此类攻击系统关键资产的行为，防御设备将能检测出对应的攻击行为并发出告警信息。因此，分析师仅需关注与这些攻击行为所关联的告警数据，当发现此类告警信息频繁发生时，便可以判定目前存在针对系统关键资产的有效攻击。这种检测方法可以在攻击行为发生之前就对需要关注的告警信息进行标注，以便对正在发生的攻击行为进行高效定位和判断。而且，攻击行为可能存在着多个攻击步骤，通过比对"攻击"关系中的时间区间特性，可以将多个攻击步骤关联，从而在攻击事件发生过程中阻断攻击行为。为了进行事前防御，通过漏洞知识库中的补丁知识，可以对关键资产进行相应的打补丁操作，从而能减小关键资产被攻击的可能性。

虽然基于MDATA模型构建的网络安全知识库能帮助分析师及时高效地检测出网络空间中的有效攻击，但是由MDATA模型构建的知识库是通过已有的网络攻击事件、网络安全知识等构建的，尽管MDATA模型通过知识演化能发现很多潜在的未知关联关系，但如何对未知的攻击行为、未知的攻击事件进行检测还是一个难题。解决该难题的一些可行思路包括：①完善知识演化过程，尽可能根据已有的知识推演出未知的知识，包括推演出未知的攻击行为、攻击链路等；②加入分析师对于攻击意图的判断和分析师的经验，通过分析师提供的知识进一步完善知识库，通过对攻击者意图的分析可以从关键资产保护的角度进行防御；③研发更多的防御设备，通过对终端、流量等多方面的数据进行综合判断，能提供更详细的攻击行为告警，有助于对未知的攻击行为进行检测。网络空间的攻击和防御是一个互相促进的过程，信息技术的发展将产生更多未知的攻击方法和攻击行为，如何对未知的攻击进行主动防御是一个长久的难题。

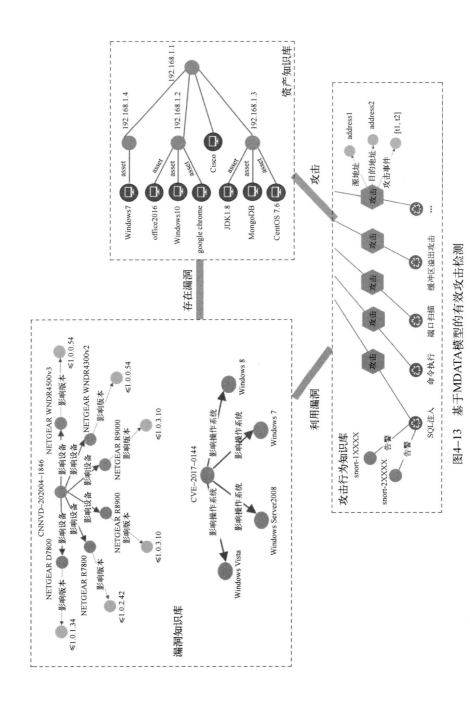

图4-13 基于MDATA模型的有效攻击检测

4.4 本章小结

理解网络安全态势在网络安全中具有重要的意义。本章从分析师的角度介绍了如何理解网络安全态势。由于网络安全数据具有体量大、种类多、更新快等特点，因此理解网络安全态势相比于传统态势感知具有更大的难度。本章从分析师理解网络安全态势的认知过程出发，介绍了多种常见的认知模型，阐述了分析师如何基于这些认知模型理解网络安全态势，以及这些模型在理解网络安全态势过程中存在的局限性。

网络安全知识具有动态变化、时空关联等复杂特点，基于已有的几种认知模型很难实现对网络安全态势的有效理解。因此，本章介绍了一种能对多源异构数据进行关联分析的MDATA模型。基于该模型可以对资产维度、漏洞维度、威胁维度的数据构建自动化的认知建模。本章介绍了基于MDATA模型的网络安全认知模型的表示、构建、知识推演等过程，并以有效攻击检测为例，介绍了如何运用MDATA模型构建的网络安全知识库对网络安全态势进行全面、实时、准确的感知。本章还介绍了通过雾云计算架构对基于MDATA模型构建的网络安全知识库进行分布式协同计算，为分析师提供有效理解网络安全态势的方法。MDATA模型是一种能直观、清晰地为分析师提供理解网络安全态势的模型，将在网络安全态势感知中发挥重要作用。

网络安全态势感知的核心是建立认知模型，以便对网络安全态势进行全面、准确、实时的理解。由于网络安全态势感知中存在数据体量大、更新快、时效性强、时空高度关联等特性，已有的认知模型并不适用于网络安全态势感知。本章提出的多维数据关联和威胁分析模型——MDATA模型，是一个用于理解网络安全态势的认知模型，能实现对已知攻击事件全面、准确、实时的检测，是理解网络安全态势的基石。但是，如何基于该模型实现对未知攻击事件的有效检测，仍是一个重要的难度极大的研究课题。

参考文献

[1] Endsley M R, Connors E. Foundations and challenges, in Cyber Defense and Situation Awareness [M]. New York: Springer Press, 2014.

[2] Anderson JR, Libiere C. The atomic components of thought [M]. Hillsdale: Lawrence Erlbaum Associates Publishers, 1998.

[3] Anderson JR, Bothell D, Byrne MD, Douglas S, Lebiere C, Qin Y. An integrated theory of the mind [J]. Psychological Review, 111 (4), 1036-1060, 2004.

［4］ Anderson JR. The architecture of cognition. Cambridge ［M］. MA：Harvard University Press，1983.

［5］ ACT-R ［EB/OL］. ［2020-06-07］. http：//act-r.psy.cmu.edu/software/.

［6］ Anderson JR. How can the human mind occur in the physicaluniverse ［M］. Oxford：Oxford University Press，2007.

［7］ Gonzalez C, Lerch JF, Lebiere C. Instance-based learning in dynamic decision making ［J］. Cog Sci 2003, 27（4）：591-635.

［8］ Gonzalez C. The boundaries of instance-based leraning theorey for explaining decisions from experience ［J］. Pammi VS, 2013, 202：73-98.

［9］ Dutt V, Ahn Y-S, Gonzalez C. Cyber situation awareness：modeling the security analyst in a cyber-attack scenario therough instance-based learning ［C］// In IFIP International Federation for Information Processing, Lecture notes in computer sciences, 6818：280-292, 2011.

［10］ Newell A, Rosenbloom PS, Laird JE. SOAR：An architecture for general intelligence ［J］. Artificial intelligience, 1987, 33（1）：1-64.

［11］ 王新鹏. 基于符号主义范式统一认知模型的分析与研究 ［J］. 计算机应用与软件, 2008（7）：60-62.

［12］ Ye G X, Tang Z Y, Fang D Y, et al. Another text Captcha solver：a generative adversarial network based approach ［C］// Proceedings of the 2018 ACM SIGSAC Conference on Computer and Communications Security, 2018.

［13］ Heybe-Pentest Automation Toolkit ［EB/OL］. ［2020-06-07］.
https：//www.blackhat.com/us-15/arsenal.html#heybe-pentest-automation-toolkit.

［14］ Things Not Strings：Google's new hotel profiles exemplify its approach to entities ［EB/OL］. （2019-04-12）［2020-06-07］.
https：//streetfightmag.com/2019/04/12/things-not-strings-googles-new-hotel-profiles-exemplify-its-approach-to-entities/#.

［15］ Cyber Kill Chain ［EB/OL］. ［2020-08-25］ https：//www.lockheedmartin.com/enus/capabilities/cyber/cyber-kill-chain.html.

［16］ ATT&CK Matrix for Enterprise ［EB/OL］. ［2020-06-07］.
https：//attack.mitre.org/.

［17］ 漏洞编号：CNNVD-202004-1846，多款 NETGEAR 产品注入漏洞 ［EB/OL］. （2020-04-24）［2020-08-25］.
http：//www.cnnvd.org.cn/web/xxk/ldxqById.tag?CNNVD=CNNVD-202004-1846.

［18］ 贾焰, 方滨兴, 汪祥, 等. 泛在网络空间大数据"雾云计算"软件体系结构 ［J］. 中国工程科学, 2019, 21（6）.

［19］ 补丁编号：CNPD-202004-2284, NETGEAR R7800 操作系统命令注入漏洞的修复措施 ［EB/OL］. （2020-04-16）［2020-06-07］.
http：//www.cnnvd.org.cn/web/xxk/bdxqById.tag?id=116600.

第 5 章
网络安全态势感知本体体系

从第 4 章可以看出,理解网络安全态势具有非常重要的意义。理解网络安全态势的过程需要采集和观察大量的与网络安全相关的数据,并对其之间的关联关系进行理解,借助这些数据及其关联关系进行推理,预测和解释可能发生的网络攻击,辅助安全分析师和决策者形成对网络安全态势的感知。根据对所采集各种数据的推理,首先需要建立一个统一的概念体系,让所有参与和使用网络安全态势感知系统的人员在一个统一的概念体系下工作;其次要求这个概念体系是可计算的,系统能够通过这个概念体系自动化地推理出可能发生的攻击事件等。构建这样的概念体系需要明确定义网络安全态势感知相关的术语、术语之间的关系和属性,进而形成一套具有清晰语义的本体体系。

本章 5.1 节将介绍本体理论,主要包括本体概念、本体语言、基于本体的推理等;5.2 节将介绍网络安全态势感知系统相关的本体标准,包括资产维度的标准、漏洞维度的标准、威胁维度的标准,以及综合信息标准等;5.3 节将介绍基于本书作者团队提出的 MDATA 模型的网络安全态势感知本体模型,包括基于 MDATA 模型的网络安全态势感知本体类、本体关系以及本体模型推理等;5.4 节将对本章进行小结。

5.1 本体理论

20 世纪 90 年代初,本体理论吸引了很多知识工程、自然语言处理、知识表示等人工智能领域研究人员的兴趣[1]。近年来,本体理论在智能信息集成、互联网信息检索、知识管理等很多领域被广泛使用。本体理论如此流行的一个主要原因是,本体理论提供了一种人类与计算机之间可以对领域知识进行共享和理解的标准规范,通过定义本体,人类对领域知识的认知可以通过计算机来实现。

研究本体理论的一个重要原因是人类对知识共享和知识交换的巨大需求。随着对专家系统、知识库的研发,不同领域的专家都定义和生成了不同的知识库和基于知识的系统,而且这样的系统越来越多。当人们期望已经形成的某领域的知识库可以在其他领域的知识库中使用，或者能作为今后将要研制的新知识系统的基础时，就希望已有的知识库和基于知识的系统能够共享，从而可减少研发新知识系统的工作量，对加快知识工程的建设具有巨大的促进作用。

为了实现知识共享的目标，本体理论和体系是重要基础。本体理论定义了对世界万物的规范化说明，所有的知识库均采用同样的规范定义，有助于实现知识的共享和交互。任何一个基于知识的系统均可以理解为对世界万物的某种概念化。本体可以理解为对这种概念化的一种规范说明，是独立于具体事物的符号表示方法。因此，本体可以理解为采用不同知识表示方法的系统间进行知识共享和知识交换的基本结构。

5.1.1 本体概念

在计算机科学技术领域，本体提供的是一种共享词表，也就是特定领域中那些存在着的对象类型或对象类型的概念，以及它们的属性和相互之间的关系。或者说，本体就是一种具有结构化特点的特殊类型的术语集，适合在计算机系统中使用。

本体的组成要素主要包括类、实例、属性、关系、函数、公理等。

类：事物的种类或对象类型，比如人、中国人都属于类。

实例：每一个类都与一组个体相关联，可以将这些由相关联个体组成的集合称为类扩展。类扩展中的每一个个体被称为类的实例，比如张三是人的实例、马云是中国人的实例等。

属性：一个实例或对象和概念等都具有的特征、特性、特点、参数，这些特征、特性、特点、参数都是属性，比如人（张三）的年纪、身高、爱好等都是属性。

关系：体现类和实例之间的关联方式，比如黄种人属于人、中国人属于人、姚明与叶莉是夫妻关系等。

函数：一类特殊的关系，在这种关系中，前 $n-1$ 个元素（元素为实例等）可以唯一决定第 n 个元素。比如，father-of 关系就是一个函数，father-of(x, y) 表示元素 y 是 x 的父亲，元素 x 可以唯一确定其父亲元素 y。

公理：代表本体内存在的事实，可以对本体内的类或关系进行约束。比如，概念甲属于概念乙的范围，Windows、Linux 是操作系统的子类。

5.1.2 本体语言

为了使本体能够适合于计算机的自动处理，需要对本体设计一种具有形式化语法和形式化语义的语言进行表达。这样的语言也称为本体语言。目前存在着很多不同的本体语言,其中 OWL (Web Ontology Language,网络本体语言)[①] 是当前最常用的本体语言。

OWL 是由 W3C (World Wide Web Consortium,万维网联盟) 提出的网络本体语言,用来显式地表达本体中词汇的确切含义,能揭示词汇之间的语义关系,让语言使用者形成对相关领域知识的一致理解。利用 OWL 语言可以形成一定的规则,使得本体具有一定的推理能力,能推导出实例之间新的关系、属性等。

OWL 语言主要定义了以下术语:

(1) owl:class:类,OWL 语言中最重要的定义元素,定义了因具有某些共同属性而属于同一分组的个体。

(2) rdfs:subClassOf:表示两个类的子属关系,可以表示诸如"一个类是另一个类的子类"的子属关系,如副教授是属于教师的子类。

(3) rdfs:subPropertyOf:表示两个属性的子属关系,可以表示诸如"某一个属性是另外一个属性的子属性"的关系。

(4) owl:ObjectProperty:对象属性,表示两个类之间的关系,例如教师指导学生,教师和学生是两个不同的类,指导是两个类之间的关系。

(5) rdfs:domain:定义了一个属性的定义域,用来约束该属性可以适用的个体。

(6) rdfs:range:定义了一个属性的值域,用来限制属性的取值范围。

(7) owl:equivalentClass:定义两个类为等价类,即等价类拥有相同的实例。

(8) owl:equivalentProperty:定义两个属性为等价属性,等价属性将个体关联到与其同组的其他个体。

一般来说,在语言的计算复杂性与表达能力之间存在着一定的平衡关系:语言的逻辑表达能力越强,计算复杂度越高,对推理的支持也会变得相对较弱。为了满足不同的表达能力和计算复杂度的需要,OWL 提供了 3 种不同表达能力、不同计算复杂度的子语言:OWL Lite、OWL DL 和 OWL Full。

OWL Full 是 OWL 语言的全集,包含所有的 OWL 语言要素,拥有与 RDF (Resource Description Framework,资源描述框架)[②] 一样的比较灵活和自由的句法定义。在 3 种子语言中,OWL Full 的表达能力最强,但是计算复杂度最高,而且不支持完全、有效的推理。OWL Full 语言适用于那些追求最强表达能力与语法自由的用户,并且用户对计算性能的要求不高。

---

① 参见网址 https://www.w3.org/OWL/。
② 参见网址 https://www.w3.org/2001/sw/wiki/RDF。

OWL DL 是 OWL Full 的子集，与 OWL Full 都支持相同的语言要素。与 OWL Full 语言相比，OWL DL 语言拥有较高的计算效率，并且具有较强的表达能力。OWL DL 语言适合那些拥有较强的计算能力保障，且追求强大表达能力的用户使用。OWL DL 语言的缺点是与 RDF 并非完全兼容。

OWL Lite 是 OWL DL 的一个子集。OWL Lite 除了包含 OWL DL 所有的语言限制外，还包含了一些其他的限制，仅提供相对简单的 OWL 语言特性。

OWL Lite、OWL DL、OWL Full 之间的关系如图 5-1 所示，表述如下：

（1）合法的 OWL Lite 本体都是合法的 OWL DL 本体；
（2）合法的 OWL DL 本体都是合法的 OWL Full 本体；
（3）有效的 OWL Lite 结论都是有效的 OWL DL 结论；
（4）有效的 OWL DL 结论都是有效的 OWL Full 结论。

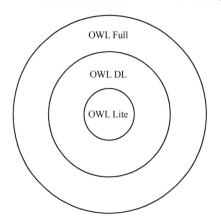

图 5-1　OWL 三种子语言之间的关系

OWL 是 RDF 的扩展语言，OWL 与 RDF 完全兼容，具有更强的表达能力和推理能力。OWL 与 RDF 的关系如下：

（1）OWL Full 可以看成 RDF 的扩展；
（2）OWL Lite 和 OWL DL 可以看成 RDF 的约束扩展；
（3）所有的 OWL 文档（包括 Lite、DL 和 Full）都是 RDF 文档；
（4）所有的 RDF 文档都是一个 OWL Full 文档；
（5）只有某些 RDF 文档才是合法的 OWL Lite 或 OWL DL 文档。

用户在选择子语言时，应该考虑以下因素：

（1）使用 OWL 的目的。使用 OWL 可以进行本体的构建，还可以开发基于 OWL 的应用工具。不同的应用类型将影响对 OWL 子语言类型的选择。

（2）本体的应用范围。使用 OWL 构建本体时，要考虑本体的使用对象、应用范围以及对表达能力和推理能力的要求。根据表达能力和推理能力的需求决定合适的子语言。

(3)与RDF的兼容和交互。OWL是RDF的扩展,只有OWL Full语言与RDF完全兼容,OWL Lite和OWL DL是RDF的约束扩展,非完全兼容。因此在某些具体应用,特别是需要与RDF语言进行交互的应用中,需要考虑OWL子语言与RDF的兼容性。

利用OWL语法建立本体时所形成的文档被称为OWL文档。此类型的文档拥有扩展名.owl。OWL文档由XML标记、文档类型声明、RDF标记、命名空间声明、本体头和本体定义六部分组成。一个典型的OWL文档示例①如下:

[1]<?xml version="1.0"?>
[2]<!DOCTYPE rdf:RDF[
[3]   <!ENTITY rdf "http://www.w3.org/1999/02/22-rdf-syntax-ns#">
[4]   <!ENTITY rdfs "http://www.w3.org/2000/01/rdf-schema#">
[5]   <!ENTITY xsd "http://www.w3.org/2001/XMLSchema#">
[6]   <!ENTITY owl "http://www.w3.org/2002/07/owl#">
[7]][>
[8]<rdf:RDF
[9]   xmlns="&owl;"
[10]   xmlns:owl="&owl;"
[11]   xml:base="http://www.w3.org/2002/07/owl"
[12]   xmlns:rdf="&rdf;"
[13]   xmlns:rdfs="&rdfs;"
[14]>
[15]<Ontology rdf:about="">
[16]   <imports rdf:resource="http://www.w3.org/2000/01/rdf-schema"/>
[17]   <rdfs:isDefinedBy rdf:resource="http://www.w3.org/TR/2004/REC-owl-semantics-2004/02/01">
[18]   <rdfs:isDefinedBy rdf:resource="http://www.w3.org/TR/2004/REC-owl-test-2004/02/01">
[19]   <rdfs:isDefinedBy rdf:resource="http://www.w3.org/TR/2004/REC-owl-features-2004/02/01">
[20]   <rdfs:comment>This file specifies in RDF Schema format the built-in classes…
[21]   </rdfs:comment>
[22]   <versionInfo>10 February 2004</versionInfo>

---

① 参见网址 http://www.w3.org。

[23] </Ontology>
[24] <rdfs:Class raf:ID="Class">
[25] …
[26] …
[27] …
[28] </rdf:RDF>

其中，行1为XML文档标记；行2~7为文档类型声明，可定义实体（ENTITY）来声明命名空间；行8~14为RDF标记及命名空间声明；行15~23为本体头，其定义必须被包含在与标签之内，其中包含引入的本体信息、本体的注释及版本信息等；行24-27为本体定义，本体定义也称本体公理，可以在该部分对本体进行定义，这也是OWL文档的主体部分，包括类、属性、实例、公理等（本例作为示例，未给出具体的本体定义）；行28为RDF结束标记。

5.1.3 基于本体的推理

推理的含义就是通过各种方法获取新的知识。基于本体的推理是指通过本体语言，从中推理出新的知识，如推导出新的关系、属性等。基于本体的推理常用方法包括基于Tableaux运算的方法、基于逻辑编程改写的方法、基于一阶查询重写的方法、基于产生式规则的方法等。

（1）基于Tableaux运算的方法适用于检查某一本体是否满足某规则或进行实例检测。

（2）基于逻辑编程改写的方法可以根据特定的场景定制规则，从而实现用户自定义的推理过程。

（3）基于一阶查询重写的方法可以高效地结合不同数据格式的数据源，关联不同的查询语言。以Datalog语言（一种基于逻辑的编程语言）[1]为中间语言，首先重写SPARQL语言为Datalog语言，再将Datalog语言重写为SQL（Structured Query Language，结构化查询语言，一种访问和处理数据库的计算机语言[2]）查询语言等。

（4）基于产生式规则方法是采用前向推理的形式，按照一定机制执行规则从而达到目标。

5.1.3.1 基于Tableaux运算的方法

基于Tableaux运算的方法，其基本思想是通过一系列规则构建Abox，以

---

[1] 参见网址 https://docs.racket-lang.org/datalog/。
[2] 参见网址 https://www.w3school.com.cn/sql/index.asp。

检测本体是否满足规则，或者检测某一实例是否存在于某概念中。其中，Abox 是指个体的断言（assertion）集合，包含个体的信息以及对个体的概念断言和关系断言等；概念断言用于表示某一个对象或实例是否属于某个概念或类别，如断言"人（小明）"表示小明属于人这个概念范畴；关系断言用于表示两个对象之间是否满足特定的关系，如断言"夫妻（小明，小红）"表示小明和小红是夫妻关系。Tableaux 包括多种运算规则，通过迭代运用其中的运算规则更新断言集合 Abox，采用与一级逻辑相似的运算方法，如果在断言集合中得到了两条相斥的断言，如"女人（小红）"、"男人（小红）"这样的结论，则可以推导出本体之间的矛盾，不满足"夫妻"规则。相关的工具包括 FaCT++、Racer、Pellet 等，本书不详细介绍。

5.1.3.2　基于逻辑编程改写的方法

本体推理具有一定的局限性，主要在于本体推理仅支持在预定义的本体公理上进行推理，而现实中用户会根据实际情况自定义很多词汇，本体推理很难在这样自定义的词汇上进行灵活推理。此外，在本体推理的过程中，用户很难定义自己的推理过程，更多是根据规则等自动化地进行推理。因此，引入 Datalog 语言，结合本体推理和规则推理，在特定场景中定制规则，使用户可以在推理过程中加入自己设定的规则，实现更加灵活的推理过程。Datalog 语言是一种面向知识库和数据库设计的逻辑语言。该语言的表达能力与 OWL 语言差不多，支持递归等功能，用户撰写规则也很方便，有助于实现推理过程。

Datalog 语言中定义原子（atom）、规则（rule）、事实（fact）等。其中原子表示某描述性的词汇，一般可表示为 $p(t_1,t_2,\cdots,t_n)$，这里的 p 为谓词，t_i 是表示常量或变量的项。例如"兄弟（A,B）"中的"兄弟"为谓词，A 和 B 为项。规则是由原子构成的，一般包含规则头和规则体，规则体可以理解为一个或多个子目标，而规则头则是表示该规则的目标。例如，规则 $P:-P_1$,$P_2,\cdots,P_n$ 中的 P 为规则头，符号:-为蕴含符号，P_i 为规则体中的一个子目标。该规则可以理解为如果 $P_1,P_2,\cdots,P_n$ 都为真，那么 P 为真。事实则表示没有规则体、没有变量的规则，表示规则头是真实存在的。KAON2[①]、RDFox[②] 等都是此类基于逻辑编程改写的推理方法，此处不详细介绍。

5.1.3.3　基于一阶查询重写的方法

一阶查询是具有一阶逻辑形式的语言。与 5.1.3.2 节介绍的类似，Datalog 语言是一种数据库查询语言，也具有一阶逻辑的形式，因此可以借助

---

① 参见网址 http://kaon2.semanticweb.org/。

② 参见网址 https://www.oxfordsemantic.tech/。

Datalog 语言,将一阶查询语句重写,实现基于一阶查询重写的推理方法。当上层本体的查询语言采用 SPARQL 语言[①],而底层数据采用关系数据库或其他形式数据库存储时,需要将 SPARQL 语言的查询转换为 SQL 查询,从而能结合不同数据的数据源进行推理。一般而言,借助 Datalog 语言的良好特性,可以将 Datalog 语言作为中间语言,首先重写 SPARQL 为 Datalog 语言,再将 Datalog 语言重写为 SQL 查询语言。

5.1.3.4 基于产生式规则的方法

基于产生式规则的方法是一种前向推理的方法,在给定的事实集合中,按照一定的机制执行规则,达到某些目标,实现前向的推理过程。基于产生式规则的方法与一阶逻辑类似,主要用于专家系统中。

产生式系统主要由事实集合、产生式规则集合、推理引擎等组成。其中,事实集合存储了当前系统中所有的事实,由于后续产生式系统是基于事实集合进行运算的,因此可以将事实集合理解为运行内存。存储的事实主要是描述了对象和关系等。产生式规则集合包含了一系列可执行的规则。这些规则可以理解为 IF conditions THEN actions 这样的语句,即在一定的条件(conditions)下,执行何种操作(actions)。推理引擎主要是控制产生式系统的执行过程,包括模式匹配、冲突消解、动作执行等。其中,模式匹配是指使用规则语句中的条件部分去匹配事实集合中的事实,如果某规则的条件(conditions)部分均满足,则该规则被触发;冲突消解是指当触发了多条规则时,按照一定的策略选择其中的某一条规则;动作执行是指按照操作(actions)中的定义执行相关的操作。

5.2 网络安全态势感知系统相关的本体标准

网络安全态势感知目前存在一些本体标准。这些本体标准的侧重点不一样,部分标准仅用于解决网络安全态势感知中的局部问题。本节将对各种已有的相关本体标准进行介绍,见表 5-1。

表 5-1 网络安全态势感知相关的本体标准

序号	类别	标准
1	资产信息	CPE、CCE、FOAF
2	漏洞信息	CWE、CVE、CVSS
3	威胁信息	CAPEC、MAEC、ATT&CK、KillChain
4	综合信息	STIX、IODEF、CybOX

---

① 参见网址 https://www.w3.org/TR/sparql11-query/。

5.2.1 资产维度的标准

5.2.1.1 CPE（通用平台枚举）

CPE，全称 Common Platform Enumeration，即通用平台枚举[1]，是信息技术软件应用程序、操作系统及硬件的结构化命名规范，用于描述和识别计算资产中存在的应用程序、操作系统和硬件设备的类。

例如，CentOS7 作为一种操作系统，其 CPE 名称为

CPE OS NAME：cpe：/o：centos：centos：7

各种资产管理工具可以首先收集已安装的产品信息，使用其 CPE 名称可识别这些产品，然后使用标准化信息来帮助用户对有关资产进行完全或部分的自动化决策。采用 CPE 命名标准有助于让不同的用户对当前资产使用相同的命名规范。

5.2.1.2 CCE（通用配置枚举）

CCE，全称 Common Configuration Enumeration，即通用配置枚举[2]，是一种标准化格式，用于描述软件配置缺陷。

例如，ID 为 CCE-3018-8 的软件配置缺陷，其 CCE 描述为：

CCE ID：CCE-3108-8；

定义（Definition）：The correct premissions for the Telnet service should be assigned；

参数（Parameters）：set of accounts，list of permissions；

技术机制（Technical Mechanisms）：set via Security Templates, defined by Group Policy；

引用（References）：http://cce.mitre.org/lists/cce_list.html。

使用 CCE 可以让配置、缺陷等网络安全态势中的资产维度相关信息以统一的标准形式展现出来，有助于对资产中的配置、缺陷等进行量化评估。

5.2.1.3 FOAF

FOAF，全称 Friend of a Friend，用来表达人员、群体、组织机构及其关系[3]。通过 FOAF 可将设备 IP 地址与人员、组织关联起来。首先根据 IP 地址确定电子邮件地址，然后在联系人电子邮件的域中进行 DNS 查找，以获取控制该 IP 地址的联系人电子邮件地址域的域名及其他信息。类似地可以查找注册人的名字，若注册人是可疑的，则关于该 IP 地址的事实情况，就十分有参

---

[1] 参见网址 https://nvd.nist.gov/products/cpe。
[2] 参见网址 https://cce.mitre.org/about/index.html。
[3] 参见网址 http://www.foaf-project.org/。

考分析的价值。

5.2.2 漏洞维度的标准

广义的漏洞包括计算机漏洞和软件 Bug。

计算机漏洞是在计算机硬件、计算机软件等的具体实现或策略上存在的缺陷，可以被攻击者利用，使攻击者能够在未授权的情况下访问或破坏计算机系统。

区别于计算机漏洞的另一个概念是软件 Bug，即计算机软件或计算机程序中存在的破坏正常运行的问题、错误。

针对漏洞维度的信息，存在多种描述的规范，详细情况如下。

5.2.2.1 CVE（通用漏洞披露）

CVE，全称 Common Vulnerabilities and Exposures，即通用漏洞披露[①]，是公开披露已知信息安全漏洞的一个字典表，目前已经披露了超过 13 万条 CVE 信息。

CVE 信息包括漏洞名称、漏洞 CVE 编号、对应 CWE 编号、首发时间、危害等级、漏洞类型、威胁类型、受影响操作系统、受影响软件、漏洞描述、解决方法、补丁信息、与其他漏洞编号的对应关系等。CVE 信息示意图如图 5-2 所示。

#	CVE ID	CWE ID	# of Exploits	Vulnerability Type(s)	Publish Date	Update Date	Score	Gained Access Level	Access	Complexity	Authentication	Conf.	Integ.	Avail.
1	CVE-2017-1337	255			2017-07-10	2017-07-13	4.3	None	Remote	Medium	Not required	Partial	None	None
	IBM WebSphere MQ 9.0.1 and 9.0.2 Java/JMS application can incorrectly transmit user credentials in plain text. IBM X-Force ID: 126245.													
2	CVE-2017-1285	20			2017-07-12	2017-07-17	4.0	None	Remote	Low	Single system	None	None	Partial

图 5-2 CVE 信息示意图

CVE 的通用标识可使安全产品之间实现数据交换。CVE 为信息安全漏洞或弱点给出一个名称。现有很多漏洞评估工具，不同的工具如果使用不一样的命名方式，将很难共享数据。使用 CVE 定义的名称，可以帮助用户在各自独立的不同漏洞数据库、不同漏洞评估工具间共享数据。CVE 目前接受程度很广，已经成为安全信息共享的一个"关键字"。如果在一个漏洞报告中指明了带 CVE 名称的某一个漏洞，则用户就可以快速地在任意 CVE 兼容的数据库中找到相应的数据，包括补丁信息等，从而采取相应的措施解决安全问题。

5.2.2.2 CWE（通用弱点枚举）

CWE，全称 Common Weakness Enumeration，即通用弱点枚举[②]，是公开已

---

① 参见网址 http://cve.mitre.org/。
② 参见网址 https://cwe.mitre.org/。

知信息安全弱点的一个字典表,目前已经有超过800多种CWE信息被披露。

CWE信息包括弱点名称、基本描述、分类映射、适用平台、常见影响、利用可能性、缓解措施、相关攻击模式等。

CWE提供了一个统一、可度量的软件弱点集合,围绕在源代码和操作系统中发现这些弱点的软件安全工具和服务,使人们能够更有效地开展讨论、描述和选择工作,更有效地使用软件安全工具和服务,并能够更好地理解和管理那些与架构和设计相关软件的弱点。

5.2.2.3　CVSS(通用漏洞评分系统)

CVSS,全称Common Vulnerability Scoring System,即通用漏洞评分系统[①],用来评测漏洞的严重程度,并帮助用户确定所需反应的紧急程度和重要程度。

CVSS由美国国家漏洞库(NVD)发布并维护数据。NVD一般会同时对CVSS和CVE的数据进行更新。研究CVSS对于漏洞的评分信息可以掌握具体的攻击信息,了解攻击的潜在影响和严重程度等。

CVSS由三类不同的衡量指标组成,包括基础指标、时间指标和环境指标。

基础指标包括访问途径、访问复杂性、身份认证、机密性影响、完整度影响、可用性影响等。

访问途径:如何利用该漏洞。

访问复杂性:衡量攻击者获得对目标系统的访问权以后,利用此漏洞所需攻击的复杂性。

身份认证:度量攻击者须实施身份认证才能利用漏洞的次数。

机密性影响:度量被成功利用的漏洞对机密性的影响。

完整度影响:度量被成功利用的漏洞对完整性的影响。

可用性影响:度量被成功利用的漏洞对可用性的影响。

时间指标包括可利用性、修复程度、可信度报告等。

可利用性:衡量漏洞利用技术或代码可用性的当前状态。

修复程度:衡量补救措施的完成度。

可信度报告:衡量漏洞存在的可信度和已知技术细节的可信度。

环境指标包括附带损害潜力、目标分布、安全要求等。

附带损害潜力:衡量由于资产设备损坏而造成生命或财产等损失的可能性和严重程度。

目标分布:衡量易受攻击系统的比例。

---

① 参见网址 https://www.first.org/cvss/。

安全要求：衡量受影响资产对用户组织的重要性。

首先针对每类指标产生一个用压缩文本表示的衡量向量，反映漏洞的不同属性，然后综合三类指标生成一个数值评分。数值评分的范围是 0~10，标示漏洞的强度。CVSS 最重要的成分是三类指标形成的衡量向量。这些向量提供了宽范围的漏洞属性，也是推导和计算数值评分的基础。一般而言，使用术语"CVSS 衡量标准"来表示这些衡量向量，使用术语"CVSS 评分"来表示具体的数值评分分数。任何 CVSS 评分必须与 CVSS 衡量标准一起发布。CVSS 衡量标准蕴含着比数值评分更丰富的信息，也更接近漏洞的可测量属性。

5.2.3 威胁维度的标准

5.2.3.1 CAPEC（通用攻击模式枚举和分类）

CAPEC，全称 Common Attack Pattern Enumeration and Classification，即通用攻击模式枚举和分类[①]，是国际性公开可用的通用攻击模式列表，含有比较全面的模式和分类信息。

CAPEC 所列的攻击模式包括攻击描述、攻击可能性、威胁等级、与其他攻击的关系、技能要求、资源要求、先决条件、执行流程、后果、解决方案、相关脆弱性、创建时间、修改时间及版本。

攻击模式是对攻击所利用软件系统通用方法的描述。对攻击模式的研究往往源自将设计模式的概念应用于破坏性而非建设性的上下文场景，并基于对现实世界中具体攻击所利用实例的深入分析。CAPEC 得到了 MITRE 公司和美国国土安全部下属网络空间安全和通信部门的共同支持。

对攻击模式进行分析时，可以将 CAPEC 与检测到的网络空间安全事件结合起来，以了解攻击所利用的相关 CVE 漏洞，并分析网络安全事件使用了哪个特定的 CAPEC 所列的攻击模式。

5.2.3.2 MAEC（恶意代码属性枚举和特征描述）

MAEC，全称 Malware Attribute Enumeration and Characterization，即恶意代码属性枚举和特征描述[②]。

MAEC 基于行为、产出物、攻击模式等属性，对恶意代码相关的"高保真"信息进行编码，以便于研究人员交流信息。利用 MAEC 可以消除在恶意代码描述中存在的模糊性和不准确性等，以减少在网络安全事件分析中对检

---

① 参见网址 https://capec.mitre.org/。
② 参见网址 https://maecproject.github.io/。

测特征的依赖度。

MAEC 旨在促进人与人、人与工具、工具与工具、工具与人之间关于恶意代码的沟通交流，减少研究人员在恶意软件分析方面的重复性劳动，以便研究人员根据先前已出现的实例更快地研发出针对恶意代码的对抗机制。

5.2.3.3 ATT&CK

ATT&CK，全称 Adversarial Tactics, Techniques, and Common Knowledge，即对抗战术、技术和常识，是一种攻击行为知识库和模型[①]。ATT&CK 根据真实的观察数据来描述和分类对抗行为，主要应用于评估攻防能力覆盖、APT 情报分析、威胁狩猎及攻击模拟等领域。ATT&CK 将已知攻击者的行为转换为结构化列表，将行为汇总成战术和技术，并通过几个矩阵以及结构化威胁信息表达式来表示。ATT&CK 是由攻击者在攻击企业时所利用的 12 种战术和 244 种企业技术组成的精选知识库。战术展示在矩阵顶部，在每列下面均列出单独的技术。一个攻击序列按照战术至少包含一种技术，若干战术组合就可构建一个完整的攻击序列。一种战术可能使用多种技术。ATT&CK 的战术与杀伤链不一样，没有遵循任何线性顺序。ATT&CK 详细给出了每一种技术的利用方式。

ATT&CK 的战术包括初始访问、执行、持久化、提升权限、防御绕过、凭据访问、发现、横向移动、收集、命令和控制、数据渗漏、影响等。

ATT&CK 的战术按照逻辑分布在多个矩阵中，并以"初始访问"战术开始。每一个战术包含多种技术。例如，发送包含恶意附件的鱼叉式网络钓鱼邮件就是"初始访问"战术下的一项技术。ATT&CK 中的每种技术都有唯一的 ID 号码，如 T1193。在 ATT&CK 矩阵中的"执行"战术下，有"用户执行/T1204"技术，该技术描述了用户在特定操作期间执行的恶意代码。在 ATT&CK 矩阵中还有"提升特权"、"横向移动"和"渗透"之类的战术。

攻击者无需使用矩阵顶部列出的所有 12 项战术。相反，攻击者会使用最少数量的战术来实现目标，提高效率，降低被发现的几率。例如，攻击者首先使用由电子邮件传递的鱼叉式网络钓鱼链接对某公司管理员的凭据进行"初始访问"，在获得管理员的凭据后，在"发现"阶段寻找远程系统；接下来，攻击者可以在文件夹中寻找敏感数据；最后，攻击者将文件从 Dropbox 下载到攻击者的计算机，实现了对信息进行收集的目的。

5.2.3.4 KillChain（杀伤链）

KillChain，即杀伤链[②]，是一种特定类型的情境，在此情境中，若干个特

[①] 参见网址 https://attack.mitre.org/。

[②] 参见网址 https://www.lockheedmartin.com/en-us/capabilities/cyber/cyber-kill-chain.html。

定类型的事件必须按照指定的顺序发生。杀伤链由洛克希德·马丁公司提出。杀伤链也被称为网络攻击生命周期。杀伤链包括发现、定位、跟踪、瞄准、打击、达成目标六个部分。

APT 的杀伤链模型被用于描述 APT 攻击可能展开行动的各个阶段：侦察、武器化、投递、攻击利用、安装、C2（指挥控制）等为达到目的而展开的行动。

杀伤链就像传统的盗窃流程。行窃者一般会先"踩点"后，再进入目标建筑，一步步实行盗窃计划，最终逃逸。要利用杀伤链来防止攻击者进入网络环境，当不该有的东西出现后，企业需要第一时间获悉，为此企业可以设置攻击警报。

另外，在越早的杀伤链环节阻止攻击，就使修复的成本和时间损耗越低。如果直到攻击者进入网络环境后才阻止，那么企业就不得不修理设备并核验泄露的信息。

5.2.4 综合信息标准

5.2.4.1 STIX（结构化威胁信息表达）

STIX，全称 Structured Threat Information Expression，即结构化威胁信息表达[①]，是由 MITRE 所管理的一个标准，得到了美国国土安全部下属网络空间安全和通信部门的支持。它被描述为网空威胁情报信息的结构化语言。STIX 旨在实现对网络空间威胁情报的信息共享。

STIX 覆盖了下列概念，并提供了一个高阶框架来将各种网络空间情报组件聚合在一起。STIX 覆盖的概念包括可观察对象和指标、安全事件、TTP（攻击者的战术、技术和规程）、攻击利用的目标、行动方案、攻击行动和威胁行为体。STIX 标准有助于将诸如事件、设备和其他各种 MITRE 标准的较低阶的概念黏合在一起。用 STIX 构建的本体模型的高阶框架以 TTP 作为中心类，本体模型中的实例是各种网络安全态势感知方面的攻击实例。TTP 可以具有多样化的子类。通过将实例进一步提取出具有个性化的对象属性，可以将 TTP 与攻击模式、漏洞利用、漏洞利用的目标、信息源、基础设施、意图、杀伤链、杀伤链的阶段、目标的身份、工具信息等各个类的实例关联起来。

现有针对目标系统的网络攻击很少会采用单一的攻击方式，更多的是采用多种攻击的组合方式，从而实现对目标的成功攻击。以典型的 APT 攻击为例，攻击者前期可以按照侦察目标、制作攻击工具、送出工具、攻击目标弱

---

① 参见网址 https://stixproject.github.io/。

点、拿下权限、运行工具等步骤逐步推进攻击过程,后期远程维护工具,进而长期控制目标,实现定向的高级攻击。针对定向高级网络攻击,采取威胁情报共享是很好的办法。STIX 主要适用于以下四类场景:

(1) 威胁分析:对威胁进行分析、判断、调查等。

(2) 威胁特征分类:将威胁特征进行分类,可以采用人工方式或自动化工具进行分类。

(3) 威胁及安全事件应急处理:对安全事件进行防范、侦测、处理、总结等。在安全事件处置过程中可以借鉴 STIX 中的信息,在 STIX 出现之前,处理安全事件的过程很难有这么详尽的信息供分析师参考和使用。

(4) 威胁情报分享:用标准化的框架对与威胁相关的情报进行描述和分享。

5.2.4.2 CybOX(网络空间可观察对象表达)

CybOX,全称 Cyber Observable eXpression,即网络空间可观察对象表达[1],用于对网络空间可观察到的事件及其状态和属性按一定规范进行定义、表达、描述,以便于人们针对安全事件相关信息进行交流。大量的高阶网络空间安全事件依赖于这些信息,具体包括事件管理、日志记录、恶意代码检测、特征描述、事件响应和管理、攻击模式特征描述等。利用 CybOX 可以建立一种通用机制(结构与内容),以便于在全网络范围的用例之中以及用例之间表达可观察对象,从而使表达方式具有一致性,提高安全人员的工作效率,实现安全人员之间的互操作。

利用 CybOX 可以从测量源和测量项目两方面表示网络可观测值。测量项目由事件和状态值两部分组成。事件是当被观察的对象发生状态改变时产生的。对于对象的描述主要包含默认定义对象和自定义属性两部分。对于事件的描述包含诸如一个注册码被创建、一个文件被删除等信息。对于状态值的描述包含诸如一个文件的 MD5 值、一个注册码的值等信息。

5.2.4.3 IODEF(安全事件描述交换格式)

IODEF,全称 Incident Object Deion and Exchange Format,即安全事件描述交换格式[2],是一种 CSIRT(Computer Security Incident Response Team,计算机安全事件响应团队)人员用来在他们自己、他们的支持者及其合作者之间交换事件信息的格式,可以为互操作工具的开发提供基础。IODEF 合并了许多 DHS(Department of Homeland Security,美国国土安全部)系列规范的数据格

---

[1] 参见网址 https://cyboxproject.github.io/。

[2] 参见网址 http://xml.coverpages.org/iodef.html。

式，提供了一种交换可操作的统计性事件信息的格式。

5.3 基于 MDATA 模型的网络安全态势感知本体模型

前面第 4 章介绍了本书作者团队提出的 MDATA 模型。本节将介绍基于 MDATA 模型的网络安全态势感知本体模型，主要包括基于 MDATA 模型的网络安全态势感知本体类、基于 MDATA 模型的网络安全态势感知本体关系，以及基于 MDATA 模型的网络安全态势感知本体模型推理等。

5.3.1 基于 MDATA 模型的网络安全态势感知本体类

网络安全态势感知本体类按照资产维度、漏洞维度、威胁维度来划分，可分为资产、漏洞、威胁三个基本类。由于资产存在漏洞，威胁利用漏洞，威胁影响资产，因此三个基本类之间存在着密切的关系。网络安全态势感知基本类及其关系如图 5-3 所示。

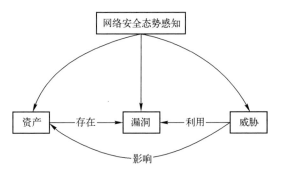

图 5-3 网络安全态势感知基本类及其关系

5.3.1.1 资产类

资产类的信息分为静态资产信息和动态资产信息。静态资产信息主要是指资产型号信息，如某个版本号的应用软件。静态资产型号信息能反映该型号资产特有的性质，比如存在的漏洞情况等。动态资产信息主要是指与业务运行相关的资产元素，包括资源信息和资产状态信息。资源信息从广义来说范围很广，包括资产开放的端口、运行的服务等。由于资源信息与攻击密切相关，如某 SQL 注入攻击是为了获取身份凭证资源，因此对资源信息的深入研究有利于深入理解攻击与资产以及攻击与攻击之间的关系。资产本体体系如图 5-4 所示。

资产型号包括计算机的硬件、操作系统和软件的型号；资源信息包括程

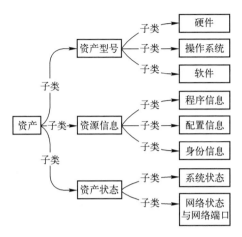

图 5-4　资产本体体系

序信息、配置信息、身份信息；资产状态包括系统状态和网络状态。各类又可进一步细分，细分内容不在本书中阐述。

1. 资产型号

资产型号包括计算机的硬件、操作系统和软件的型号。

（1）计算机的硬件

计算机的硬件是指电子、机械和光电元器件等物理装置，包括服务器、计算设备（包括 CPU 等）、交换机、路由器、网络安全硬件设备、输入/输出设备（如键盘、鼠标、打印机、扫描仪、摄像机、麦克风、显示器、网卡、电话、传真等）、存储设备（如内存、磁盘）等。

（2）计算机的操作系统

计算机的操作系统是管理计算机硬件和计算机软件及资源的计算机程序，包括 Windows 操作系统、类 UNIX 系统、MacOS 操作系统、嵌入式操作系统。Windows 操作系统包括 Windows XP、Windows 7、Windows10 等版本以及在这些版本下的小版本型号，类 UNIX 操作系统包括 System V[①]、BSD 与 Linux（Linux 还包括各种具体的版本型号）。

（3）计算机的软件

计算机的软件包括视频软件、社交软件、浏览器软件、音频软件、杀毒软件、系统工具、下载软件、办公软件、手机数码软件、输入法软件、图形图像软件、金融软件、阅读翻译软件、网络应用软件、教育学习软件、压缩

---

① 参见网址 http://www.linfo.org/system_v.html。

刻录软件、编程开发软件、行业软件等。

2. 资源信息

资源信息是动态的，反映与业务、任务运行相关的资产元素，涉及面非常广。下面主要列举与网络安全态势感知强相关的资源信息。

（1）程序信息

进程：计算机程序在某数据集合上的一次运行活动，是系统进行资源分配和调度的基本。计算机进程的示例如图 5-5 所示。

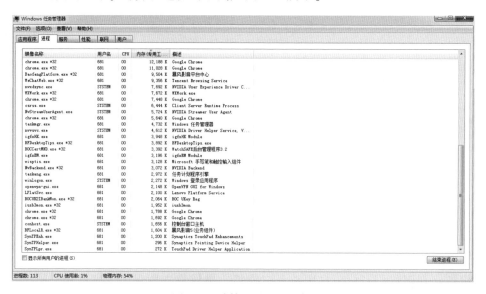

图 5-5　计算机进程的示例

服务：执行指定系统功能的程序、例程或进程。服务是为了支持其他程序，尤其是底层（接近硬件）程序完成任务。当服务通过网络提供时，可以在活动目录中发布，以便于系统管理和使用。服务的类型包括操作系统服务和应用软件服务等。与服务相关的操作包括服务响应和服务所需要的认证等。典型的计算机服务如图 5-6 所示。

系统调用：由操作系统提供的所有调用构成的集合，即程序接口或应用编程接口（API），应用程序与系统之间的接口。

驱动程序：添加到操作系统中的特殊程序，包含硬件设备的信息。此信息能够使计算机与相应的设备进行通信。若没有驱动程序，计算机硬件就无法工作。

（2）配置信息

注册表：Microsoft Windows 操作系统中的一个重要的数据库，用于存储系

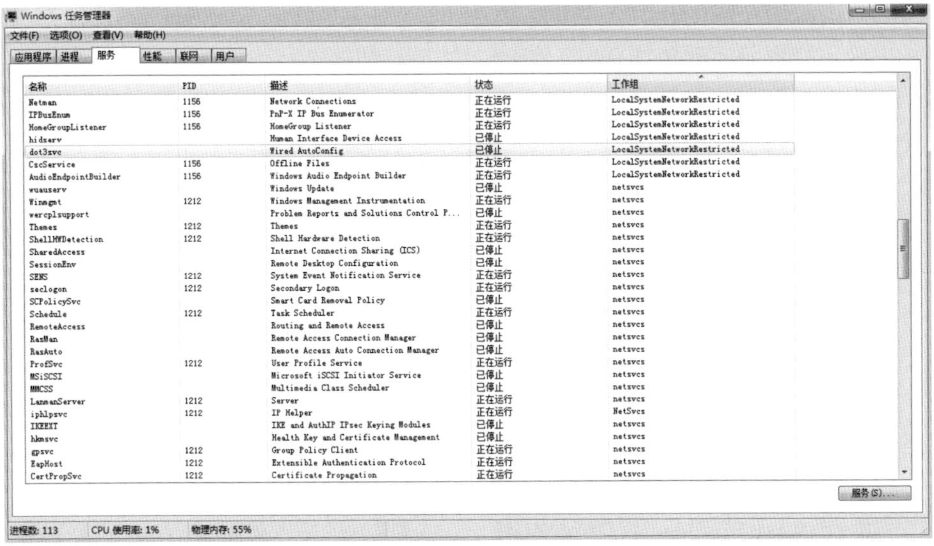

第 5 章　网络安全态势感知本体体系

图 5-6　典型的计算机服务

统和应用程序的设置信息。注册表是一种典型的配置信息。对于配置信息，这里只列出注册表这一典型的配置信息。注册表的一个示例如图 5-7 所示：

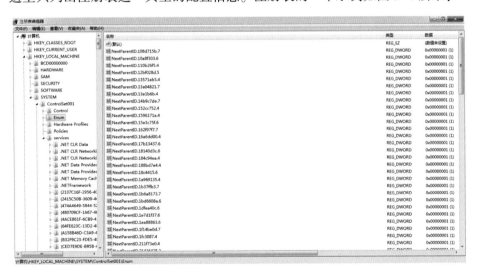

图 5-7　注册表的一个示例

（3）身份信息

账户：由用户在某一系统中定义的所有信息组成的记录。账户包括用户名和用户登录所需要的密码，以及系统为使用户和计算机能够登录到网络并访问域资源而分配的权利和权限。账户的类型包括操作系统账户、软件系统账户等。账户的活动包括登录、修改、注销、切换等。

用户权限：非常重要的信息。攻击常常需要实施的重要步骤是提权（提升用户权限），比如将用户权限从一般用户权限提升为管理员权限。因此，用户权限往往被当作单独的资源项来处理。

凭证：凭证或凭据是指证明身份等事实的证据，包括身份凭证、认证证书、口令等。

3. 资产状态信息

（1）系统状态

CPU 状态：主要指 CPU 的占有率。有一部分攻击，例如挖矿攻击，会利用节点的计算资源，导致 CPU 的占有率增高。因此，CPU 状态信息是重要的资产状态信息。

内存状态：主要指内存的占有率。有一部分攻击会利用节点的内存资源，导致内存占有率增高。因此，内存状态信息是重要的资产状态信息。

磁盘使用状态：主要指磁盘的占有率。有一部分攻击会利用节点的磁盘资源，导致磁盘的占有率异常增高。因此，磁盘状态信息是重要的资产状态信息。

磁盘 I/O 状态：有一部分攻击会导致异常的 I/O 操作，磁盘 I/O 状态可作为单独的资源项来处理。

（2）网络状态与网络端口

网络状态：主要包括网卡 I/O 状态、网络连接状态、网络数据等。有些攻击，比如拒绝服务攻击，会占用大量的网络连接资源。网络连接状态又包括支持连接和连接响应状态。

网络端口：指 TCP/IP 协议中的端口，范围为 0~65535，比如用于浏览网页的 80 号端口、用于 FTP 服务的 21 号端口。攻击活动经常利用网络端口来实施，因此要特别重视网络端口资产状态信息。

5.3.1.2 漏洞类

漏洞是计算机硬件、计算机软件的具体实现或策略上存在的缺陷。漏洞可按利用位置、威胁类型、技术类型等进行分类，有专业的信息维护机构负责维护各种漏洞信息。漏洞本体体系如图 5-8 所示。

（1）基于利用位置的分类

本地漏洞：需要使用操作系统的账号登录到本地才能利用的漏洞。比如，Linux Kernel 2.6 udev Netlink 消息验证本地权限提升漏洞（CVE-2009-1185）就是典型的本地漏洞，攻击者以普通用户权限登录到系统，利用这个漏洞把

第 5 章 网络安全态势感知本体体系

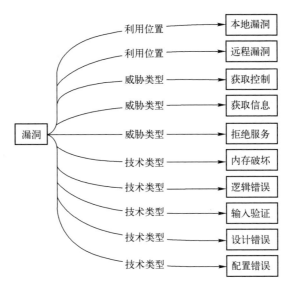

图 5-8 漏洞本体体系

自己的权限提升成为 root 用户，获取对系统的完全控制。

远程漏洞：无需操作系统的账号登录即可通过网络访问目标机器的漏洞。比如，Microsoft Windows DCOM RPC 接口长主机名远程缓冲区溢出漏洞（MS03-026）（CVE-2003-0352），攻击者可以远程访问目标服务器的 RPC 服务端口，无需用户验证，就能以系统权限执行任意指令，实现对系统的控制。

(2) 基于威胁类型的分类

获取控制：攻击者利用获取控制类漏洞可以劫持程序执行流程，使流程转向执行攻击者指定的任意指令或命令，从而控制操作系统。这类漏洞的威胁最大，同时影响系统的机密性、完整性，更有甚者可以影响系统的可用性。这类漏洞主要包括内存破坏类、CGI（Common Gateway Interface，公共网关接口）类漏洞。

获取信息：攻击者利用这类漏洞可以劫持程序，使其访问预期外的资源，并把信息泄露给攻击者。这类漏洞影响系统的机密性。

拒绝服务：攻击者利用拒绝服务类漏洞可以导致目标系统失去响应正常服务的能力，影响目标系统的可用性。

(3) 基于技术类型的分类

内存破坏：此类漏洞是指攻击者利用某种形式的内存越界访问操作（读、写）发起攻击。在特别的可控程度较好的情况下，可使系统执行攻击者指定的任意指令，会导致系统拒绝服务或产生信息泄露。

逻辑错误：这类漏洞是由于在系统安全机制的安全检查实现逻辑上存在问题，导致设计的安全机制被绕过而产生的。比如，Real VNC 4.1.1 验证绕过漏洞（CVE-2006-2369）。

输入验证：这类漏洞是由于对用户的输入没有做充分的检查过滤就进行后续的操作而导致的。绝大部分的 CGI 漏洞均属于这类漏洞。

设计错误：这类漏洞是由于在系统设计时对安全机制考虑不足，导致在设计阶段就已经引入的漏洞。

配置错误：这类漏洞是由于系统在运维过程中存在默认的不安全的配置状态而导致的，大多涉及访问验证方面的工作。比如，JBoss 企业应用平台非授权访问漏洞（CVE-2010-0738），在对控制台访问接口的访问控制默认配置中，只禁止了 HTTP 的两个主要请求方法 GET 和 POST，而事实上 HTTP 还支持其他的访问方法（如 HEAD），这些其他的访问方法虽然无法得到请求返回的结果，但是提交的命令还是可以正常执行的。

(4) 专业信息维护机构负责维护的各种漏洞及系统平台

CWE：Common Weakness Enumeration，通用弱点枚举，具体信息见 5.2.2 节。

CVE：Common Vulnerabilities and Exposures，通用漏洞披露，具体信息见 5.2.2 节。

BID：Bugtraq ID，软件漏洞跟踪，由 SecurityFocus 维护，是一个完整的对计算机安全漏洞进行披露的邮件列表，详细公布并论述计算机安全漏洞是什么、怎样利用漏洞以及怎样修补漏洞[1]。

MSB：Microsoft Bugtraq，由微软维护的针对微软操作系统等产品的漏洞平台。

CNVD：China National Vulnerability Database，国家信息安全漏洞共享平台[2]，是由国家计算机网络应急技术处理协调中心（CNCERT）联合国内重要信息系统单位、基础电信运营商、网络安全厂商等建立的信息安全漏洞信息共享知识库。

CNNVD：China National Vulnerability Database of Information Security，国家信息安全漏洞库[3]，是由中国信息安全测评中心建设和运维的国家信息安全漏洞库。

同一个漏洞一般会被多个漏洞组织收录，在漏洞库中一般会有映射关系。

---

[1] 参见网址 https://www.securityfocus.com/archive/1/description。
[2] 参见网址 https://www.cnvd.org.cn/。
[3] 参见网址 http://www.cnnvd.org.cn/。

例如，CNNVD-202005-705[①] 对应 CVE-2020-10739[②]，永恒之蓝漏洞 MS17-010[③] 对应 CVE-2017-0143[④]。

5.3.1.3 威胁类

威胁类的信息主要用于描述网络空间中的攻击。攻击一般分为单步攻击和多步攻击。威胁本体体系如图 5-9 所示。

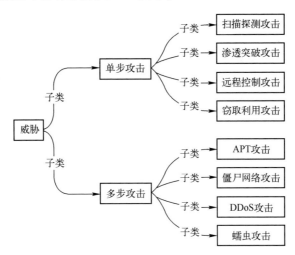

图 5-9 威胁本体体系

（1）单步攻击

单步攻击又称基础攻击，是描述攻击粒度的基本单元，表示完成攻击过程的某一个动作。单步攻击可按照攻击意图、技术路线、实现方法、实现具体细节等四个层次进行逐层划分。按攻击意图划分，单步攻击可分为扫描探测攻击、渗透突破攻击、远程控制攻击、窃取利用攻击。

扫描探测攻击：通过扫描探测发现网络中存活的节点及其相关信息、开放端口、可能存在的漏洞等。按技术路线来划分，扫描探测又分为网络层扫描、传输层扫描、应用层扫描和情报搜集。网络节点要实现通信，必然要响应一些网络层协议，这是网络运行必须具有的一个特性。网络层扫描就是利用这一特性，发现网络中的存活节点的。网络层扫描包括 ARP Request 扫描、ARP Replay 扫描、ICMP 扫描等。传输层扫描利用传输层协议进行扫描，发现

---

① 参见网址 http://www.cnnvd.org.cn/web/xxk/ldxqById.tag? CNNVD=CNNVD-202005-705。
② 参见网址 http://cve.mitre.org/cgi-bin/cvename.cgi? name=CVE-2020-10739。
③ 参见网址 https://docs.microsoft.com/zh-cn/security-updates/securitybulletins/2017/ms17-010。
④ 参见网址 http://cve.mitre.org/cgi-bin/cvename.cgi? name=CVE-2017-0143。

存活节点的传输层开放端口,从而发现网络服务并进行攻击。传输层扫描的具体实现手段较多,主要利用传输层协议的协商过程或畸形包进行扫描。传输层扫描包括 SYN 扫描、FIN 扫描、RST 扫描等。应用层扫描针对具体的网络服务进行扫描,发现应用服务对协议命令的支持程度并设法进行攻击。应用层扫描包括 Web 扫描、FTP 扫描、SMB 扫描、STMP 扫描等。Web 扫描是针对网站进行扫描攻击的一类重要的应用层扫描,具体方法包括探测 Web 容器信息、探测 Web 的路径等。从节点资源的角度看,Web 扫描是以获取路径和文件为目的的。其目的包括目录遍历、目录穿越、敏感文件下载等。情报搜集是利用网络服务搜集目标信息,为下一步攻击做准备,通常为社会工程学攻击的前序攻击。搜集的信息主要包括电话、邮箱、履历、组织架构等。

渗透突破攻击:攻击的重要环节,一般是利用漏洞突破节点,获得节点的控制权。按技术路线来划分,渗透突破攻击又分为网络协议攻击、网络服务攻击、中间人攻击、身份认证攻击、社会工程学攻击。网络协议攻击是利用网络协议的漏洞所开展的攻击,目前常用于劫持目标流量,常见的攻击方式有 ARP 劫持、DNS 劫持、LLMNR 劫持等。网络服务攻击是利用网络服务漏洞获取网络服务未授权功能的攻击。网络服务功能包括读、写、删除、执行、重启、关闭等。网络服务攻击又包括 Web 攻击、系统漏洞攻击、拒绝服务攻击等。中间人攻击在获取客户端或服务端的流量后,通过篡改流量内容,实现对目标的突破。身份认证攻击通过暴力破解或绕过的方式,获取目标服务身份认证凭证。社会工程学攻击通过欺骗的方式,诱使目标执行预期操作,包括基于邮件的社会工程学攻击和基于 Web 的社会工程学攻击。

远程控制攻击:在成功实施渗透突破攻击之后,通过提权、安装木马等操作,进一步控制节点或达到长期控制节点的目的。按技术路线来划分,远程控制又分为登录控制、远程提权、本地攻击、本地提权和安装控制。登录控制包括远程登录控制、木马控制、后门控制、webshell 控制等。远程提权是在已获取网络服务部分功能的情况下,通过改变权限,获取未授权功能的攻击。本地攻击是攻击本地应用程序弱点的攻击,常见的攻击对象包括文档编辑器和浏览器,通常是社会工程学攻击的后序攻击。本地提权是在已获取本地操作系统部分功能的情况下,通过改变权限,获取未授权功能的攻击。安装控制是在已获取本地操作系统功能的情况下,通过安装木马、设置后门账号、设置漏洞文件等方法对目标系统实施控制。

窃取利用攻击:实现攻击目的之关键环节,一般是进行破坏或窃取数据。按技术路线来划分,窃取利用攻击又分为资源窃取攻击、篡改破坏攻击、功能盗用攻击和跳板攻击。资源窃取攻击是偷窃受害者的文件、配置、账户等敏感信息。篡改破坏攻击是通过破坏配置、破坏文件、破坏硬件等方式让受害者的计算机无法启动，如震网攻击就是实施了篡改破坏攻击。功能盗用攻击是利用受害者的计算机进行计算或其他类似工作，如利用受害者的计算机挖矿或提供路由等。跳板攻击是将受害者的计算机作为跳板，实施其他攻击，如利用受害者的计算机攻击受限制的隔离网络。

(2) 多步攻击

多步攻击又称复杂攻击，覆盖为完成攻击目的所实施攻击的全过程。多步攻击是由单步攻击序列组成的集合，可以分为 APT 攻击或类 APT 攻击、蠕虫攻击、僵尸网络攻击、DDoS 攻击等。

APT 攻击：APT 是高级持续性威胁，通常是指对政府、活动人士和工业领域进行的网络间谍活动。APT 攻击涉及恶意代码、指挥控制 C2 域、主机名、IP 地址、行为体、攻击利用、攻击目标、工具、战术等。"高级"是指使用恶意代码对系统中的漏洞进行攻击所利用的复杂技术。"持续"是指具备指挥控制（C&C）系统，能够持续监控特定的攻击目标，并从中盗取数据。"威胁"是指由敌对人员参与对攻击的策划编排。一个 APT 事件包含在一段时间内发生的各种网络安全事件，这些事件覆盖各种基础攻击事件。APT 网络间谍行动可能涉及数百个独特的定制恶意代码家族，使用数千个域名和数万个子域名来支撑鱼叉、钓鱼等攻击。

蠕虫攻击：通过程序自动自我复制传播的网络攻击。蠕虫通过传播方式入侵并控制一台计算机之后，就会把这台计算机作为宿主机感染其他的计算机，这种行为会一直延续下去，进而快速控制越来越多的计算机。

僵尸网络攻击：僵尸网络是指采用多种传播手段，将大量感染僵尸程序的计算机通过控制信道控制起来，形成可被攻击者操纵的网络。攻击者通过控制信道可以向僵尸网络中的僵尸主机发送指令，从而实现攻击目的。

DDoS 攻击：即分布式拒绝服务攻击，是指不同地域的多个计算机同时向一个或数个目标发动拒绝服务攻击。由于发动攻击的计算机分布在不同的地域，因此这类攻击被称为分布式拒绝服务攻击。

5.3.2 基于 MDATA 模型的网络安全态势感知本体关系

5.3.1 节介绍了基于 MDATA 模型的网络安全态势感知本体类。不同的本体之间存在各种关联关系。本节将介绍基于 MDATA 模型的网络安全态势感知本体关系，主要分为一般关系、时间关系、空间关系、时空复杂关系等。

5.3.2.1 一般关系

基于 MDATA 模型的网络安全态势感知本体之间存在的一般关系包括包含

关系、属于关系、存在关系、利用关系、作用关系、前提关系、后续关系、等于关系、获得关系、用于关系等。

包含关系：表示本体之间的包含关系，例如扫描攻击包含 Web 扫描攻击、Windows 操作系统包含 Windows7 操作系统等。

属于关系：与包含关系相对应，表示本体之间的属于关系，例如 Web 扫描攻击属于扫描攻击、Windows7 操作系统属于 Windows 操作系统等。

存在关系：网络安全态势感知本体的一类特殊关系，主要表示漏洞与资产间的存在关系，即漏洞存在于资产。存在关系和下面的利用关系及作用关系是网络空间安全三要素（资产、漏洞、攻击）之间的基本关系。

利用关系：网络安全态势感知本体的一类特殊关系，主要表示攻击与漏洞间的利用关系，即攻击利用漏洞。

作用关系：网络安全态势感知本体的一类特殊关系，主要表示攻击与资产间的作用关系，即攻击作用于资产，攻击的作用对象为资产。

前提关系：网络安全态势感知本体的一类特殊关系，主要表示某攻击是进行另外一个攻击的前提条件，例如安装控制攻击（比如安装木马）的前提是成功实施渗透攻击（获取被攻击资产相应权限）。

后续关系：与前提关系对应，表示某攻击是另外一个攻击后续开展的攻击。例如，扫描攻击的后续攻击一般是渗透突破攻击，在通过扫描获得资产开放的端口信息之后，即可尝试对开放端口进行对应的渗透突破攻击。

等于关系：表示网络安全态势感知两个本体在某个维度的相同关系。比如，CVE-XX 漏洞等于 BID-XX 漏洞，即两个编号的漏洞实质是指同一漏洞，只是信息维护机构不同。

获得关系：网络安全态势感知本体的一类特殊关系，主要表示攻击与资源间的获得关系，即攻击获取资源。攻击都是以获取某资源为目的的。例如，通过扫描攻击获取资产的漏洞信息、渗透攻击获得资产的一般权限、提权攻击获得资产管理员权限等。

用于关系：网络安全态势感知本体的一类特殊关系，主要表示资源与攻击间的利用关系，即资源用于攻击。攻击获取资源，资源又被用于后续攻击。例如，通过扫描攻击获得的漏洞信息可用于选择对应的渗透工具进行渗透攻击、渗透攻击获得的身份认证凭证可用于提权攻击、管理员权限可用于很多恶意破坏攻击等。

获得关系与用于关系对于攻击模式的推导很有帮助。比如，某 SQL 注入攻击将获得某节点资源的身份认证凭证，身份认证凭证可用于某非法认证攻击。可以根据攻击与资源的获得关系与用于关系推导出这两个单步攻击的依赖关系，或者推导出由这两个单步攻击序列构成的多步攻击模式，如图 5-10 所示。

图 5-10 攻击与资源关系示意图

5.3.2.2 时间关系

MDATA 模型能有效地描述具有时间特性的知识，而网络安全态势感知涉及大量的时间维度关系，因此，本节将介绍网络安全态势感知本体之间存在的各类时间关系。

时序关系：用于表示两本体发生的时间先后顺序。比如，可以表示两个攻击事件 A 和 B 发生的先后顺序为 $t\_A > t\_B$。比如，扫描探测事件一般发生在渗透突破事件之前，渗透突破事件一般发生在安装木马事件之前等。时序关系是表示网络空间安全现象的重要关系。网络空间安全涉及海量数据，如果没有时序关系的约束，会造成大量错误的攻击推理。

相对时间关系：主要描述本体之间存在的相对时间关系。比如，两个攻击事件发生的时间间隔大于某阈值，即 $t\_A - t\_B > u$，或者两个攻击事件发生的时间间隔小于另一个阈值，即 $t\_A - t\_B < v$。相对时间关系在表示网络空间安全现象时是非常有效的。比如慢速扫描攻击，两个扫描攻击事件的时间间隔会不小于某阈值，若时间间隔太小，则很有可能并非是同一个攻击者发动的攻击。再比如 DDoS 攻击，两个 DoS 攻击事件的时间间隔会不大于某阈值，若时间间隔太大，则可大概率地推断两个攻击事件不是由同一个攻击者发起的。又比如通过分析实际案例数据，发掘某些蠕虫传播的攻击符合某种时间规律，有绝对时间规律，也有相对时间规律，如每天早上 10 点左右进行传播攻击或两次传播攻击间隔 4 小时左右等。这些例子都可通过相对时间关系来进行推理分析。

5.3.2.3 空间关系

与时间关系类似，MDATA 模型也能有效地描述具有空间特性的知识，本节将介绍网络安全态势感知本体之间存在的各类空间关系。

绝对空间关系：比如某攻击事件的源 IP 为外网 IP，表示为 srcip = tranct，表明该攻击事件是从外网 IP 攻击内网节点。

相对空间关系：比如攻击事件 A 的目的 IP 是攻击事件 B 的源 IP，表示为

dstip_A = srcip_B。

复杂空间关系：比如攻击体中的跳板节点，既与超过某阈值的内网 IP 有安全事件关联，也与外网 IP 有安全事件关联。比如某国家/组织的 IP 与其他国家/组织的 IP 发生了安全事件关联。再比如，有效攻击的源 IP 与另外的目的 IP 发生了安全事件关联，则该安全事件为有效攻击的概率较大，这可能涉及推理范畴的问题。

5.3.2.4 时空复杂关系

网络空间安全行为往往不能简单地只由时间关系或空间关系来表示，需要将时间关系和空间关系相结合。比如扫描行为体的时空复杂关系可叙述为：在某阈值时间段，内网 IP 对超过某阈值的不同内网 IP 发起了扫描攻击事件。比如暴力破解行为体的时空复杂关系可叙述为：在某阈值时间段，多个 IP 对同一个 IP 发起了超过阈值的登录事件。若暴力破解成功，则登录事件后还将发生某后续事件。在时间段，元素 X 将消息 M 发送到元素 Y，也是一种时空复杂关系。

5.3.3 基于 MDATA 模型的网络安全态势感知本体模型推理

基于 MDATA 模型的网络安全态势感知本体模型推理是指对网络安全态势感知过程中提取的数据进行推理，识别攻击链、攻击过程、攻击目标、攻击意图、攻击危害等。其整个过程并不是一蹴而就的，需要分阶段进行，一般需要经过低、中、高三个阶段。三个阶段需要通过提取或推理获得相关事件。本节将介绍这些相关事件。低阶事件、中阶事件和高阶事件如图 5-11 所示。

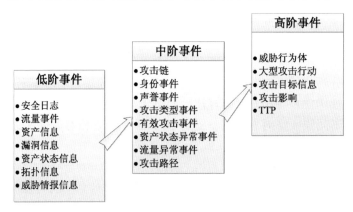

图 5-11 低阶事件、中阶事件和高阶事件

5.3.3.1 低阶事件（安全事件）

低阶事件（event）是指可从安全设备、采集软件等获得的日志或数据，

包括安全日志、流量事件、资产信息、漏洞信息、资产状态数据、拓扑信息、威胁情报信息等。

安全日志：由入侵检测、防火墙（包括 Web 防火墙）、沙箱等流量检测设备产生的日志，或者由 EDR、杀毒软件等终端防护软件产生的日志数据。

流量事件：流量统计数据，如由 netflow 事件、sflow 事件等产生的数据；网络审计事件，表示资产进行了某项正常/异常行为，如登录网站、连接数据库等。

资产信息：通过资产探测设备获得的网络节点资产型号数据，包括硬件型号、操作系统型号、软件型号等。

漏洞信息：通过漏洞探测设备获得的网络节点漏洞数据。

资产状态数据：CPU 占有率、内存占有率、磁盘占有率等资产状态数据。

拓扑信息：通过资产发现系统或资产管理系统生成的网络拓扑数据。

威胁情报信息：包括黑名单，如某 IP、某域名是恶意 C&C。

5.3.3.2 中阶事件（单步攻击）

中阶事件（incident）是指对低阶事件进行统计、查询，或者简单的关联、推理得到的事件。中阶事件包括攻击链、身份事件、声誉事件、攻击类型事件、有效攻击事件、资产状态异常事件、流量异常事件、攻击路径等。

攻击链：对低阶事件进行统计、查询或简单的推理可生成攻击链，如生成扫描攻击链（某时间阈值内 IP-A 对 IP-B 发起了超过阈值的端口扫描事件）、暴力破解攻击链、拒绝服务、内网渗透、木马控制等。

身份事件：将低阶事件的空间信息与 IP-国家、IP-组织、IP-域名映射关系相关联，经推理得到的事件。

声誉事件：能够引发声誉风险的事件。通俗地说，如果账号、IP、域名等被某机构或组织列入黑名单，就会构成一个声誉事件。声誉事件往往是与威胁情报相关联/匹配的事件。一般通过将低阶事件与威胁情报事件进行关联，从而得出声誉事件。

攻击类型事件：将诸如入侵检测等安全事件与攻击类型拼接在一起，以理解安全事件的攻击类型。

有效攻击事件：对于与漏洞相关的攻击事件，将安全事件的漏洞信息与需要保护的资产漏洞信息相关联，可以得到有效攻击事件。通俗地讲，若某安全事件利用某漏洞，而该漏洞存在于发生该安全事件的需要保护的资产上，则该安全事件是有效攻击事件。

资产状态异常事件：由对资产状态数据进行统计或推理生成的表示网络/资产/系统状态异常的事件，比如 CPU 利用率异常就属于资产状态异常事件。

流量异常事件：由对流量数据进行统计或推理生成的表示网络/资产/系统状态异常的事件，比如某节点输入流量异常大就属于流量异常事件。

攻击路径：将低阶事件与拓扑数据相关联，经过推理可得到攻击路径。

5.3.3.3 高阶事件（多步攻击）

高阶事件是指通过若干中阶事件推导出的更加明确、信息量更大、指向性更强的事件。高阶事件包括威胁行为体、大型攻击行动、攻击目标信息、攻击影响、TTP（Tactics，Techniques，Procedures，即攻击者的战术、技术和规程）等。

威胁行为体：通过中阶事件可推导出与杀伤链、杀伤链阶段等相关联的威胁行为体，并可通过进一步的推导，将各种低阶事件、中阶事件与杀伤链阶段关联起来。

大型攻击行动：将具有某些相同特征的威胁行为体进行关联分析（比如确定是否是同一威胁源、攻击行动是否符合时间关联关系等），可以将威胁行为体与更大型的攻击行动关联起来，进而识别出蠕虫、僵尸网络、APT 等大型攻击行动。

攻击目标信息：将身份事件与杀伤链或大型攻击行动等进行关联分析，经过推理可得到攻击目标信息。

攻击影响：基于网络状态信息、网络拓扑数据和攻击路径进行分析，可推导出攻击影响。根据攻击影响，可以采取相应的缓解措施。

TTP（攻击者的战术、技术和规程）：可对攻击杀伤链、攻击目标、攻击行动、攻击影响等进行综合分析，获得攻击者的战术、技术和规程。

5.3.3.4 推理方法

本节介绍一些具体的推理方法及示例，阐述如何运用这些推理方法对网络安全态势感知的中阶事件、高阶事件进行推理。

(1) 将安全事件与漏洞信息关联，进行有效的基础攻击检测：安全事件中与漏洞相关的事件包含事件对应的 CVE 漏洞信息，通过判断该事件作用的资产是否存在该漏洞，可判断该事件的有效性。例如，某入侵检测日志中包含与安全事件对应的 CVE 漏洞信息，如图 5-12 所示，可通过查询该事件涉及的资产是否存在该漏洞，进而识别该事件是否是有效基础攻击。

id	name	cve	desc
152520799	HTTP_Microsoft_Internet_Explorer内存破坏漏洞[MS13-069-7]	CVE-2013-3209	检测到源IP主机正试图通过Microsoft Internet Explorer内存破坏远程代码执行漏洞攻击目的IP主机
152520798	HTTP_Microsoft_Internet_Explorer内存破坏漏洞[MS13-069-6]	CVE-2013-3208	检测到源IP主机正试图通过Microsoft Internet Explorer内存破坏远程代码执行漏洞攻击目的IP主机
152520797	HTTP_Microsoft_Internet_Explorer内存破坏漏洞[MS13-069-5]	CVE-2013-3207	检测到源IP主机正试图通过Microsoft Internet Explorer内存破坏远程代码执行漏洞攻击目的IP主机
152520796	HTTP_Microsoft_Internet_Explorer内存破坏漏洞[MS13-069-4]	CVE-2013-3206	检测到源IP主机正试图通过Microsoft Internet Explorer内存破坏远程代码执行漏洞攻击目的IP主机
152520795	HTTP_Microsoft_Internet_Explorer内存破坏漏洞[MS13-069-3]	CVE-2013-3205	检测到源IP主机正试图通过Microsoft Internet Explorer内存破坏远程代码执行漏洞攻击目的IP主机
152520794	HTTP_Microsoft_Internet_Explorer内存破坏漏洞[MS13-069-2]	CVE-2013-3204	检测到源IP主机正试图通过Microsoft Internet Explorer内存破坏远程代码执行漏洞攻击目的IP主机
152520793	HTTP_Microsoft_Internet_Explorer内存破坏漏洞[MS13-069-1]	CVE-2013-3203	检测到源IP主机正试图通过Microsoft Internet Explorer内存破坏远程代码执行漏洞攻击目的IP主机
152520792	HTTP_Microsoft_Internet_Explorer_内存破坏远程代码执行漏	CVE-2013-3893	检测到源IP主机正试图通过Microsoft Internet Explorer内存破坏远程代码执行漏洞攻击目的IP主机

图 5-12　某入侵检测日志中包含与安全事件对应的 CVE 漏洞信息

（2）由安全事件或流量事件推导出攻击链：对低阶安全事件或流量事件进行统计、查询或简单的推理生成攻击链，比如生成扫描、暴力破解、拒绝服务、内网渗透、木马控制等攻击链。某暴力破解攻击链日志如图 5-13 所示。

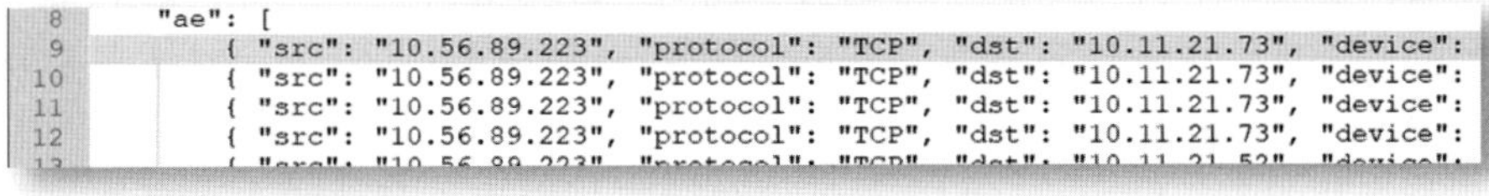

```
 8       "ae": [
 9           { "src": "10.56.89.223", "protocol": "TCP", "dst": "10.11.21.73", "device":
10           { "src": "10.56.89.223", "protocol": "TCP", "dst": "10.11.21.73", "device":
11           { "src": "10.56.89.223", "protocol": "TCP", "dst": "10.11.21.73", "device":
12           { "src": "10.56.89.223", "protocol": "TCP", "dst": "10.11.21.53", "device":
```

图 5-13　某暴力破解攻击链日志

（3）由攻击链结合其时序关系推理生成杀伤链。表 5-2 给出了一个简单杀伤链中的攻击行为及其发生的时间。

表 5-2　一个简单杀伤链中的攻击行为及其发生的时间

时　　间	攻　击　行　为
21：28	扫描端口（nmap）
21：32	利用扫描模块扫描（ms17_010_scanner）
21：33	确认漏洞并利用（ms17_010_exploit）
21：41	再次利用漏洞（ms17_010_exploit）
21：42	使用恶意代码（WNCDhJcg0sjRh.vbs）
21：44	主机信息收集
21：51	获取域信息
21：53	读取内存中的账户口令（kerberos）

（4）将不相关联的 CVE 安全事件与流量事件相关联。例如，指挥控制（Command and Control，C&C）流量发生异常可能与发生了安全事件相关，但并不具有关联的 CVE，可以按照源和目的地址信息，把这些安全事件与相关的流量事件关联起来，从而推导或匹配出特定的攻击目标和威胁行为体。

（5）使用规则将域名或 IP 地址与中阶事件关联。在关联后，就可以通过检测发现具有相同源地址的多个事件。如果事件被描述为恶意的或确定是杀伤链的一部分，那么对应的域名或 IP 地址就可以与声誉事件关联起来。此外，身份事件对应国家、组织机构、域名等，可以将声誉事件与身份事件关联，从而得到更有价值的信息。例如，来自一个已知可疑组织/IP 的可疑流量，可以被认为是更加可疑的。

（6）将具有相同检测特征 ID 和源 IP 地址的事件组合在一起进行分析，判断是否是同一威胁源开展的同一大型攻击行动。检测特征包括很多，比如相同的扩散时间可能是同一蠕虫、相同的源 IP 可能是跳板攻击或 APT 攻击的横向扩散起点等。

（7）将具有相同源/目的 IP 地址和检出时间的安全事件与流量事件组合在一起进行分析。相同源/目的 IP 地址的安全事件之间可能具有强相关性，若没有构成攻击链或杀伤链，则证明不是同一威胁行为体，或者是缺乏必要检测的安全事件。这时需要结合流量事件进行综合分析，以作为对缺乏必要检测的安全事件的补充分析。

（8）将具有相同源/目的 IP 地址但是没有相应安全事件的流量事件组合在一起进行分析。相同源/目的 IP 地址的流量事件虽然可能没有安全事件的强相关性，但仍然值得深入分析，可以进一步基于一些机器学习的算法提取流量事件特征，从而识别出中阶事件。

（9）对缺失某一阶段的杀伤链，基于流量安全事件进行关联分析，可以做出对杀伤链缺失阶段进行补齐的概率推理。对于现在的安全检测系统/设备来说，检测完整的杀伤链是非常困难的。缺失某一阶段的杀伤链是安全检测的常态。因此，需要结合流量事件进行综合分析，以作为对缺失杀伤链阶段信息安全事件的补充分析。

（10）基于威胁行为体、大型攻击行动、攻击目标信息、攻击影响等进行综合分析推理，推理出攻击者的战术、技术和规程（TTP）。攻击者的战术、技术和规程包括的范围很广，如威胁行为体、大型攻击行动、攻击目标信息、攻击身份信息、攻击影响等。

5.4　本章小结

在网络安全态势感知系统中，数据来源多、数据体量大、更新速度快，需要高效处理采集的网络安全数据，在处理过程中会涉及大量的数据关联及推理工作。为了提升网络安全态势感知系统的运行效率，计算机需要自动化地完成大量的推理工作，而这些推理工作得以实现的前提是需要采用一种具有形式化语义的语言来表达这些需要处理的信息。本体模型是一种显式的、形式化的、可机读的语义模型。这种模型定义了与问题域相关的类、类的实例、类间关系和数据属性等。定义网络安全态势感知本体模型将有助于计算机更高效地理解多源异构的安全数据，整合多来源信息，及时完成推理工作，从而推导出新的信息，更好地实现网络安全态势感知。本章介绍了在网络安全态势感知中常用的本体标准，重点讲解了基于 MDATA 模型的网络安全态势感知本体模型，包括本体类、关系、推理等。本体模型需要具有良好的扩展性和推理能力,不仅能对已知的网络安全事件进行有效的关联,还需要支持添加和兼容未来可能发生的安全事件信息。如果能根据本体模型推导出未知的攻击事件,将是实现主动防御的一个重大突破,会大大提升态势感知系统的防御能力。

参考文献

[1] Neches R, Fikes R, Finin T, et al. Enabling technology for knowledge sharing [J]. AI Magazine, 1991, 12 (3): 36-56.

第 6 章
网络安全态势评估的要素和维度

  网络安全态势评估是全面、准确、实时反映网络安全态势的重要手段。网络安全态势评估的要素和维度主要是指在网络安全态势评估中，需要选取和考虑的影响网络安全态势的各方面要素及其维度。如何选取网络安全态势评估的要素和维度是一个非常复杂的问题，计算机网络以及信息系统中影响网络安全态势评估的要素众多且不断变化，从哪些维度划分这些影响要素，并选取合适的、有代表性的要素具有较高的难度。本章主要介绍和分析网络安全态势评估需要考虑的要素和维度，为本书第 7 章 "网络安全态势评估的方法"打基础。本章和第 7 章是关联紧密的两章。阅读这两章，读者会了解网络安全态势评估的具体实现方法。

  本章介绍网络安全态势评估要素和维度的选取方法，6.1 节将主要介绍网络安全态势评估要素和维度的基本概念，6.2 节、6.3 节和 6.4 节将分别从网络安全态势评估的三个维度（漏洞维度、威胁维度和资产维度）介绍评估要素。6.2 节在漏洞维度的评估要素方面，首先介绍单个漏洞评估需要考虑的要素，重点介绍基于计算机系统通用漏洞评分系统 CVSS 的漏洞评估要素；之后介绍网络漏洞的总体评估要素，即在面对特定域网或大规模网络时对整体网络空间的漏洞进行评估时需要考虑的要素。6.3 节在威胁维度的评估要素方面，首先介绍单个攻击的评估要素，分别针对不同类别的网络攻击给出风险评估时应该考虑的要素及可供参考的量化评估等级，包括拒绝服务攻击、木马攻击、病毒攻击、蠕虫攻击、僵尸网络攻击、网络欺骗类攻击、恶意探测攻击等；之后介绍本书作者团队提出的一种基于网络威胁事件特征的网络攻击评估要素，即在对特定域网或大规模网络进行态势评估时整体网络威胁的评估要素。6.4 节在资产维度的评估要素方面，首先介绍了工作任务的描述方法和工作任务重要程度的评估要素；之后介绍将工作任务映射到资产的模型；最后介绍资产的评估要素，包括资产价值判断、工作任务相关性以及服务状态等方面。6.5 节是本章小结。

6.1 网络安全态势评估要素和维度的基本概念

  在开展网络安全态势评估之前，首先要明确网络安全态势评估的要素和维度。网络安全态势评估的要素通常包括计算机网络中各类信息系统内各种信息资源的各类安全要素。这些要素应该能够客观地反映被评估的网络信息系统所面临的风险以及安全保障能力。在面对不同的评估目标和评估场景时，应该在分析影响网络信息系统安全性的关键技术和管理要素等基础上，采用科学的方法进行网络安全态势评估要素的选取。

6.1.1 为什么需要明确网络安全态势评估要素和维度

网络安全态势评估要素的选取是一个非常复杂的问题。计算机网络以及信息系统中影响网络安全态势评估的要素众多，如何选取合适的、有代表性的要素具有较高的难度，要素不足会使信息量不足而影响分析与评价结果，要素过多则会产生冗余信息，增加分析和计算的难度。网络安全态势评估要素的选取需要从大量影响网络安全态势的要素中消除冗余要素，选出能够反映系统演化状况要素的最小集合，并对网络安全要素的整体区分度进行测算，以衡量在不同情况下网络安全态势评估要素的适用程度。

明确网络安全态势评估要素和维度是网络安全态势评估的基础，直接决定了网络安全态势评估的计算量以及评估结果的精度、准确性和可信度。因此，明确网络安全态势评估要素和维度对网络安全态势评估至关重要。

6.1.2 网络安全态势评估的维度

网络安全态势感知工作需要从网络安全状态的各个角度全面考虑反映网络安全态势变化的重要因素，比如网络设备资产值、网络带宽利用率、CPU利用率、内存利用率、服务可用性、网络设备中存在的漏洞、网络攻击告警等，在这些因素的基础上，结合网络底层部署的安全传感器所提供的数据，利用网络安全态势评估方法，对网络安全态势进行评估。由网络安全传感器采集和初步分析来自多源异构环境的数据，这些数据主要包括诸如入侵检测系统（IDS）、防火墙、病毒检测系统等安全设备的报警信息和系统日志信息等，经过数据预处理与关联分析，并进行相应的去除误报与虚报之后，形成可直接用于态势计算的网络安全态势要素。

网络安全态势评估需要从多个维度、多个方面分析，归纳总结出影响网络安全状态的各种要素。由于网络系统具有层次性和结构性，因此我们可以分层描述网络的安全状态，自下而上，先局部后整体，以网络流量、主机资产、漏洞扫描和攻击报警等信息为原始数据，综合评估网络系统的安全状况，并根据网络系统结构，评估多个局部范围的网络安全态势，再综合分析和统计整个宏观网络的安全态势。例如，当对大规模网络进行网络安全态势评估时，其网络层面由下而上可能包括服务层面、主机层面、局域网络层面、宏观网络层面（包括国家层面、省市层面、地市县层面等）等。因此，网络安全要素的选取需综合考虑不同层面、不同信息来源（流量、报警、日志、资产配置等）、不同维度（威胁维度、漏洞维度、资产维度等）和不同使用对象（普通用户、维护人员、管理人员等）等多种情况。

部署在网络各个层面上的安全工具，通过监测、扫描和静态配置等方式能够获得大量的数据信息。漏洞维度、威胁维度、资产维度的要素要通过对这些数据信息进行分类和选取，并在分类和选取的基础上按照一定的规则来命名。网络安全态势评估主要是对漏洞、威胁、资产这三个维度的网络安全状况进行综合评估，得出对整个网络安全态势的总体评价。

针对不同的使用对象（维护人员、管理人员、普通用户等），评估要素的选取应当反映使用对象的需求。针对管理人员的要素是为管理网络安全态势的决策者提供决策的依据，要重点包含一些"指数"型的具有较强综合意义的指标；针对维护人员的要素是为具体监控和操作网络的网络维护人员提供决策支持，要包含诸如木马的严重程度、僵尸网络的规模等指标；针对普通用户的要素是为用户保护自身信息安全提供支持，选取指标时要考虑用户可以通过哪些指标来检查、审视自己的行为，以便保障自身信息的安全性，例如安全事件的分类指标，通过这个指标，用户可以进一步判断选取相应的防范措施。

针对不同的网络层面（服务层面、主机层面、局域网层面、宏观网络层面等），每个层面都有对应的网络安全态势评估要素，以便通过这些要素可以计算出相应的网络安全态势。

6.2　漏洞维度的评估要素

漏洞[1]是指存在于硬件、软件、协议的具体实现或系统安全策略上的缺陷，而且这些缺陷可能被攻击者利用，使得攻击者在未授权的情况下能够访问或破坏系统。具体来说，漏洞可能由多种情况造成，例如：在 Intel Pentium 芯片中存在的逻辑错误；在 Sendmail 早期版本中的编程错误；在 NFS 协议中认证方式上的弱点等。这些情况都可能被攻击者使用，进而给系统安全带来威胁。

在选取漏洞维度的评估要素时，主要考虑网络系统自身的漏洞情况，即在不考虑攻击的情况下，分析网络系统自身的脆弱性。这包括两层含义：一是网络系统自身存在的漏洞或缺陷可能会被攻击者利用并发起攻击，将增加网络系统自身的漏洞指数;二是网络系统自身采取的防御措施将减小被攻击(主要指被攻击成功的情况)的可能性,将减小网络系统自身的漏洞指数[2]。

漏洞评估,首先要定义单个漏洞的评估要素,即对每一种漏洞的严重程度进行评估,然后基于单个漏洞的评估情况,定义网络漏洞的总体评估要素,即针对特定域网或大规模网络漏洞的评估要素,包括网络系统中带有漏洞的主机所占的百分比、漏洞的分布等。

6.2.1 单个漏洞的评估要素

漏洞决定系统对特定攻击威胁事件的敏感程度,也决定系统被攻击的可能性。漏洞一方面可能来源于在设计操作系统或软件时的缺陷或软件编码时的错误,另一方面可能来源于业务流程以及系统交互时的设计缺陷或不合理之处。这些缺陷、错误或不合理之处有可能被攻击者利用,进而导致对于整个系统运行的不利影响。例如,漏洞可能导致信息系统被攻击或利用,信息系统中的重要资料被窃取,用户数据被篡改,甚至信息系统被利用为入侵其他系统的跳板等。

下面分析一个具体的漏洞例子。以跨站脚本攻击 XSS[①] 漏洞为例[3],XSS 漏洞是由于 Web 程序代码对用户提交的参数过滤不严或者未做过滤就直接输出到页面,参数中的特殊字符打破了 HTML 页面的原有逻辑,黑客可以利用该漏洞执行恶意 HTML/JS 代码、构造蠕虫传播、篡改页面实施钓鱼攻击,以及诱导用户再次登录从而获取其登录凭证等。XSS 漏洞虽然对 Web 服务器本身无直接危害,但是通过网站传播后,攻击者可以利用该漏洞窃取网站用户账号信息,或者对网站用户进行攻击,对网站产生较严重的危害。XSS 漏洞可能导致钓鱼欺骗、网站挂马、身份盗用、盗取网站用户信息、垃圾信息发送、劫持用户 Web 行为等情况,这里不详细介绍。

XSS 漏洞本质上是将 HTML 代码注入网页中,也就是一种 HTML 注入,对其防御的根本就是在将用户提交的代码显示到页面上时做好一系列的过滤与转义。对 XSS 漏洞的修复建议如下:

(1)假定所有输入都是可疑的,必须对所有输入进行严格的检查,包括用户直接交互的输入接口信息、HTTP 请求头部中的变量、HTTP 请求中的 Cookie 变量等。

---

① XSS 的英文全称为 Cross Site Scripting,原本应当缩写为 CSS,但为了和层叠样式表(Cascading Style Sheet,CSS)有所区分,安全领域通常将其缩写成 XSS。

(2) 对输入数据进行安全检查,包括验证数据的类型、数据格式、范围、内容和长度等。

(3) 除了对输入数据进行安全检查以外,还要在各个数据的输出点也进行安全检查。

(4) 在客户端和服务端都要进行数据过滤与验证。

从以上对 XSS 漏洞的分析可以看出,在对单个漏洞进行评估时需要考虑的要素包括漏洞本身的严重程度、可利用性、可修复性、附带损害的可能性、漏洞目标的分布等。

目前国内外有很多网络安全漏洞评估方法。依据给出的漏洞威胁等级、评估结果形式的不同,对漏洞威胁的评估可划分成定量评估和定性评估。

定量评估就是依据既定的评估要素,通过一系列客观公式进行计算,最终得到一个定量的漏洞威胁评分结果,给漏洞威胁的严重程度确定一个分值,分值范围因评估方法而异。例如,通用漏洞评分系统 CVSS(Common Vulnerability Scoring System)[4]给出的分值范围为 0~10。

定性评估就是依据漏洞威胁评估要素,最终给出一个确定的漏洞威胁严重性等级。例如,微软厂商(Microsoft)最终确定漏洞威胁程度级别从低到高分为低危、中危、重要和严重四种。

通用漏洞评估系统 CVSS 是目前被广泛使用的漏洞评估系统。该系统是由美国基础设施顾问委员会开发并由事件响应与安全组织论坛维护的。CVSS 是一个公开免费系统,支持各厂商对系统安全漏洞威胁严重性进行量化评估。CVSS 评分系统对安全漏洞威胁严重性进行打分,对漏洞的评估要素由三组组成,即基础评估要素、时效性评估要素和环境评估要素。

基础评估要素主要反映漏洞的一些不随环境以及时间变化的固有特性,包括如何访问一个安全漏洞以及利用漏洞是否需要附加条件等。基础评估要素还包括如果该漏洞被成功利用,那么会以何种方式对一个 IT 资产造成直接影响及其影响程度。这些影响包括对系统机密性、完整性和可用性所造成损失的严重程度。例如,成功利用某安全漏洞有可能造成 IT 资产机密性损失,但是对可用性和完整性并没有影响。

时效性评估要素是指随时间变化但是不随用户的环境变化而变化的漏洞特性,包括漏洞的可利用性、修复程度、报告的置信度等。其中,可利用性是指获取该漏洞攻击代码的难易程度,可选的标准包括没有提供攻击代码、已有攻击验证方法、已有攻击的功能性代码、已提供完整攻击代码以及其他未定义的情况;修复程度是指官方提供的针对该漏洞的补丁情况,可选的标准包括官方提供完整解决方案、官方提供临时补丁、有非官方的临时补丁以及无任何防范措施；报告的置信度是指针对该漏洞报告的可信程度，可选的标准包括未经过证实、非官方证实、官方已证实以及其他未定义的情况。

环境评估要素是指与某一特定用户环境相关的且只在该环境中存在的漏洞评估要素。CVSS 环境要素评估包含与厂商或用户 IT 环境密切相关的漏洞属性，包括附带损害的可能性、目标的分布、机密性需求、完整性需求以及可用性需求等。

6.2.2 网络漏洞的总体评估要素

基于对单个漏洞的评估，在面对特定域网或大规模网络时可以对整体网络空间的漏洞维度进行评估，网络漏洞的总体评估要素包括以下几个内容。

（1）漏洞的危害性

漏洞的危害性是指漏洞如果被利用能够引发多大的破坏，可以基于单个漏洞的评估要素对漏洞的危害性进行衡量。

（2）漏洞设备的资产

漏洞设备的资产是指漏洞所在设备的资产价值，主要用来衡量漏洞所能产生的潜在影响价值。如果漏洞所在的设备是关键性的主机、服务器和路由等，该漏洞一旦遭到攻击，将会造成巨大的影响和损失。因此，衡量漏洞的危害性必须综合考虑漏洞所在的设备的重要程度。

（3）漏洞数目

漏洞数目是衡量一个漏洞在特定域网络范围内分布情况的指标。这项评估要素可以反映漏洞的流行程度，可以用漏洞设备在特定域网络范围内所占的百分比来衡量。

为了便于对网络漏洞总体情况进行评价，需要对网络漏洞指数进行定性的描述和定义。由贾焰等作为主要起草人的、以中国通信标准化协会为归口单位的标准《网络脆弱性指数评估方法》[5]，对漏洞指数进行了从定量到定性的详细分类。将网络漏洞分为"优、良、中、差、危"5 个级别，各级别的具体描述见表 6-1。

表 6-1 网络漏洞各级别的具体描述

指数范围	级别	描述
[0,1]	优	网络安全状况优秀。网络中存在极其轻微的漏洞。这些漏洞可能造成的资产损失可以忽略不计，对网络的正常运行业务和用户使用基本无损害
(1,3]	良	网络安全状况良好。网络中存在比较严重的安全漏洞。这些漏洞可能造成的损失比较小，会对网络的正常运行业务和用户使用造成较小的影响

续表

指数范围	级别	描述
(3,7]	中	网络安全状况中等。网络中存在严重的安全漏洞。这些漏洞可能造成的损失比较大，会对网络的正常运行业务和用户使用造成比较大的影响
(7,9]	差	网络安全状况差。网络中存在很严重的安全漏洞。这些漏洞可能造成的损失很大，会对网络的正常运行业务和用户使用造成很大的影响

注：指数范围中"(,)"表示不包含临界值，"[,]"表示包含临界值。

6.3 威胁维度的评估要素

在选取威胁维度的评估要素时，主要考虑网络系统中的网络安全事件，以便对网络遭受攻击所造成的损失和潜在的风险进行评估。对攻击事件的威胁评估可以按照一定的分类标准，针对网络系统自身应用的特点进行评估。对于某一类攻击而言，攻击可能破坏的网络系统的安全特性相对较为集中。一般攻击的攻击目的相对集中和明确，只是针对系统某些特定的安全特性进行破坏，而不会影响系统中大量的其他安全特性。因此，可以根据攻击本身的特征以及目标资产和网络遭受攻击前后态势的变化对攻击进行分类，分别提取每类攻击的威胁评估要素。

对攻击的威胁评估包括对单个攻击的威胁评估以及对整个网络的攻击威胁评估。在对攻击威胁进行评估时，需要从以下方面进行综合考虑：

（1）攻击自身的微观特性：这类特性一般是指攻击自身所固有的属性，例如攻击的原理、攻击利用的漏洞、攻击的抗检测能力以及攻击的抗清除过滤能力等。

（2）宏观统计特性：用来描述攻击在网络中的规模、分布等。

（3）影响能力：用来描述网络攻击的外部环境特征，如攻击造成的破坏性、攻击目标的重要程度等。

因此，在评估攻击威胁时，首先要定义单个攻击的威胁评估要素，即对每一种攻击定义其威胁评估要素，然后基于单个攻击的威胁评估要素，定义网络攻击的总体评估要素，即面对特定域网或大规模网络时对网络攻击的威胁评估要素，包括在网络中的攻击规模、分布，攻击目标的重要性等要素。

6.3.1 单个攻击的评估要素

针对某一个特定网络攻击的威胁评估要素，需要分类考虑攻击的特性及其带来的危害，以及是否有防御措施等方面的情况。由贾焰等作为主要起草人的、以中国通信标准化协会为归口单位的标准《网络威胁指数评估方法》[6]，对网络攻击进行了详细分类，并提出了每一类攻击对应的评估要素。国内在威胁指数评估方面还有很多相关研究工作可以作为参考[7,8]。下面分别针对不同类别的网络攻击给出威胁评估时应该考虑的要素及可供参考的量化评估等级。

6.3.1.1 拒绝服务攻击

拒绝服务攻击可对网络的可用性产生严重的破坏，严重时可能会导致所有用户都无法正常使用网络服务[9]。对拒绝服务攻击危害进行评估需要从以下几个方面考虑其危害性：

（1）目标资产。对目标资产危害程度的衡量应考虑被攻击的目标主机或网络所承载的网络服务、提供的网络资源、影响的范围等。

（2）攻击严重程度。对攻击严重程度的衡量应考虑拒绝服务攻击的效果，即目的主机在这次攻击下的反应如何，如宕机、完全拒绝服务、部分服务受到了影响或完全没有受到影响。

（3）攻击强度。对估计强度的衡量应考虑攻击源的能力，可通过发包率来衡量。

（4）事件数目。对事件数目的衡量应该考虑拒绝服务攻击的规模，可用该攻击事件的总体数目来衡量。

（5）防范代价。对防范代价的衡量应考虑防范的代价，有的类型的拒绝服务攻击需要网络服务提供商进行配置和防护，有的类型拒绝服务攻击则只需要在本地进行配置就可以进行过滤。

拒绝服务攻击事件的严重程度可以按照拒绝服务攻击对目标主机、网络和服务的危害大小分为5个级别，等级越高，表示此次攻击的危害性就越大。拒绝服务攻击危害性等级表见表6-2。表中给出了各个等级的详细定义。

表6-2 拒绝服务攻击危害性等级表

等级	定 义
5	目的主机、网络或服务完全瘫痪甚至宕机重启
4	目的主机、网络或服务基本上完全拒绝服务
3	目的主机、网络或服务对大部分用户拒绝服务，只能提供原来服务的30%
2	目的主机、网络或服务只能提供原来服务的30%~70%，影响一部分用户的使用
1	目的主机、网络或服务受到的影响很小，只影响极少部分用户的使用

6.3.1.2 木马攻击

木马对网络数据的保密性造成严重破坏，严重时可使用户的所有资料都完全暴露给木马受控端。木马还可以通过远程控制修改数据，严重影响数据的可用性[10]。为了合理科学地对木马攻击危害进行量化评估，应从以下几个属性考虑木马攻击的危害性：

（1）目标资产。对目标资产危害程度的衡量应考虑被攻击目标主机或网络所承载的网络服务、提供的网络资源、影响的范围等。

（2）非授权性。对非授权性的衡量应考虑木马本身的危害性，即通过该木马可以拿到什么样的系统操作权限，如记录键盘、监视屏幕、修改文件、修改注册表、控制鼠标键盘等。

（3）隐蔽性。对隐蔽性的衡量应考虑木马的隐藏方式，包括植入木马的方式，木马采取什么样的形式存在于系统之中、存在于系统的什么位置。

（4）事件数目。对事件数目的衡量应考虑木马的流行程度，即木马在一定的时间范围内被植入的规模。

（5）可清除性。对可清除性的衡量应考虑木马防范和清除代价，容易清除和防范的木马，其危害性相对比较小。

木马的非授权性可以按照该木马的功能分为6个等级，等级越高，表示该木马的危害性越大。木马非授权性等级表见表6-3。

表6-3　木马非授权性等级表

等级	定 义
5	对系统具有最高的管理权限，可以完全控制系统做任何事情
4	对系统具有很高的控制权限，可以实现大部分的操作
3	对系统具有一般的控制权限，可以实现对系统的一般操作
2	对系统具有一定的管理权限，可以修改和盗取一般的用户文件
1	获得系统的一般权限，只能用来监视、收集用户行为

木马的隐蔽性可以按照该木马在系统中的存在方式分为5个等级，等级越高，表示该木马的隐蔽性越大，危害性越大。木马隐蔽性等级表见表6-4。

表6-4　木马隐蔽性等级表

等级	定 义
5	基本上不会被发现，一般通过替换系统DLL文件存在
4	很难被发现，一般隐藏在注册表等处
3	比较难于发现，一般设计成服务隐藏在系统中
2	比较容易被发现，一般利用常规端口
1	隐蔽手段简单，很容易被发现，一般隐藏在任务栏等

6.3.1.3 病毒攻击

病毒会对数据的完整性产生严重破坏，造成大量数据被修改，严重破坏数据的可用性[11]。为了合理科学地对病毒的危害进行量化评估，应从以下几个属性去考虑病毒攻击的危害性。

（1）目标资产。对目标资产危害程度的衡量应考虑被攻击目标主机或网络所承载的网络服务、提供的网络资源、影响的范围等。

（2）破坏性。对破坏性的衡量应考虑病毒的自身破坏能力，不同的病毒对系统的健康运行产生的影响不同。

（3）传播性。对传播性的衡量应考虑病毒的传播扩散能力，有的病毒只能借助移动的存储介质传播，有的计算机病毒则可以通过网络直接传播。

（4）事件数目。对事件数目的衡量应考虑病毒事件的数目，以便反映病毒当前的感染规模和程度。

（5）隐蔽性。对隐蔽性的衡量应考虑病毒在系统中的潜伏伪装能力，隐蔽性越强的病毒，其危害性越大。

（6）可清除性。对可清除性的衡量应考虑病毒的存活能力，越难清除的病毒危害性相对越大。

病毒攻击的危害性按照病毒对系统可能造成的危害应该分为 5 个等级，等级越高，表示该病毒攻击的危害性越大。病毒攻击的危害性等级表见表 6-5。

表 6-5 病毒攻击的危害性等级表

等级	定 义
5	危害性很大，直接对计算机的硬盘造成严重威胁
4	危害性比较大，会直接破坏系统的文件，威胁系统的运行
3	危害性一般，会破坏用户数据文件
2	危害性较小，抢占大量系统资源，造成系统运行缓慢
1	危害性很弱，几乎不能感觉到它的存在

6.3.1.4 蠕虫攻击

蠕虫通过自我复制和网络传播，对受感染主机造成数据保密性的影响，严重时导致主机或网络的可用性遭到破坏，甚至造成局域网络的瘫痪[12]。为了合理科学地对蠕虫攻击的危害进行量化评估，应从以下几个属性去考虑蠕虫攻击的危害性。

（1）目标资产。对目标资产危害程度的衡量应考虑被攻击目标主机或网络所承载的网络服务、提供的网络资源、影响的范围等。

（2）破坏性。不同性质蠕虫攻击的破坏程度有很大差别。对破坏性的衡量要考虑蠕虫攻击是针对信息进行非法获取还是对系统进行破坏。

（3）增长率。对增长率的衡量应考虑蠕虫攻击的增长速度，以便反映蠕虫的传播扩散能力。

（4）可清除性。对可清除性的衡量应考虑对蠕虫的防范和清除代价，可清除性越高，危害性越小。

6.3.1.5 僵尸网络攻击

僵尸网络攻击不但可以通过发动分布式拒绝服务攻击造成网络服务、数据请求的完全失效，还可以对受控端主机的数据保密性造成严重的威胁，可以窃取僵尸网络中傀儡主机的任何数据[13]。为了合理科学地对僵尸网络带来的危害进行量化评估，应从以下几个属性去考虑僵尸网络攻击的危害性。

（1）目标资产。对目标资产危害程度的衡量应考该僵尸网络内所有傀儡主机的重要性、性能等资产要素。傀儡主机的性能越好，对潜在攻击目标的危害就越大，重要性越强，造成信息泄露的危害就越大。

（2）事件数目。对事件数目的衡量应虑僵尸网络的规模，主要是指加入这个僵尸网络的主机数目。

（3）源地址分布。对源地址分布的衡量应考虑僵尸网络的分布范围，分布的聚集程度越小，潜在的危害性越大。

（4）增长率。对增长率的衡量应考虑僵尸网络的增长速度，以便反映僵尸网络的传播扩散能力。

（5）可清除性。对可清除性的衡量应考虑对僵尸网络的防范和清除代价，可清除性越高，危害性就越小。

6.3.1.6 网络欺骗类攻击

网络欺骗类攻击可使大多数用户在不知情的情况下泄露自己的个人私密信息。网络欺骗类攻击还威胁到网络服务的可用性，同时对数据的完整性会造成一定的影响[14]。为了合理科学地对网络欺骗类攻击带来的危害进行量化评估，应从以下几个属性去考虑网络欺骗类攻击的危害性。

（1）目标资产。对目标资产危害程度的衡量应考虑目的主机、网络、服务等资产的重要程度。

（2）危害性。对危害性的衡量应考虑网络欺骗类攻击本身的危害性。

（3）事件数目。对事件数目的衡量应考虑攻击事件发生的规模。

（4）可清除性。对可清除性的衡量应考虑对网络欺骗类攻击的防范和清除代价，可清除性越高，危害性越小。

6.3.1.7 恶意探测攻击

恶意探测攻击主要对数据的保密性造成严重威胁。这种攻击通过在关键节点进行监听可以获得用户的所有通信数据。为了合理科学地对恶意探测攻击带来的危害进行量化评估,应从以下几个属性去考虑恶意探测攻击的危害性。

(1) 目标资产。对目标资产危害程度的衡量应考虑目的主机、网络等设备的重要程度。

(2) 危害性。对危害性的衡量应考虑恶意探测攻击本身的危害性。

(3) 事件数目。对事件数目的衡量应考虑发生攻击事件的规模。

(4) 可清除性。对可清除性的衡量应考虑对恶意探测攻击本身的防范和清除代价,可清除性越高,危害性越小。

6.3.2 网络攻击的评估要素

在面对特定域网或大规模网络时,从网络整体的角度来看,网络攻击的评估要素可以基于单个攻击的评估要素来设计。网络攻击的评估要素如图 6-1 所示。

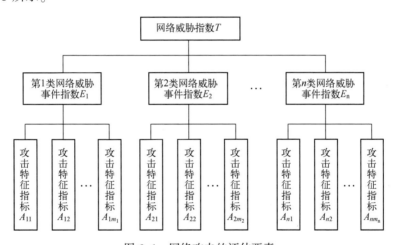

图 6-1 网络攻击的评估要素

在计算网络威胁指数时,第一步首先要按照一定的分类标准将网络威胁事件分为 n 类,然后根据每类安全事件的攻击特征确定其攻击特征指标。例如,对于第 1 类网络威胁事件,根据攻击特征指标 $A_{11}, A_{12}, \cdots, A_{1m1}$,计算第 1 类网络威胁事件指数 E_1。

这里要考虑的要素包括一段时间内某一类攻击本身的危害性、攻击的强度、攻击针对资产的重要程度以及攻击所针对的资产是否有相应的漏洞（该攻击所需要利用的漏洞）等。与这些要素相关的信息可以从基于 MDATA 模型的网络安全知识库中获取。在本书的 4.3 节中已经介绍过基于 MDATA 的网络安全认知模型，并介绍了基于该模型的网络安全知识库的有关情况，这里不再赘述。

第二步将各类安全事件的威胁指数进行聚合以得到网络威胁指数。这时要考虑的要素包括各类安全事件在整体网络安全威胁评估中的重要程度。不同用户对不同网络安全事件的重视程度是不同的。例如，网络服务类用户对 DDoS 攻击等破坏系统服务能力的网络攻击特别重视，而对于木马等窃取情报类的网络攻击则没有那么重视，因为木马类网络攻击的破坏力对于网络服务类用户来说，一般没有 DDoS 严重。但是，对于企业网、政务网等存储有重要信息的系统来说，则需要特别重视木马等窃取情报类的网络攻击。因此，在对各类安全事件的威胁指数进行聚合以得到网络威胁指数时，应该根据不同的应用情况采取有针对性的策略。

为实现对网络攻击威胁维度的评估，可将计算出的网络威胁指数进行等级化的处理。《网络威胁指数评估方法》[6]对威胁指数进行了从定量到定性的详细分类，并根据网络威胁指数计算结果将网络威胁分为 5 个级别：优、良、中、差、危。网络威胁指数的定性描述见表 6-6。表中给出了指数范围和对应级别之间的对应关系，并对各个级别所表示的网络安全状况进行了详细的描述。

表 6-6 网络威胁指数的定性描述

指数范围	级别	描述
[0,1]	优	网络安全状况优秀，网络几乎没有遭受任何攻击，网络攻击对用户正常使用网络产生的影响可忽略不计，通过简单的措施就可以弥补这些影响所造成的损失
(1,3]	良	网络安全状况良好，网络存在着很少的网络攻击，网络攻击对用户正常使用网络产生的影响比较小，通过较少的代价就可以弥补这些影响所造成的损失
(3,7]	中	网络安全状况中等，网络上存在着较多的网络攻击，网络攻击对用户正常使用网络产生的影响较大，通过较大的代价才可以弥补这些影响所造成的损失
(7,9]	差	网络安全状况差，网络上存在着很多的网络攻击，网络攻击对用户正常使用网络产生的影响很严重，通过很大的代价才可以弥补这些影响所造成的损失
(9,10]	危	网络安全状况危，网络上存在着特别多的网络攻击，网络攻击对用户正常使用网络产生的影响特别大，通过特别大的代价才可以弥补这些影响所造成的损失

注：指数范围中"(,)"表示不包含边界值，"[,]"表示包含边界值。

6.4 资产维度的评估要素

根据国际标准 ISO/IEC 13335[15]中对资产的定义，任何对组织有价值的事物都被定义为资产。在网络系统中，资产主要是指硬件、软件和信息资产。漏洞与资产的属性密切相关，重要资产上面的漏洞一旦被利用，将可能造成严重且广泛的危害。

国际标准 ISO/IEC 13335 中规定资产的等级如下：1 级为"可忽略的"；2 级为"低"；3 级为"中"；4 级为"高"；5 级为"严重"。为了对资产的重要性进行评估，首先需要定义网络中的所有资产，然后由设备所有者或使用者根据资产价值对资产进行等级赋值。资产的重要程度除去其自身的价值以外，还与资产上运行的工作任务息息相关。因此，在确定资产维度的评估要素时，需要先建立对工作任务的描述和对工作任务重要程度的评估要素，再建立将工作任务映射到资产的模型，之后结合资产的价值及在资产上运行的工作任务的重要程度进行资产的关键性分析，确定资产的评估要素。

6.4.1 工作任务的描述方法和工作任务重要程度的评估要素

在对网络系统中资产的重要性进行评估时，在资产上运行工作任务的重要程度是主要评估要素之一。因此，本节将介绍一种对工作任务进行建模和描述的较为常用的模型——基于价值的目标模型（Value-based Goal Model，VGM）。VGM 可以描述复杂工作任务中不同操作任务/子操作任务之间的构成关系、时间关系和依赖关系，以及这些操作任务/子操作任务相对于总体工作任务的重要性。

VGM 是一个层次式图模型，模型中的每个节点代表为完成整个工作任务所必须实现或保持的操作任务或目标，每个节点都有预先指定的价值，即每个节点都具有价值属性。高层任务是多个低阶子任务的父节点，多个低阶子任务共同支持高阶父任务，子任务之间可以是与（and）、或（or）、组合（composition）等多种关系。每个子任务被关联到一个预先指定的目标价值（target value），以表示该子任务节点对其父节点完成总体任务的贡献情况；每个子任务还被关联到一个优先级权重属性，以表示该子任务节点对其父节点的相对重要性。VGM 模型还有另外两个重要属性，即完成状态和进度状态，在任务执行阶段，需要定期测量这两个属性，以评估任务的进度状态。

VGM 模型还对子任务之间的时间性关系进行了建模，子任务之间的时间关系包括先导关系、触发关系和子目标关系，并对这三个时间性的关系给出了形式化定义和适当的时序约束条件。例如，对于子任务 a 和 b 来说：如果（a，b）是先导关系，则在 b 开始之前必须实现 a；如果（a，b）是触发关系，则 a 必须在 b 之前开始，b 必须在 a 结束之前开始；如果（a，b）是子目标关系，则 b 不能在 a 开始之前开始，或在 a 结束之前结束。

通过 VGM 的层次式图模型，可以详细描述复杂工作任务中不同子任务之间的构成关系、时间关系和依赖关系，以及子任务相对于总体工作任务的重要性，为资产的重要性评估奠定基础。

6.4.2 将工作任务映射到资产的模型

VGM 通过层次式图模型描述了工作任务的价值及工作任务之间的关系，为了对资产进行关键性分析，还需要将工作任务映射到资产的模型，即将工作任务对网络系统的影响映射到相应的资产上。

逻辑职能模型（Logical Role Model，LRM）是能够有效地表达高层工作任务与底层网络系统资产之间依赖关系的模型。LRM 可以描述为了达成特定目标（或成功执行操作任务）所需的网络系统功能。

给定一个工作任务描述模型 VGM，可以按照以下主要步骤来生成对应的 LRM：

（1）为 VGM 中每个叶级的目标创建一个职能。

（2）如果有多种方法来实现单一目标，则为每一种方法创建一个单独的职能，并对每种方法的"好处"进行量化，量化的取值范围为 0~1。

（3）识别出各种职能之间的信息流。

（4）如果两个职能紧密耦合，则可以考虑将它们组合成一个职能。

（5）定义执行每个职能所需的能力。

（6）确定与每个职能相关联的适当时序取值。

一般来说，为了创建有效的 LRM，第一步是为 VGM 中每个叶级的目标创建一个职能。然而，如果存在多种实现目标的方法，那么总体的系统弹性能力将会增加。因此，记录每个关键目标的替代方法，对确保完成任务将非常有益。

一旦识别出职能，就能进一步明确执行职能所需网络系统的能力。LRM 模型可以使用处理能力、通信带宽、软件/硬件规格或要求来定义网络系统的能力。不同职能之间的信息流可用于隐式地确定逻辑职能的通信能力。为了维持并更新当前逻辑职能支持能力的可用信息，需要展开实时网络监控以及关键性分析，以便维持网络中每一个资产可用能力的信息，例如当前状态（如可用、被占用和被预留）、资产价值和依赖关系等。

基于 VGM 模型和 LRM 模型，可以为复杂的工作任务建模，识别每个操作任务/子操作任务的重要性，并在工作任务计划阶段评估网络系统的弹性能力。

6.4.3 资产的评估要素

资产的评估要素包括资产价值判断、工作任务相关性以及服务状态等。下面分别讲述各要素的含义及其量化情况。

(1) 资产价值判断

这里的资产价值是指该资产本身的价值，不包括在资产上运行的任务，可以通过评估人员手工配置将资产价值存入数据库。以一台主机的资产价值为例，判断主机资产价值的过程就是对资产识别的过程，可以从主机内信息遭到破坏后造成的保密性、完整性和可用性三方面的损失来考虑主机的资产价值。

① 保密性：保护系统中的信息和数据不会泄露给未经授权的个人或实体。

② 完整性：保护系统中的信息和数据不会被非授权性的、意外的修改。

③ 可用性：授权用户可以在不受干扰与阻碍的情况下使用系统中的信息和数据。

根据主机资产的特点，主机资产的价值按照保密性、完整性和可用性，可以分成高、中、低三个等级，赋值区间为[0,10]。例如，如果一台数据库服务器价值的完整性被赋值 3 分，可用性被赋值 2 分，机密性被赋值 1 分，那么这台数据库服务器在资产价值上的总得分为 6 分。

(2) 工作任务相关性

工作任务相关性即在资产上运行工作任务的重要程度及其受到破坏以后对整个系统产生的影响，可以由基于 VGM 模型和 LRM 模型得出。先通过LRM 模型确定资产上运行的工作任务，并通过 VGM 模型确定每个任务的价值，然后计算出资产的工作任务相关性价值。当然，这是对于比较简单的情况，即没有考虑工作任务之间的依赖关系以及对网络系统影响的传播情况，可以基于 VGM 模型和 LRM 模型建立更复杂的工作任务相关性评价模型，这里不详细阐述。

(3) 服务状态

服务状态是指资产上提供的服务状态信息。例如，如果资产是服务器，则可以用开源工具 Nagios 来监控主机提供的服务状态是否良好，可以把主机的服务状态区分为三种情况：良好（ok）、告警（warning）、严重告警（critical），并给每一个情况赋一个分值，进而得出主机服务状态的一个分值信息。

如果资产是路由器，则可以用网络嗅探器 Ntop 确定出数据包发送所需要的时间、主机之间数据包传递的时间间隔、哪个主机占用了主要通信量、属于某个特定的网络协议的通信量大小、哪些主机是通信的目标等，依据这些信息确定路由器的流量指标数值，给出资产上的服务状态信息。

6.5 本章小结

网络安全态势评估要素能够从多维度客观地反映被评估的网络信息系统所受的威胁及其安全保障能力。确定评估要素是网络安全态势评估的工作基础。由于计算机网络以及信息系统中影响网络安全态势评估的要素众多，如何选取合适的、有代表性的评估要素具有较高难度。网络安全态势评估需要从各个维度总结分析影响网络安全状态的各种要素。因此，网络安全态势评估要素也是一个多维度的。

网络安全态势评估的维度包括漏洞维度、威胁维度和资产维度。这三个维度分别从系统自身的脆弱性、攻击所造成的风险以及系统自身的资产价值三个角度反映了网络安全态势。在漏洞维度评估方面，对单个漏洞的评估要素通常采用基于计算机系统通用漏洞评估系统 CVSS 的漏洞评估指标；网络漏洞的总体评估要素是基于对单个漏洞的评估，在面对特定域网或大规模网络时对整体网络空间的漏洞进行评估的，包括漏洞的危害性、漏洞设备资产、漏洞数目等要素。在威胁维度评估方面，对单个攻击的评估要素，分别针对不同类别的网络攻击给出威胁评估时应该考虑的要素及可供参考的量化评估等级，包括僵尸网络攻击、网络欺骗类攻击、恶意探测攻击、病毒攻击、蠕虫攻击、拒绝服务攻击、木马攻击等；基于对单个网络攻击的威胁评估，采用层次式的基于网络威胁事件特征的网络威胁指数计算模型，可以确定面对特定域网或大规模网络时整体网络威胁的评估要素。在资产评估方面，资产的重要程度除去其资产自身的价值以外，还与资产上运行的工作任务息息相关，因此需要先建立对工作任务的描述方法和对工作任务重要程度的评估要素，再建立将工作任务映射到资产的模型，之后结合资产的价值及资产上运行工作任务的重要程度进行资产的关键性分析，确定资产的评估要素，包括资产价值判断、工作任务相关性以及服务状态等。

参考文献

[1] 漏洞 [EB/OL]. [2020-6-17]. https://baike.baidu.com/item/% E6% BC% 8F% E6% B4% 9E/

1688129?fr=aladdin.

[2] Lange H J D, Sala S, Vighi M, et al. Ecological vulnerability in risk assessment-A review and perspectives [J]. Science of the Total Environment, 2010, 408 (18): 3871-3879.

[3] 邱永华. XSS跨站脚本攻击剖析与防御 [J]. 中国科技信息, 2013 (20): 166-166.

[4] Mell P M, Scarfone K A, Romanosky S. A Complete Guide to the Common Vulnerability Scoring System Version 2.0 [EB/OL]. (2007-3-30) [2020-6-18]. https://www.nist.gov/publications/complete-guide-common-vulnerability-scoring-system-version-20.

[5] 中国通信标准化协会. 网络脆弱性指数评估方法: YD/T 2388-2011 [S/OL]. [2020-6-18]. https://www.doc88.com/p-4999198379703.html.

[6] 中国通信标准化协会. 网络威胁指数评估方法: YD/T 2389-2011 [S/OL]. [2020-6-18]. http://www.doc88.com/p-7304867289265.html.

[7] 李远征. 基于指标体系的电子政务外网安全态势评估研究 [D]. 长沙: 国防科学技术大学, 2011.

[8] 蔡军. 大规模网络安全威胁量化评估系统的研究与实现 [D]. 长沙: 国防科学技术大学, 2009.

[9] Chang R K C. Defending Against Flooding-Based Distributed Denial-of-service Attacks: A Tutorial [J]. IEEE Communications Magazine, 2002, 40 (10): 42-51.

[10] Jain N, Anisimova E, Khan I, et al. Trojan-horse attacks threaten the security of practical quantum cryptography [J]. New Journal of Physics, 2014, 16 (12).

[11] Miller F P, Vandome A F, McBrewster J. Computer Virus [M]. Alphascript Publishing, 2011.

[12] Murthy J K. A Functional Decomposition of Virus and Worm Programs [C] // International Conference on Information & Communications Security. Springer, Berlin, Heidelberg, 2003.

[13] Stone-Gross B, Cova M, Gilbert B, et al. Analysis of a Botnet Takeover [J]. Security & Privacy IEEE, 2011, 9 (1): 64-72.

[14] Yao G, Bi J, Xiao P. VASE: Filtering IP spoofing traffic with agility [J]. Computer networks, 2013, 57 (1): 243-257.

[15] ISO/IEC 13335-1: 2004 Information technology — Security techniques — Management of information and communications technology security — Part 1: Concepts and models for information and communications technology security management [EB/OL]. [2020-6-19]. https://www.iso.org/standard/39066.html.

第 7 章
网络安全态势评估的方法

　　网络安全态势评估作为网络安全态势感知的核心要素，是全面、实时、准确反映网络安全态势的重要手段。网络安全态势评估的数据来源为通过各类网络安全设备所采集的安全数据。这些安全数据就是第 6 章 "网络安全态势评估的要素和维度" 中涉及的相关数据。在融合各类安全数据的基础上，根据网络安全评估的需要，借助某种数学模型，经过形式化的推理计算，就可以得到当前网络安全态势的一个评估值。该评估值类似于股票指数、国民幸福指数等。网络安全态势的评估值能够反映网络的安全状态。简而言之，网络安全态势评估就是实现从网络安全态势评估要素到态势评估结果值的一个映射过程。

　　网络安全态势评估按描述方式的不同，可分为定性评估和定量评估。定性评估主要是根据评估人员的经验和知识等不能量化的资料对系统风险进行评估，其优点是可以挖掘出蕴藏在网络安全专家脑海中很深的思想，使评估的结论更全面、更深刻。定量评估是指运用数量指标对系统风险进行评估，与定性评估不同，要求先对所要评估的元素根据一定的标准进行量化，之后再用特定的数学模型或方法对这些量化以后得到的数据进行分析，从而得出量化的评估结论。定量评估的优点是其评估结果比定性评估的结果更加直观、科学、严密。

　　本章 7.1 节将介绍网络安全态势评估的基本概念，分析为什么需要进行网络安全态势评估，讲解网络安全态势评估面临的主要挑战；7.2 节和 7.3 节将分别介绍网络安全态势的定性评估和定量评估。其中，7.2 节简要介绍网络安全态势的定性评估方法及其相关研究；7.3 节重点介绍三种量化评估方法：基于数学模型的量化评估方法、基于知识推理的量化评估方法和基于机器学习的量化评估方法。

　　基于数学模型的量化评估方法是在综合考虑各项能够引起网络态势变化的要素的基础上，基于数学模型构建一个评估函数，建立安全指标到态势值的映射函数，实现态势要素到网络安全量化评估值之间的映射。7.3.1 节将重点介绍最常用的权重分析法和集对分析法这两种方法。

　　基于知识推理的量化评估方法是通过整理专家知识建立数据库和概率评

估模型，借助概率论、模糊理论、证据理论等来描述和处理安全属性的不确定性信息，通过推理控制策略，分析整个网络的安全态势。7.3.2节将重点介绍基于图模型的推理和基于规则推理这两种具有代表性的方法。

基于机器学习的量化评估方法是基于机器学习的网络安全态势评估方法，通过模式识别、关联分析、深度学习等方法建立网络安全态势模版，经过模式匹配及映射，对态势性质和程度进行分类、分级，尽可能地减少对专家经验知识的依赖，自动获取知识，建立科学、客观的评估模版。7.3.3节将重点介绍灰关联方法、粗糙集理论、神经网络和深度学习等方法。

7.4节是本章内容的总结。

7.1 网络安全态势评估的基本概念

网络安全态势评估在网络安全态势感知的研究中占有重要的地位和作用，是整个态势感知全过程的重点和关键环节，是全面、实时、准确反映网络安全态势的重要手段。安全态势评估是指通过汇总、过滤和关联分析设备等产生的安全事件，在选取合适的网络安全态势评估要素和维度的基础上建立合适的数学模型，对网络系统整体的漏洞情况、所遭受安全威胁的程度以及资产状况等进行综合评估，从而分析出网络安全状态所处阶段，全面掌握网络整体的安全状况。

通过网络安全态势评估，可以帮助网络安全管理人员尽早发现网络中的安全隐患和威胁，并充分评估隐患和威胁的影响范围与严重程度，掌握当前网络的安全状况，以便在危害发生之前针对这些威胁采取遏制和阻止措施，使系统免受攻击和破坏。只有对态势进行评估，才能明确网络所处的安全状况，从而掌握全网安全态势，为下一步态势预测提供依据。

在网络安全态势评估过程中往往要建立网络安全指标体系，这里把与网络安全指标体系相关的概念一并做简要介绍。指标体系是由若干互相联系、互相补充的指标所组成的统一整体，用来评价和反映某个领域的某种态势。指标体系的应用非常广泛，在国家层面有反映国家综合国力的可持续发展综合国力评价指标体系，在金融服务领域有反映股票行市变动的股票价格指数等。基于指标体系进行网络安全态势评估就是通过对影响网络安全的各个维度的各种要素进行综合分析，利用主观和客观的分析方法，得到待评估网络的安全态势指数值，通过该指数值的变化来反映网络的安全状况。指标体系的结构是一个层次式树状结构，其叶节点就是第6章介绍的网络安全态势评估的各个要素，对这些要素进行量化以后就能得到指标体系叶节点的输入，通过对指标体系的层层计算，就能最终得出整体网络安全态势的评估值。这种方法一方面把管理员从海量的日志分析中解放出来，便于管理人员直观地了解网络的安全状况；另一方面便于管理员及时发现影响网络安全的主要要素，做到有的放矢，做好对网络的安全防护。

7.1.1 为什么需要网络安全态势评估

网络安全态势评估对于全面的网络安全态势感知至关重要。如果无法准确对网络安全态势进行评估，就无法对网络安全进行有效管理。传统的网络安全管理方法主要集中在信息层面，并同等对待所有的网络组件。传统方法虽然很有价值，但如果将传统方法应用于全面的网络安全态势感知，则既缺少含义明显的评估要素，也缺少风险评估能力。

网络安全态势评估可以回答网络安全分析师的许多与安全相关的问题，例如"今天我们的网络是否比昨天更安全？"、"我们采取的安全措施是否有效改善了网络安全状况"、"目前网络中最重要的要保护的资产是什么？"、"如果网络中的某一个主机被攻陷了，会对系统中的哪些工作任务产生什么样的影响？"、"在当前网络的安全情况下，成功完成某个工作任务的概率是多少？"等。

为了回答这些问题，需要对网络安全态势进行评估，而网络安全态势评估的首要任务就是建立网络安全态势评估要素，这些评估要素包括对网络空间漏洞的评估、威胁的评估，以及对资产与工作任务的评估。良好的网络安全态势评估要素必须在具体的组织目标和关键性能指标方面具有明显含义。安全分析师不仅应当检验当前在用的指标，还需要确保它们与具体的组织目标和业务目标保持一致。

总体来说，网络安全态势评估要对当前网络安全的各个维度以及各方面要素进行综合考量，选取最具有代表性的网络安全要素，以便计算出当前时间范围内的网络安全状况，从而提高网络安全态势的可理解性和可视化程度。网络安全态势评估可以解决如下几个问题：

（1）网络安全态势感知的效率问题。在大规模网络环境下，网络结构复杂，用户和节点基数大，大规模网络的边界具有模糊性。这些性质决定了大规模网络安全态势评估要考虑的要素众多且关系复杂。网络安全态势评估要消除冗余要素，选出能够反映系统演化状况的要素最小集合，形成指标体系，并对指标体系的整体区分度进行测算，从而获得最适用的网络安全态势评估指标体系，有效提高网络安全态势评估的效率。

（2）网络安全态势感知的客观性问题。选取的网络安全指标要具有代表性、真实性和可计算性等特点。通过网络安全指标体系计算出来的网络安全态势指数要能够灵敏地反映底层网络安全状况的变化，并随变化趋势而变化，具有实时特性。

(3) 网络安全态势感知的实用性问题。在不同的网络环境下，由于网络安全管理的侧重点可能不同，因此需要有一种可裁剪的网络安全态势评估模型。网络安全指标的选取可以灵活地结合实际的使用环境，定制特定的指标体系，以便评估网络安全态势。

7.1.2 网络安全态势评估面临的主要挑战

计算机网络以及信息系统中影响网络安全态势评估的要素众多，如何选取合适的、有代表性的指标具有较高难度，其面临的主要挑战包括：如何全面、系统地确定指标体系的各个要素；如何保证指标体系的动态可配置性；如何建立科学的量化模型；如何使指数可接受、可理解；选取的网络安全态势指数应具有敏感性、单调性和可操作性等特点，能够及时刻画网络安全状态所发生的变化并与实际的态势变化相一致。

有很多影响网络安全的要素，而且各种要素之间还相互作用。因此，建立科学、客观的网络安全评价指标体系存在很多挑战，以下几项原则在构建网络安全指标体系时应该尽量遵循。

(1) 科学性原则。网络安全指标应该具有固定的科学内涵，概念必须明确，且能够反映出动态复杂变化的网络特征。

(2) 完备性原则。网络安全指标体系应该能够全面反映各网络安全要素和各相关环节之间的关联情况。

(3) 主成分性原则。指标数值的变化要能反映网络安全状态的实际变化情况，且在设置网络安全指标体系时应尽量选择那些有代表性的指标。

(4) 独立性原则。在构建网络安全指标体系时要尽量选择相对独立的指标，去除信息上重叠、冗余的指标。

以上原则是选取网络安全指标的一般原则，在具体选取过程中还需注意以下三个方面：

(1) 指标的通用性和发展性。选取的网络安全指标应该具有通用性，可以应用于不同的网络安全态势评估，包括单个的安全控制系统、网络到整个信息基础设施。网络安全指标还应具有发展性，可根据具体的网络状况以及网络安全事件的发展变化进行调整和灵活应用。

(2) 定性与定量指标相结合。定性指标又称"主观指标"[1]，反映对评估对象的意见、满意度。定量指标又称"客观指标"，有确定的数量属性，原始数据真实完整,可以指定明确的评价标准,通过量化的表达,可使评估结果直接而清晰、不同对象之间具有明确的可比性。

网络安全态势评估是一个复杂的过程,仅仅依靠定性指标或定量指标来评估安全状态,与实际安全状态的变化过程可能有差异。如果在评估过程中参考人的一些经验要素,则对评估结果起到一个调节作用,会提高评估结果的精确度。因此,在选取评估指标时需将定性指标与定量指标结合起来考虑。

(3) 指标的可操作性。选择的指标必须意义明确,并且力求简明实用。指标一般应具有可测性、可被量化,能利用指标及时地搜集准确的数据。对于一些难以测量或数据搜集困难的、无形的、间接的指标,应尽可能设法寻找可替代的指标,以便找到搜集数据的途径,确定数据估算的统计方法。

7.2 网络安全态势的定性评估

网络安全态势定性评估的方法是基于评估人员的网络安全经验、知识以及历史教训等无法量化的元素对系统风险状况做出评估,是较早出现的网络安全态势评估方法。定性评估更加注重的是安全事件发生后可能带来的损失,一般很难评估,有时会忽略了网络安全事件发生的概率。由于定性评估方法中的很多元素无法量化,所以评估的结果往往会稍显粗糙,更适合在数据或资料不充分的时候对网络安全进行态势评估。但是,定性评估方法往往又可以有效利用网络安全专家的经验,挖掘一些较为深刻的思想。由于定性评估得出的结论具有较强的主观性,因此对评估者本身的网络安全知识要求很高。

传统的网络安全态势定性评估方法包括调查问卷法、逻辑评估法、历史比较法和德尔菲法等。其中,德尔菲法也被称为专家意见法,是根据特定的程序,采用背对背的通信方式征询专家意见,一般采用匿名发表意见的方式,通过几轮意见征询,使专家的意见趋于统一,最后得出专家的预测结论。

目前,云安全评估是比较受重视的网络安全态势定性评估方法。下面以云安全评估为例,介绍网络安全态势定性评估的具体过程。随着各种云建设如火如荼地推进,云安全评估也越来越受到重视,国际、国内早有对云安全评估的详细建设指南、评估矩阵、资质认证体系。下面以评估一个云服务商的安全等级为例,介绍具体的评估过程。

(1) 确定评估方式和评估内容

通过文档审核、访谈、审计验证、抽样测试等方式进行评估。评估内容覆盖等级保护三级认证（对云平台、业务系统等）、事前评估检测与加固、事中监控与防护、安全事后评估与应急处置、安全工作与能力、项目管理等方面。

(2) 确定评估框架

评估框架根据评估内容确定每一项内容具体要评估的子类以及每一个子类的具体评估方法。以"事前评估检测与加固"为例，其要评估的子项包括11项，这里仅列出几个子项和相应的评估方法：应急处置预案，相应的评估方法是看预案是否完整，预警、协同流程是否可行；应急演练，相应的评估方法是查看演练方案、检查演练记录；安全培训，相应的评估方法是查看培训计划、培训内容、培训记录，访谈培训效果；安全管理，相应的评估方法是查看体系文件、组织架构、文件执行记录等。

(3) 评估操作指南

评估操作指南给出专家在具体进行评估时的操作方法。针对云安全评估部分，一般是以C-STAR评估体系为主，该体系综合CSA标准、ISO27001、CSA_CCM对应的中国国家标准与规范。C-STAR评估体系为云安全专家的审计和评估工作提供了具体的操作指南，使得评估结果更加客观和准确。

(4) 专家现场评估并输出评估报告

按照上述的评估框架以及相应的评估操作指南，请第三方给出分析报告，云安全专家现场调查取证并进行专家评审，最终给出评估结果。

网络安全态势定性评估的优点是可以挖掘一些蕴藏很深的思想，使评估的结论更全面、更深刻；缺点是过于依赖网络安全专家的经验，评估结果不够科学和客观。针对该问题，近年来对网络安全态势定性评估的相关研究尽量减少了定性评估中对网络安全专家的依赖。国外的Freeman等人[2]提出了一个大规模异构系统的安全风险评估方法，采用自顶向下的方法对系统实施定性的风险评估；Mayrena等人[3]提出一种可扩展的弱点评估模型，用来对主动网络及主动节点的安全性进行定性评估，主要解决主动网络比传统网络更易引入新安全弱点的问题；国内的汪渊等人[4]采用攻击图方法定性分析网络安全性，其攻击图是用安全案例推理的方法生成的。

7.3 网络安全态势的定量评估

定量评估方法与定性评估方法不同。定量评估方法要求首先对所要评估的元素根据一定的标准进行量化，然后用一定的数学方法或数学模型对量化之后得到的数据进行分析，从而得出结论。定量评估方法要求数据较为充分，资料较为详尽，是一种利用公式进行分析推导的过程。定量评估方法相比定性评估方法更加客观和量化，是目前普遍应用的一种评估方式；缺点是难于实时计算，需要大型计算平台和计算系统。另外，如果用定量评估方法来评估网络安全态势，还需要进一步加强网络安全指标体系的科学性、与真实情况的吻合程度以及可解释性等。

网络安全态势量化评估是指运用数量指标对系统风险进行评估，其优点是可以使评估结果更直观、更客观、更科学、更严密。目前网络安全态势量化评估方法主要采用贝叶斯技术、人工神经网络、模糊评价、D-S证据理论、聚类分析等方法。总体来说，这些评估方法可以分为以下几个类别：基于数学模型的量化评估方法、基于知识推理的量化评估方法和基于机器学习的量化评估方法。下面分别介绍这三种态势评估方法。

7.3.1 基于数学模型的量化评估方法

基于数学模型的量化评估方法是在综合考虑各项能够引起网络态势变化要素的基础上（可参考第6章介绍的网络安全态势评估要素），基于数学模型构建一个评估函数，建立安全指标集合 X 到态势值集合 Y 的映射函数 $Y=F(X)$。其中，F 表示态势评估过程中使用的聚集算法。实现态势要素到网络安全量化评估值之间的映射。

网络系统具有典型的层次结构，影响安全状态的要素众多，存在动态复杂的关系。传统的多指标综合方法，如权重分析法、集对分析法、模糊综合评价法、离偏差法、打分法、多属性效用函数等，都可用来进行态势评估。这里介绍最常用的权重分析法和集对分析法这两种基于数学模型的网络安全态势量化评估方法。

7.3.1.1 基于权重分析法的网络安全态势评估

权重分析法是较为常用的评估方法。该方法首先通过层次分析法建立网络安全指标体系，之后确定网络安全指标体系中各指标的权重。层次分析法是由美国运筹学家 T. L. Saaty 教授[5]于20世纪70年代提出的。层次分析法首先将问题层次化，从问题的性质和所要达到的目标出发，对问题进行分解，将分解后的不同组成要素按照相互关联影响和隶属关系从不同的层次聚合，形成一个多层次的分析结构模型。最终系统分析被归结为决策方案与措施等相对于目标的权重确定或优劣排序问题。层次分析法严格来说是一种定性与定量分析相结合的方法，用数量形式表达将人的主观判断表达出来，并对其进行科学处理。在复杂的安全态势研究领域，使用层次分析法能够更加准确地反映安全态势研究领域的问题。同时，由于层次分析法表现形式简单，容易被人理解和接受，且有深刻的理论基础，因此得到了较为广泛的应用。

在用层次分析法确定网络安全指标体系以后，网络安全指标的权重大小代表了该指标与同级指标相比的重要程度，对于权重设置的不同也代表了评估人员对网络安全的关注点不同。所以，权重的确定是网络安全态势评估过程中的重要一环。指标权重的确定有如下方法。

（1）主观赋值法

主观赋权法是研究者根据其主观价值判断来指定各指标权数的一种方法，常见的有专家评判法、层次分析法等。该方法能较好地体现评价者的主观偏好，但由于每个人的主观价值判断标准有差异，因而构建的权数缺乏稳定性。

（2）变异系数法

变异系数法是一种客观赋权的方法，通过计算各项指标所包含的信息得到相应指标的权重，其本质是根据所有被评价对象上各个指标观测值的变异程度赋值指标的权重。此方法在网络安全指数计算中的基本思想是在网络安全指标体系中，指标取值差异越大的指标，越能够反映网络安全态势的变化。为避免由于各项网络安全指标的量纲和数量级不同给计算带来的不利影响，变异系数法直接用归一化处理后的数值作为各指标的权重。

变异系数法的基本步骤如下：

① 计算反映各指标的绝对变异程度的标准差；

② 计算反映各指标的相对变异程度的变异系数。

归一化处理各指标的变异系数，得到各指标的权重。各项指标的变异系数公式为

$$V_i = \frac{\sigma_i}{\bar{x}_i}, \quad i = 1, 2, \cdots, n$$

式中：V_i 是第 i 项指标的变异系数，也称为标准差系数；σ_i 是第 i 项指标的标准差；$\bar{x}_i$ 是第 i 项指标的平均数。

各项指标的权重

$$W_i = \frac{V_i}{\sum_{i=1}^{n} V_i}$$

（3）熵权法

熵权法就是根据各指标传输给决策者信息量的大小来确定指标权重的方

法。某项评价指标的差异越大，熵值越小；指标包含和传输的信息越多，相应权重越大。用熵权法进行赋权的步骤如下：

将数据库中的数据按照攻击特征指标进行聚集并按照一定的顺序排列，取前 top-k 行构造样本矩阵：

$$X = \begin{pmatrix} A_{11} & A_{12} & \cdots & A_{1m} \\ A_{21} & A_{22} & \cdots & A_{2m} \\ \vdots & \vdots & \vdots & \vdots \\ A_{k1} & A_{k2} & \cdots & A_{km} \end{pmatrix}$$

其中：$A_{i1}, A_{i2}, \cdots, A_{im}$ 为第 i 类安全事件的攻击特征指标，$i = 1, 2, \cdots, k$。

将各项指标数值按如下方式进行归一化处理，即

$$a_{ij} = A_{ij} / \sum_{i=1}^{k} A_{ij}, \quad i = 1, 2, \cdots, k, \ j = 1, 2, \cdots, m$$

式中：A_{ij} 为矩阵中安全事件的特征值；a_{ij} 为安全事件特征值的归一化值；i 为安全事件的种类数目；j 为安全事件的属性个数。

各指标的熵值按照如下公式来计算，即

$$H_j = -\frac{1}{\ln k} \sum_{i=1}^{k} a_{ij} \ln a_{ij}, \quad j = 1, 2, \cdots, m$$

式中：a_{ij} 为安全事件特征值的归一化值；i 为安全事件的种类数目；j 为安全事件的属性个数。

将熵值转换为反映差异大小的权重，权重按照下面公式来计算，即

$$w_j = \frac{1 - H_j}{k - \sum_{j=1}^{k} H_j}, \quad j = 1, 2, \cdots, m$$

在基于权重分析法的网络安全态势评估方面，其代表性的工作成果包括西安交通大学陈秀真等人[6]提出的基于海量报警信息和网络性能指标的网络评估模型。该模型采用自下而上、先局部后整体的策略建立层次化网络安全威胁态势量化评估模型，在报警发生频率、报警严重性及其网络带宽耗用率的统计基础上，采用逐层汇聚的方式对攻击、服务、主机以及整个网络的重要性权值进行加权，计算威胁指数，进而评估安全威胁态势。文献[7]采用群组层次分析法（Analytic Hierarchy Process，AHP）与熵权法相结合的方式，建立多要素二级评估模型，对移动网络的安全态势要素进行分析。重庆邮电大学李方伟[8]等人结合客观权重和主观权重，以序列二次规划（SQP）算法对组合权重进行寻优，降低了网络安全态势感知中信息融合的不确定性。国内还有韦勇[9]、王娟等人[10]从事这方面的研究。

权重分析法虽然将作为基本参数的融合值转化成态势评估函数的输入形态，强化了关联信息的融合关联过程，但在指标体系分析、权重确定等方面涉及的主观要素较多，在反映更为复杂的非线性特性的安全态势数据时，显得缺乏精准度。

7.3.1.2　基于集对分析法的网络安全态势评估

集对分析法（Set Pair Analysis，SPA）是处理系统确定性与不确定性相互作用的数学理论[11]，通过比较两个事物的同一性、差异性、对立性三个方面来对事物进行全面的分析。所谓集对是指具有一定联系的两个集合所组成的对子。联系数是集对分析的重要概念，通过联系数把三种测度联系在一起组成一个同异反联系系统（确定不确定系统）。集对分析方法可以用于态势评估[12]。其核心思想是首先建立联系数的表达式，并给出同一性、差异性和对立性的计算方法，建立基于集对分析的态势评估模型，然后计算集对势的值，通过该值来判断系统在同异反联系中是否存在同一、对立或势均力敌的趋势，进而通过对比同一性、差异性和对立性三者之间关系来建立系统态势状态表。

利用集对分析法进行网络安全态势评估的步骤如下[13]：

（1）根据网络的报警日志和配置情况等信息，确定网络性能的若干指标，并计算出每个时段、每个指标的指标值。

把评价的指标设定为网络的漏洞数目、网络的拓扑特性、安全事件数量、网络延迟、带宽占用率、丢包率、吞吐量等网络安全指标，将 HoneyNet 组织收集的黑客攻击数据集作为实验数据，把每个时段网络的 ftp 服务所受到的攻击数目、dns 服务所受到的攻击数目、rpc 服务所受到的攻击数目作为反映网络状况的三个指标。

（2）根据收集的实验数据，可以计算每个时段三个指标的数值。

根据成本型指标或效益型指标的公式，把每个时段、每个指标值规范化到 $[0,1]$ 范围内。

设 x_{ij} 表示第 j 个时段在第 i 个指标下的指标值，r_{ij} 表示第 j 个时段在第 i 个指标下规范化后的指标值。下面给出效益型和成本型指标的标准化方法。

对于效益型指标：
$$R_{ij} = (x_{ij} - \min_i x_{ij}) / (\max_i x_{ij} - \min_i x_{ij})$$

对于成本型指标：
$$R_{ij} = (\max_i x_{ij} - x_{ij}) / (\max_i x_{ij} - \min_i x_{ij})$$

（3）根据各时段各个指标的统计数据，确定每个等级所对应的指标值阈值。

根据指标值的统计数据,采用等差划分的方法直接确定阈值。对于等差分级模型,首先输入数据,按从小到大的顺序排列 $x=(x_1,x_2,\cdots,X_n)$,并计算相邻两数之间的距离序列 $D=\{d(x_{i+1},x_i)\}=\{x_{i+1}-x_i\}$。

(4) 根据集对论原理,计算每个指标与每个等级的联系度 u_{ij}。

(5) 计算每个指标的权值 w_i,可以使用 7.3.1.1 节介绍的确定权重的方法。

(6) 根据(3)、(4)步骤中每个指标的联系度和权值计算该时段属于每个等级的联系度,即

$$u_j = \sum_{i=1}^{m} u_{ij} * w_i$$

其中:u_j 为各个指标对于第 j 个级别的总联系度;w_i 为权重。

(7) 在 5 个等级的总联系度中选出一个最大值,作为当前时段系统所处的网络安全等级,即 $u_p = \max(u_j)$,网络安全评估的结果为 p 级。

集对分析法在态势评估领域已经得到了广泛应用。张劭帅等人[14]采用集对分析理论对无线传感器网络安全态势进行了评估;北京邮电大学吴琨等人[15]针对可信网络安全中多数据源确定性与不确定性的特点,采用基于集对分析的网络安全态势评估与预测方法 SPSAF,取得了较好的网络安全态势评估效果。

集对分析法的优点[16,17]在于使用联系数统一处理模糊、随机、中介和信息不完全所致的多种不确定性;从同一性、差异性、对立性测度等多个角度进行态势评估,避免采用单一标准的局限性。而且,基于联系数的系统态势分析是一种全排序的,具有唯一性,对态势所处的状态级别可进行明确划分,以替代"取大取小"模糊评价方法,避免丢失大量有价值的信息,引发错误结论。尽管集对分析法具有以上与生俱来的优势,但是作为一种基于数学模型的方法,仍旧不可避免地具有基于数学模型的固有缺点。例如,如何构造同异反联系度,始终缺少科学的依据和公认的方法,成为集对分析法的难点。

7.3.1.3 基于数学模型的网络安全态势量化评估实例

本节基于一个企业级网络态势评估的具体实例,介绍基于数学模型的网络安全态势量化评估方法。通过这个实例,读者可以直观地理解基于数学模型进行网络安全态势量化评估的全过程。

评估对象是一个企业级网络,具体评估过程如下。

(1) 选择网络安全态势评估要素

针对企业级网络的具体需求,确定相应 3 个维度的评估要素。

① 漏洞评估要素。

企业级网络中的漏洞评估要素主要考虑资产的漏洞情况,即在没有攻击的情况下,网络自身的脆弱情况,包括网络自身能够承受多大的攻击、多少攻击以及攻击会给网络带来多大的危害和损失等要素。企业级网络漏洞评估要素的层次结构如图7-1所示。

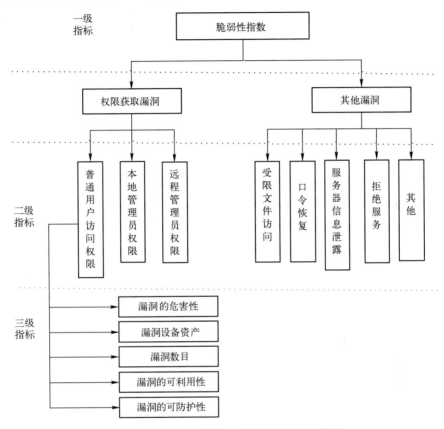

图7-1 企业级网络漏洞评估要素的层次结构

② 攻击风险评估要素。

在企业级网络中主要考虑网络攻击对网络的影响,网络攻击以网络告警的形式存在,并且是由多个安全设备采集的事件关联分析产生,对应诸多网络攻击的攻击风险评估要素的层次结构如图7-2所示。

③ 资产与工作任务评估要素。

资产与工作任务评估要素在企业级网络中主要从硬件能力、安全防护能力和实际负载等角度来选取,需要考虑网络承载的服务是否能够健康运行,组成网络的各种节点设备是否能够正常工作并及时向用户提供服务。为简化评

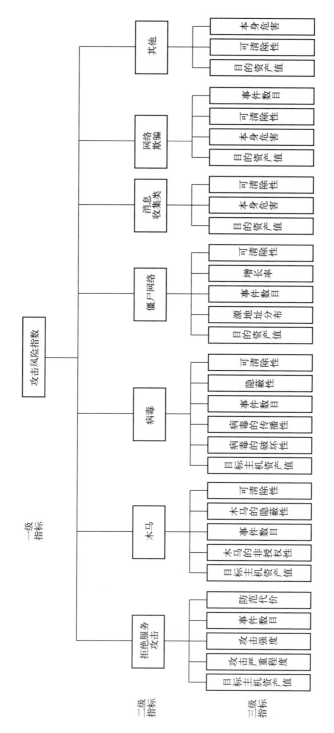

图7-2 攻击风险评估要素的层次结构

估过程，企业级网络中没有对工作任务进行详细描述，资产与工作任务评估要素主要分为容灾性和稳定性两方面。资产与工作任务评估要素的层次结构如图 7-3 所示。

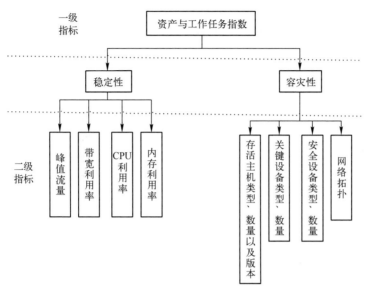

图 7-3　资产与工作任务评估要素的层次结构

（2）网络安全态势评估要素的量化

确定了网络安全态势评估要素以后，需要对各评估要素进行量化。指标的量化算法众多，在具体量化算法的选择上，可以根据评估人员的需要以及具体评估对象的特点进行选择。下面通过一个指标量化实例，来对态势评估中的量化计算过程进行说明[18]。

以计算网络欺骗类威胁指数为例，在指标体系中，网络欺骗类事件有四个指标：目标资产、危害性、事件数目、可清除性。假设在评估人员设定的单位评估时段内，其目标资产、危害性、可清除性三个指标的原始值向量分别为 $A(t)=\{A_1,A_2,\cdots,A_n\}$，$B(t)=\{B_1,B_2,\cdots,B_n\}$，$C(t)=\{C_1,C_2,\cdots,C_n\}$，$n$ 代表事件数目。其中，目标资产、危害性、事件数目可以通过查询告警事件库得到，可清除性属于静态属性。

首先，计算这一时间段内网络欺骗类事件的四个属性值。

——事件数目：n；

——目标资产：$\boldsymbol{A}(t) = \sum_{i=1}^{n} A_i$；

——危害性：$\boldsymbol{B}(t) = \sum_{i=1}^{n} B_i$；

——可清除性：$C(t) = \sum_{i=1}^{n} C_i$。

第二步，对属性值进行量化，对事件数目选用阈值法，对其他属性可以选用最大值或最小值法。

本节实例中的网络欺骗类事件原始数据表见表7-1。

表7-1 网络欺骗类事件原始数据表

网络欺骗类事件	目标资产	危害性	可清除性
事件1	3	1	2
事件2	5	3	4
事件3	2	5	3
事件4	4	6	2
事件5	5	2	1
事件6	1	2	5
事件7	3	7	3
事件8	3	4	5

经过量化后得到的网络欺骗类事件量化数值表见表7-2。

表7-2 网络欺骗类事件量化数值表

目的资产	危害性	可清除性	事件数目
0.74	0.42	0.71	0.23

(3) 网络安全态势量化计算

确定了各个评估要素的量化值以后，采用层次分析法确定各指标权重。由网络安全指标体系的构建过程可知，整个网络安全是各安全指标综合作用的结果，而且，各指标及子指标对系统安全影响的权重各不相同。基于层次分析法原理，网络安全指标体系包括网络安全总指数、各维度网络安全指数（脆弱维度指数、攻击威胁维度指数、资产与工作任务指数）、各维度的影响要素（二级指标和三级指标）等层次，依据专家评判法得到每一层次的目标元素相对上一层次某元素的影响权重，再用加权和的方法归并各子目标对总目标的最终权重。例如，网络安全总指数（IC）由漏洞指数（IF）、攻击风险指数（IV）和资产与工作任务指数（IR）计算得到，具体计算公式为

$$IC = W_F * IF + W_V * IV + W_R * IR$$

其中：W 为各个指数在总体评价中所占的权重大小，满足 $\sum W_i = 1$。权重的确定方法采用7.3.1.1节中介绍的熵权法，这里不再详细介绍。

为了更直观体现网络安全态势量化计算的过程,下面举一个简化的网络威胁指数计算过程的例子。

① 在实验平台环境中,用表 7-3 中所列的攻击作为基本数据来源。

表 7-3 攻击列表

编 号	攻击项名称	说 明	类 型
112	attempted-admin	尝试获取管理员权限	恶意探测事件
107	attempted-dos	尝试拒绝服务攻击	拒绝服务攻击事件
130	MISC-attack	MISC 攻击	木马攻击事件

② 截取 t 时间内的状态,基于系统中目前面临的攻击类型及其所属特性,根据前面介绍的权重分析法获得的指标权重进行计算,采用加权平均法得到每类事件的威胁程度。攻击特性权重表见表 7-4。

表 7-4 攻击特性权重表

类型	特性1	特性1权值	特性2	特性2权值	特性3	特性3权值	特性4	特性4权值	特性5	特性5权值
恶意探测事件	目标资产	0.428	危害性	0.113	事件数目	0.302	可清除性	0.157	/	/
拒绝服务攻击事件	目标资产	0.101	攻击严重程度	0.285	攻击强度	0.156	事件数目	0.314	防范代价	0.144
木马攻击事件	目标资产	0.45	非授权性	0.13	隐蔽性	0.1	事件数目	0.2	可清除性	0.12

恶意探测事件:

$$E_1 = \sum_{i=1}^{n} w_i * x_i$$
$= 0.428 * 0.3 + 0.113 * 0.3 + 0.302 * 0.45 + 0.157 * 0.16$
$= 0.323$

拒绝服务攻击事件:

$$E_2 = \sum_{i=1}^{n} w_i * x_i$$
$= 0.101 * 0.23 + 0.285 * 0.33 + 0.156 * 0.16 + 0.314 * 0.41 + 0.144 * 0.3$
$= 0.314$

木马攻击事件:

$$E_3 = \sum_{i=1}^{n} w_i * x_i$$
$= 0.45 * 0.8 + 0.13 * 0.22 + 0.1 * 0.2 + 0.2 * 0.61 + 0.12 * 0.36$
$= 0.574$

（3）在求得各类网络威胁事件的威胁指数基础上，通过指标体系中预先定义好的聚集函数，求得整体网络的威胁指数 T，即

$$T(t) = \varphi(E_1(t), E_2(t), E_3(t))$$
$$= 0.14*0.323 + 0.14*0.314 + 0.14*0.574$$
$$= 0.17$$

7.3.2 基于知识推理的量化评估方法

基于知识推理的量化评估方法是通过整理专家知识建立数据库和概率评估模型，借助概率论、模糊理论、证据理论等来描述和处理安全属性的不确定性信息，并通过推理控制策略，分析整个网络的安全态势。其代表性的方法包括基于图模型的推理和基于规则推理等方法。

7.3.2.1 基于图模型的网络安全态势评估方法

基于图模型的网络安全态势评估方法是使用较多的一种评估方法，将网络状态、攻击模式等用图的方式表示出来，可以突出网络攻击的特性，使得评估过程清晰、明确，易于理解。例如，基于隐马尔可夫的网络安全态势评估模型的核心思路主要分为以下几个步骤：

（1）构建每个主机的安全状态，即马尔可夫状态空间；

（2）构建状态转换概率矩阵 P 和事件期望矩阵 Q，即在某个状态下，收到的安全事件属于各个状态的概率矩阵；

（3）初始化状态概率 P_i，即一开始主机处于某个状态的概率；

（4）主机处于各个状态的代价；

（5）t 时刻某个主机的危害度 R，通过对该主机在各个状态的概率及处于该状态下的 cost 乘积求和得到。

Arnes 等人[19,20]最早提出了基于隐马尔可夫的网络安全态势评估模型，在这个基础上 Hashlunm 等人[21]将上述模型进行了进一步的扩展，使其能够支持更广泛的数据采集设备，并在此基础上提出了一种新的连续时间隐马尔可夫模型来支持实时的风险计算和评估。Mehta 等人[22]提出了一种基于攻击图状态的排序方案，通过对状态的排序反映安全状态的重要性。而且基于该攻击图，管理者可以集中精力找到网络薄弱环节，从而有针对性地部署安全措施。Noel 等人[23]利用攻击图来理解攻击者如何借助网络漏洞一步步来实施攻击，通过模拟增量式的网络渗透攻击和攻击在网络中传播的可能性来衡量这个网络系统的安全性。张勇等人[24]提出了一种基于马尔可夫博弈模型的网络安全态势感知方法，对威胁集合中的每一个威胁建立威胁传播网络，并在此基础上对威胁、管理员和普通用户的行为进行马尔可夫博弈分析，评估单个威胁

的保密性态势，进一步在对威胁集合中所有威胁保密性态势综合分析的基础上，评估系统的保密性态势。对系统的完整性和可用性态势首先采用同样的方法加以计算，然后在保密性、完整性、可用性态势的基础上得到系统当前状态的安全态势。江苏大学顾士星[25]在存在节点依赖关系的条件下，采用有向无环图生成基于贝叶斯网络的攻击图，并计算网络攻击图中节点的先验概率，评估其威胁程度。

基于图模型的网络安全态势评估方法可以突出网络攻击的特性，使得评估过程清晰、明确，易于理解。但是该方法需要针对这个网络建立攻击图，存在存储开销大等难点，难以在大规模网络中推广使用。

7.3.2.2 基于规则推理的网络安全态势评估方法

网络安全态势评估是广泛的高层次评估。由于底层数据来源不同、数据类型众多，采集的各种结果丰富多样，因此需要对底层数据做好处理。基于规则推理的网络安全态势评估方法是将在数据采集阶段获得的底层数据以概率或规则的方式表示出来，以概率传播或规则推理的方式向顶层传播，以便于在顶层通过计算完成对网络安全的整体态势评估。基于规则推理的网络安全态势评估方法包括基于贝叶斯网络的评估[26]、基于D-S证据理论的评估等方法。下面以基于D-S证据理论的网络安全态势评估为例介绍基于规则推理的网络安全态势评估过程。

D-S证据理论[27]是Dempster和Shafer提出的进行不确定推理的重要方法，属于人工智能范畴，最早应用于专家系统中。作为一种不确定推理方法，D-S证据理论的主要特点：满足比贝叶斯概率论更弱的条件；具有直接表达"不确定"和"不知道"的能力。使用D-S证据理论进行网络安全态势评估时可以按照网络层次结构，逐层推理各层的威胁级别指数，并作为下一层的参考，最终推理出整个本地网络系统威胁级别指数。

使用D-S证据理论进行网络安全态势评估的具体过程如下[28]：

（1）建立证据和命题之间的逻辑关系，即安全指标到安全状态的汇聚方式，确定基本概率分配情况；

（2）根据检测的证据，即发生的每个事件的上报信息，使用证据合成规则合成，得到新的基本概率分配结果，并把结果送到决策逻辑单元进行判断选择，以便将具有最大置信度的命题选为备选命题。

（3）当不断有事件发生时，这个过程便得以继续，直到备选命题的置信度超过一定的阈值，即证据达到要求时，便可判断该命题成立，将得到的结果作为对网络安全态势的评估结果。

D-S证据理论首先由徐晓辉等人[29]引入计算机领域。韦勇等人[30]将D-S

证据理论引入网络安全态势评估中。在数据融合阶段,通过 D-S 证据理论计算得到攻击发生的支持概率,该概率反映了由多个相关检测设备检测的外部攻击发生的可能性。文献[31]提出的方法将 CNCERT 的漏洞静态严重性分值和入侵检测系统的报警统计数据当成证据,通过 D-S 证据理论融合后,经计算得到网络漏洞态势值。这种方法的优势是引入了不确定性和先验概率分析,但是,这种方法由于依赖先验数据而存在局限性。还有相关研究[32,33]将 D-S 证据理论和模糊逻辑、神经网络、专家系统相结合,进一步提高推理的准确性。

使用 D-S 证据理论进行态势评估,克服了用概率描述方法带有的不确定性问题,不需要精确了解概率分布情况,也不需要显式地表示各种不确定性,仅需要通过建立命题和集合之间的对应关系,把命题的不确定性问题转化为集合的不确定性问题,给出信息的信任测度和似然测度即可。当先验概率很难获得时,D-S 证据理论较概率论更为有效。使用 D-S 证据理论还有一个优点,就是实现态势评估的形式可以灵活多变。使用 D-S 证据理论的缺点是计算复杂度高,而且在实际应用中,由于要尽可能地将各种证据信息表示成标准化的形式而往往忽略了矛盾冲突,丢失了冲突信息,使 D-S 证据理论不太适用于具有高冲突证据信息的场合。目前,研究如何解决高冲突证据信息的问题已成为 D-S 证据理论应用研究的热点,有各种改进的研究成果已经被发表[34-38]。

7.3.2.3 基于知识推理的网络安全态势量化评估实例

下面介绍一个基于 D-S 证据理论进行网络安全态势评估的具体例子,通过这个例子,读者可以直观地了解基于知识推理进行网络安全态势量化评估的过程。

本实例的任务是对一个小型企业网进行网络安全态势评估。按照这个小型企业网实际的规模和层次关系,可以将其网络层次结构分解为系统、主机、服务三层。系统中有多个主机,主机上有多个服务。大多数攻击是针对系统中某主机上的某一服务。按照系统、主机、服务的网络层次结构逐层推理各层的威胁级别指数,并将一层的指数作为下一层的参考,最终推理出整个企业网的威胁级别指数。针对服务的威胁级别指数构成了第一层的推理证据,针对主机的威胁级别指数构成了第二层的推理证据,而针对整个企业网系统的威胁级别指数就是推理的最终结果,根据这个结果,可以获得对于一段时间内企业网的威胁态势分析结果,为系统管理员提供一个宏观的分析结果。

关于 D-S 证据理论推理的具体算法和过程这里不做详细的介绍,只介绍基于 D-S 证据理论推理的网络安全态势评估的推理过程,具体评估的推理过程如下。

(1) 确定第一层识别框架 FOD(所有完备的且又互斥的事实事件集)

确定第一层识别框架 FOD =【high,medium,low】。对威胁级别的判定采用定性分析。high 表示具有一定重要程度的服务遭受了一定数量的攻击,其对应的风险级别高;medium 表示风险级别为中级;low 表示风险级别低。

(2) 给每个攻击的威胁级别指派对应的置信度函数 m

给每个攻击的威胁级别指派对应的置信度函数 $m(\text{high})$,$m(\text{medium})$,$m(\text{low}) \in [0,1]$,满足

$$m(\text{【high,medium,low】}) + m(\text{high}) + m(\text{medium}) + m(\text{low}) = 1$$

其中:$m(\text{high})$ 表示当前攻击威胁级别支持威胁级别高的置信度函数;$m(\text{medium})$ 表示当前攻击威胁级别支持威胁级别中级的置信度函数;$m(\text{low})$ 表示当前攻击威胁级别支持威胁级别低的置信度函数;$m(\text{【high,medium,low】}) = 1 - m(\text{high}) - m(\text{medium}) - m(\text{low})$ 表示不能确定当前威胁级别的置信度函数,即为未知级别的置信度函数。

(3) 用 D-S 证据理论计算每个服务的威胁级别

用 D-S 证据理论的推理引擎对每个服务所受攻击的数据进行融合,采用以下 D-S 证据理论合成公式,得到的结果即为服务层每个服务威胁级别的定性分析结果。

$$m_1 \oplus m_2(A) = \frac{1}{K} \sum_{B \cap C = A} m_1(B) \cdot m_2(C)$$

其中,K 为归一化常数,即

$$K = \sum_{B \cap C \neq \varnothing} m_1(B) \cdot m_2(C) = 1 - \sum_{B \cap C = \varnothing} m_1(B) \cdot m_2(C)$$

(4) 用 D-S 证据理论计算每个主机的威胁级别

按照前面计算服务威胁级别的推理方法,用 D-S 证据理论的推理引擎对每个主机上的所有服务的数据进行融合,计算主机层每个主机威胁级别的定性分析结果。

(5) 用 D-S 证据理论计算整个系统的威胁级别

用 D-S 证据理论的推理引擎对整个系统中所有主机的威胁数据进行融合,就能得出最高层,即系统层威胁级别的定性分析结果。

7.3.3 基于机器学习的量化评估方法

基于机器学习的量化评估方法通过模式识别、关联分析、深度学习等方法建立网络安全态势模版,经过模式匹配及映射,对态势性质和程度进行分

类、分级,显著地减少对专家经验知识的依赖,采用自动获取知识的方法,建立科学、客观的评估模版。基于机器学习的量化评估方法主要有灰关联分析方法、粗糙集方法以及基于神经网络和深度学习的方法等。

7.3.3.1 基于灰关联分析方法的态势量化评估

灰关联分析方法[39,40]是根据要素之间发展趋势的相似或相异程度作为衡量要素间关联程度的一种方法。基于灰关联分析方法[41]的态势量化评估一般首先通过构建态势要素数据序列来计算两组态势序列之间的差异性,然后基于灰关联分析技术建立态势因子之间的灰关联系数,再将每个序列的各个态势因子的灰关联系数集中体现在一个值上,最后通过该值的大小对网络安全态势进行类别的划分。

基于灰关联分析方法进行层次式网络安全态势量化评估的过程如下[42]:

(1) 将目标网络系统分为服务层、主机层、系统层 3 个层次。

(2) 建立攻击层到服务层的灰度关联矩阵:

- $Y_1, Y_2, \cdots, Y_s$ 为服务层状态数据序列,$Y_i = (y_i(1), y_i(2), \cdots, y_i(n))$,$i \in (1, 2, \cdots, s)$;

- $X_1, X_2, \cdots, X_m$ 为攻击层要素数据序列(这里的网络安全评估要素的选取可参考第 6 章,可以根据具体评估网络的需求选取要素),$X_j = (x_j(1), x_j(2), \cdots, x_j(n))$,$j \in (1, 2, \cdots, m)$;

- 计算 Y_i 对 X_j 的灰关联度:

$$r(y_i, x_j) = \frac{1}{n} \sum_{k=1}^{n} R(y_i(k), x_j(k)), i \in (1, 2, \cdots, s), j \in (1, 2, \cdots, m)$$

其中

$$R(y_i(k), x_j(k)) = 1 - \frac{\min_j \min_k |y_i(k) - x_j(k)| + \partial \max_j \max_k |y_i(k) - x_j(k)|}{|y_i(k) - x_j(k)| + \partial \max_j \max_k |y_i(k) - x_j(k)|}$$

- 计算所有的 r_{ij},即 $r(Y_i, X_j)$ 构成 $s \times m$ 的灰关联矩阵:

$$(r_{ij}) = \begin{pmatrix} r_{11} & r_{12} & \cdots & r_{1m} \\ r_{21} & r_{22} & & r_{2m} \\ \vdots & \vdots & \vdots & \vdots \\ r_{s1} & r_{s2} & \cdots & r_{sm} \end{pmatrix}$$

此灰关联矩阵中第 i 行的元素是服务层状态数据序列 $Y_i (i \in (1, 2, \cdots, s))$ 与相关攻击层要素序列 $X_1, X_2, \cdots, X_m$ 的灰关联度;第 j 列的元素是系统特征数据序列 $Y_1, Y_2, \cdots, Y_s$ 与 $X_j (j \in (1, 2, \cdots, m))$ 的灰关联度。

(3) 根据攻击层到服务层的灰关联矩阵，计算服务层态势指数：

t 时间段内，服务 FS_j 的安全态势指数为

$$FS_j(t) = \sum_{i=1}^{n} 10^{P_{ij}} FA_i(t)$$

其中：FA_i 为 t 时间段某类攻击对服务 S_j 产生的攻击态势指数，该态势指数是基于灰关联分析方法的攻击要素关联而得到的；i 为某时间段内该服务所遭受攻击的种类数；P_{ij} 为 A_i 对服务 S_j 的危害程度，其值由攻击所属类型来决定。

(4) 根据服务层态势指数计算主机层态势指数：

服务层到主机层的态势指数也可以通过建立服务层到主机层的灰关联矩阵计算其态势指数。但在一般情况下，由于服务层到主机层的映射关系明确，因此可以采取权重分析法进行指数计算，即在 t 时间段内，主机 FH_k 的安全态势指数为

$$FH_k(t) = \sum_{j=1}^{m} V'_j FS_j(t)$$

式中：$FS_j(t)$ 为 t 时间段主机 FH_k 的服务 S_j 的安全态势指数；j 为主机 FH_k 中开通的服务数；V' 为在主机 FH_k 的各种服务中所占的重要性权值。

(5) 同理，根据主机层态势指数计算系统层态势指数，可得出整个系统的网络安全态势评估值。

赵国生等人[41]首次将灰关联分析技术应用于网络态势评估领域。文献[42]利用灰关联分析法对网络中的攻击要素进行关联，进而评估整体网络态势。文献[43]根据灰关联分析方法确定指标权重，结合改进优化的支持向量机算法，建立网络安全态势评估模型。灰关联分析方法思路简单，容易实现，但在模式匹配阶段，需要与每一个模型进行比较，增加了计算的复杂性。

灰关联分析方法的思路比较简单[44]，基于模式匹配的方法在各个历史态势数据之间进行匹配比较，即可完成对安全态势的分类评估。该方法的不足之处在于模式匹配阶段，需要与每一个历史态势进行比较，在每次比较的过程中需要计算各个态势因子的灰关联系数和灰关联度，计算的时间空间复杂度比较大。

7.3.3.2 基于粗糙集方法的态势量化评估

粗糙集理论[45]是假设处理目标都与某些信息相关联，形成不可分辨的关系。粗糙集理论被用于解决信息含糊不清和不确定性的问题，发掘海量数据中的内在逻辑规则。粗糙集理论的广泛应用主要得益于其不需要先验知识，是一种天然的数据挖掘或知识发现方法[46,47]。与传统的处理方法不同，粗糙

集理论研究表达知识系统属性的重要性以及属性之间的依赖关系。粗糙集理论通过引入上近似集和下近似集来描述一个集合，核心思想是在保持分类能力不变的前提下，得到概念的分类规则[48]。基于粗糙集方法进行态势量化评估的一般过程如下：

（1）建立态势因子到态势划分之间联系的态势评估决策表，决策表的构建过程主要分为特征选择、信息表离散化、属性规约、属性值规约、形式化规则这五个阶段；

（2）通过历史数据作为训练的样本数据来建立态势评估模版；

（3）当一个新的信息到达时，通过分类决策表可以确定当前的态势状态，即通过模式匹配得出当前网络安全态势的对应状态。

文献[49]详细分析了使用粗糙集方法进行态势评估过程中决策表的构建过程。文献[50]针对粗糙集理论在应用于态势感知范畴时损失精度的缺点，将粗糙集和模糊粗糙集结合进行信息处理，提高了计算结果的精度。文献[51]结合条件属性约简以及决策规则约简，提出了基于粗糙集分析的网络态势评估模型。Xueyu Li 等人[52]对粗糙集理论进行改进，在基于深度学习（DL）的特征提取基础上，结合粗糙集分析和深度抽象的模式信息给出评估策略。

粗糙集理论可作为一种处理不精确、不一致、不完整等各种不完备信息的有效工具：一方面得益于该理论的数学基础成熟、不需要先验知识；另一方面得益于它的易用性。在态势评估中引入粗糙集理论，其优点不仅在于不需要提供额外的任何先验信息，从而避免了主观要素带来的影响，而且具有较强的学习能力，能够在海量的历史数据中发现一些潜在的规律，并以逻辑规则的形式表现出来。但是粗糙集理论存在计算量大、非实时性等缺点，在实时的使用环境中可能无法满足使用需求。

7.3.3.3 基于神经网络和深度学习的态势量化评估

决定大规模网络安全状态的要素具有海量性和多样性的特点，且随时间不断演化。而且，网络安全态势评估具有多层次、多维度等特点。因此，如何正确选取网络安全态势评估参数，并将其归约、汇聚为量化数值，能够真实、客观地反映网络安全状态，是非常具有挑战性的问题。神经网络和深度学习技术为以上问题提供了新的解决途径。由于可以将大量的历史数据作为学习样本，神经网络和深度学习技术可以通过训练来建立海量网络安全态势因子与最终网络安全态势状态之间的对应关系，当新的网络安全态势数据被输入系统时，就可以得出对应的网络安全态势状态。神经网络和深度学习算法摆脱了对特征工程的依赖，能够自动化构建具有动态可调整、自适应自学习特性的网络安全态势量化评估模型。

基于神经网络进行态势量化评估的主要过程如下。

（1）数据输入

首先进行网络安全评估要素的选取，选取方法可参考第6章"网络安全态势评估的要素和维度"，根据具体评估系统的需求选取评估要素，并将这些评估要素按照一定方式组织成神经网络输入格式。

（2）构建神经网络模型结构

构建合适的神经网络模型结构，包括网络的深度、连接的方式等。

（3）通过历史数据训练神经网络

将大量的历史数据输入神经网络，进行模型参数的训练。

（4）实时网络安全态势计算

基于训练生成的神经网络模型，给其输入实时网络安全态势要素数据，即可以得出当前网络安全态势的评估值。

Seyoung Park[53]在论文中围绕物联网态势感知，利用从物联网传感器的多个深度神经网络学习结果导出的上下文数据进行自学习，建立了一个深度学习态势感知框架。Xie L，Wang Y等人[54]将传统神经网络和网络安全指标计算结合起来，进行网络安全评估，得到了不错的效果。李天骥等人[55]提出了一个基于神经网络进行网络安全态势评估和预测的模型，从入侵检测系统、漏洞扫描系统等多种设备中提取能够反映网络安全性的指标，并对这些指标进行融合和量化，应用自适应神经模糊推理系统来评估网络安全态势。神经网络具有较强的学习功能，模糊推理能够更好地描述网络安全性指标，有效地结合两者的优势，将专家经验更好地利用于态势评估过程，使得评估结果更加准确和可信。还有研究[56,57]用BP神经网络进行网络安全态势评估，也取得了不错的效果。

传统神经网络的全连接结构在处理输入规模比较大的数据时，由于神经网络隐藏层节点和输入数据的维度是指数级增长的，加上与每个中间节点对应的偏置值，会造成节点权值参数过多的情况，导致将神经网络应用于大规模复杂网络的安全态势评估时效果不佳。因此，出现使用深度学习算法，尤其是采用卷积神经网络进行网络安全态势的量化评估的相关研究[58,59]。深度学习算法摆脱了对特征工程的依赖，能够自动化构建具有动态可调整、自适应自学习特性的网络安全态势量化评估模型。卷积神经网络是一类包含卷积计算且具有深度结构的前馈神经网络，其卷积层和池化层可以有效压缩数据和提取关键特征，并能够实现具有平移不变性的分类。因此，可以通过对卷积神经网络的训练和学习，建立涵盖网络各种性质的多维度、多层次、多粒度、可配置的全面的网络安全态势评估模型。建立的网络安全态势评估模型不仅具备很好的可扩展性，而且全面包含可能对网络系统造成影响的主要事件类型和安全指标，能够实时、准确、全面地反映网络安全态势。

虽然基于机器学习方法的态势评估方法具有高效、处理量大、不过分依赖专家经验等优势，但在模式抽取阶段，面对较为复杂的特征时会比较棘手，而且其原理难以描述，不具有可解释性，因此通过机器学习得出的网络安全态势评估模型不易理解，不具有延展性。

7.3.3.4 基于机器学习的网络安全态势量化评估实例

下面介绍本书作者团队利用卷积神经网络实现的基于机器学习的网络安全态势量化评估实例[60,61]。通过这个实例，读者可以直观地了解基于机器学习进行网络安全态势量化评估的过程。

该评估针对的是某国家级网络。该网络是一个大规模层次式网络，分为国家层网络、省级网络和地市级网络。对该网络中 48 个子网收集的 6 个月的网络安全数据进行网络安全态势量化评估，从中抽取 315 万个具有代表性的人工标注的历史数据作为数据集，从设计的指标体系中选取 28 个具体指标进行对应预处理，并通过标准归一化方法将数据量级进行统一，将其中 300 万个数据作为训练集，15 万个数据作为测试集。

(1) 数据输入

首先进行网络安全评估要素的选取，选取方法参照 7.3.1.3 节介绍的基于数学模型的方法，不同的是基于数学模型的方法用层次分析法和集对分析法确定权重，而基于机器学习的方法用卷积神经网络进行权重的自动学习和调整。

对选取的网络安全评估要素进行数据的量化和标准化处理以后，要把这些数据构成等长的多维向量，再将这些向量组成数据集合 $D=\{d_1,d_2,\cdots,d_n\}$，输入卷积神经网络。数据输入方式直接影响卷积神经网络的训练和学习效果，因此设计了不同的数据组合输入方式，并通过测试确定其效果。

① 随机数据组合输入。

这是最简单的数据输入方式，将网络安全指标体系叶节点的数据按照随机排列的方式组成 m 行×n 列的模拟图片数据，输出为 10 个网络安全等级，输入数据归一化以后，取值范围为 0~1，输出取值范围为 0~9。

② 子网划分数据输入方式。

将网络安全数据进行子网划分，划分为 n 个子网，因此，$D=\{d_1,d_2,\cdots,d_n\}$，$d_i(1 \leq i \leq n)$ 为一个子网中采集到的网络安全指标数据。对每一个 d_i，其排列方式按照基础运行维、脆弱维、威胁维三个维度排序，即 $d_i=$（基础运行

维 X 个指标；脆弱维 Y 个指标；威胁维 Z 个指标）。

③ 分组数据输入方式。

在卷积神经网络训练过程中，同一 batch（批次）的训练数据（单次训练时提供的用于共同训练的不同二维数据组之集合）是否有相似的大小特性和权值特性，对于深度学习网络的训练效果会造成较大影响，所以可以尝试对输入方式②进行改进，事先对训练数据进行分组，取同一特性的数据集进入同一训练 batch，即尝试提高模型精确度。

数据输入设置为 m 行×n 列的模拟图片数据，n 列数据代表 n 个不同的网络子网，每一行数据代表针对一个基本网络安全指标在 n 个子网中采集的不同数据，而且，在同一 batch 中的数据，其 m 行×n 列数据有相似的大小特性，使得输出结果也具有相似的大小特性的安全等级。

（2）构建模型

卷积神经网络作为一个典型的机器学习中的深度学习模型，是由传统神经网络模型演化而来的，被广泛应用在图像识别、目标检测、语音识别、文本处理等场合，并都取得了不俗的成绩和效果。卷积神经网络具有如下运行特点：具有共享权重的特性，利用卷积和池化操作，能够有效降低高维度数据的计算复杂度；特征映射面上的权重共享还有助于并行计算，这也有利于提高模型的工作效率；池化的作用也体现在概要统计特征上，能够在防止过拟合这一问题上体现出较好的效果。如图 7-4 所示，模型在卷积操作时，将浅色代表的卷积核与训练数据矩阵进行内积运算，并通过一定步幅移动生成特征映射图（feature map），在此基础上将卷积的输出作为池化的输入，再通过类似的池化核进行计算，降低计算复杂度，通过多次卷积和池化的组合完成模型的构建。

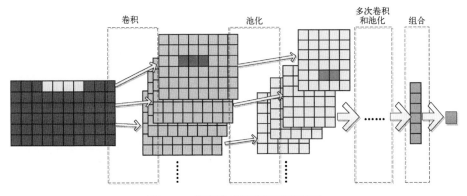

图 7-4　卷积神经网络原理示意图

利用以上卷积神经网络的运行特点，即可通过挖掘特征值之间的关联性以及输入/输出特征向量间的非线性映射关系，高效地计算出所需要的拟合专家评估结果。

① 卷积。从图 7-4 中可以看到，第一层卷积操作过程，通过 1×n 的 1D 卷积核窗口滑动对输入数据进行特征提取，其他更深层的卷积也类似于此操作。所以，面对输入数据 x，可以定义第 m 层 Layer-m 的第 σ 个特征映射图 feature map-σ 卷积计算为

$$c_\sigma^m(x) = f\left(\sum w^{(m,\sigma)} p_i^{(m-1)} + b^{(m,\sigma)}\right), \quad \sigma = 1, 2, \cdots, n$$

式中：$c_\sigma^m(x)$ 表示第 m 层的卷积核 σ 对上一层的特征进行特征提取得到的输出；$w^{(m,\sigma)}$ 表示第 m 层的卷积核 σ 的权重参数；$p_i^{(m-1)}$ 表示第 $m-1$ 层的第 i 个特征映射图；$b^{(m,\sigma)}$ 为偏置值；$f(\cdot)$ 为激活函数，这里采用的是 Relu 函数。

② 池化。对于每个卷积特征映射图，应用 1D 形式的最大池化层进行下采样，即

$$s_\sigma^m(x) = \text{max. pooling}(c_\sigma^{m-1}) + b^{(m,\sigma)}$$

采用池化操作主要用于迅速收缩网络规模，更好地突出概要统计特征，减少噪声干扰，同时，也能够有效地避免产生过拟合的问题。

③ 输出。输出为 Pre = {pr1, pr2, ⋯, prn}，通过函数计算将输入指标转化为预测值。

④ 计算。模型采用反向传播算法，对权重进行计算，对于网络的 Layer-m，第 i 个输入特征与其输出的第 j 个特征的计算权重更新为

$$\Delta w_{ij} = \alpha \, \delta_j P_i \tag{7-1}$$

若 Layer-m 是最后一层，则式中 δ_j 为

$$\delta_j = (T - C_j) d'(P_i)$$

其中：$d'(P)$ 为函数求导，如果 Layer-m 不是最后一层，则式（7-1）中的 δ_j 为

$$\delta_j = d'(P_i) \sum_{k=1}^{N_{m+1}} w_{jk}$$

其中：k 为 $m+1$ 层的第 k 个输出；j 表示 m 层的第 j 个输出。因此可以构建训练过程。权重训练更新规则见表 7-5。

表 7-5 权重训练更新规则

1	*while*
2	*do* 输入信号前向传播
3	计算期望值与目标值的误差 E

续表

4	*if E* 收敛
5	end all
6	*else* 利用式（7-1）对最后一层的权重 *w*' 更新
7	*do* 将 *E* 反向传播上一层，并利用式（7-1）对 *w* 更新
8	*while* 没有到达第一输入层

（3）模型参数设置

考虑到学习效率和计算总量，采用较小的卷积核，则可以构造一个相对较深的模型，看似更加复杂，但是相比连接更多的传统浅层网络，效果会更好。构造一个 5 层的隐藏层部分，前 3 层和后 2 层分别采用 $1*4$ 和 $1*3$ 的卷积核进行卷积计算，模型参数初始设置见表 7-6。

表 7-6　模型参数初始设置

参数	初始设置
卷积核大小	1@2@3@ :1 * 4,4@5@ :1 * 3
卷积核个数	64 * 5
卷积核滑动步长	1
池化方法	Max
池化窗口大小	1 * 2
池化窗口滑动步长	2
激活函数	Relu
Dropout	0.5
全连接层神经元	100
参数求解算法	Rmsprop
损失函数	Mean_Squared_Error

基于卷积神经网络的网络安全态势量化评估方法，利用卷积层对特征进行局部检测和深度提取，运用池化层快速收缩网络规模并突出概要特征，通过多个隐藏层的深层网络结构，最终实现拟合学习样本，对网络安全态势进行综合量化评估，具有在线学习等自适应性特点。

7.4　本章小结

网络安全态势评估对于全面的网络安全态势感知至关重要，如果无法准确对网络安全态势进行评估,就无法对其进行有效管理。网络安全态势评估作为网络安全态势感知的核心要素,在融合各类安全设备数据的基础上,根据网络安全态势评估的需要,借助某种数学模型或经过形式化推理计算,得到当前网络安全态势的一个评估值。网络安全态势评估是全面、实时、准确地感知网络安全态势的至关重要的环节。

网络安全态势评估方法按描述方式的不同,可分为定量评估方法和定性评估方法。定性评估方法的优点是可以挖掘一些网络安全专家蕴藏很深的思想,使评估的结论更全面、更深刻。定量评估方法的优点是可以使评估结果更直观、更客观、更科学、更严密。定性评估方法对人的依赖较少,适于大规模、实时的网络安全态势评估,是目前应用较为广泛的评估方法。

定量的网络安全态势评估方法主要包括基于数学模型的量化评估方法、基于知识推理的量化评估方法和基于机器学习的量化评估方法。每种方法都各有优缺点,在实际使用过程中可以根据评估对象的具体需求选择合适的评估方法。

参考文献

[1] 王志平. 基于指标体系的网络安全态势评估研究 [D]. 长沙:国防科学技术大学,2012.

[2] Freeman J W, Darr T C, Neely R B. Risk assessment for large heterogeneous systems [C]// Computer Security Applications Conference,1997. Proceedings. . IEEE,1997:44-52.

[3] Mayrena R, Trussell C B, Gonzalez F, et al. Risk Assessment Predictive Modeling for Large Collection Systems: The L. A. Experience [J]. Proceedings of the Water Environment Federation, 2011, 2011 (5):810-813.

[4] 汪渊. 网络安全量化评估方法研究 [D]. 合肥:中国科学技术大学,2003.

[5] Dagdeviren M, Yüksel. Developing a fuzzy analytic hierarchy process (AHP) model for behavior-based safety management [J]. Information Sciences. 2008, 178 (6):1717-1733.

[6] 陈秀真,郑庆华,管晓宏,等. 层次化网络安全威胁态势量化评估方法 [J]. 软件学报,2006,17(4):885-897.

[7] 章宜玉,杨清. 基于模糊层次算法的移动互联网安全态势评估研究 [J]. 计算机工程与应用,2016(24):107-111.

[8] 李方伟,张新跃,朱江,等. 基于信息融合的网络安全态势评估模型 [J]. 计算机应用,2015,35(7):1882-1887.

[9] 韦勇,连一峰. 基于日志审计与性能修正算法的网络安全态势评估模型 [J]. 计算机学报,2009,32(4):763-772.

[10] 王娟,张凤荔,傅翀,等. 网络态势感知中的指标体系研究 [J]. 计算机应用,2007,27(008):1907-1909.

[11] Garg H, Kumar K. Some aggregation operators for linguistic intuitionistic fuzzy set and its application to

group decision-making process using the set pair analysis [J]. Arabian Journal for Science and Engineering, 2018, 43 (6): 3213-3227.
[12] 韩敏娜,刘渊,陈烨. 基于集对分析的网络安全态势评估 [J]. 计算机应用研究, 2012, 29 (10): 3824-3827.
[13] 张艳明. 基于集对论的网络安全态势评估技术 [D]. 哈尔滨:哈尔滨工业大学, 2009.
[14] 张劭帅,袁津生. 基于集对分析的 WSN 安全态势感知模型的研究 [J]. 计算机工程与科学, 2017, 39 (3), 505-511.
[15] 吴琨,白中英. 集对分析的可信网络安全态势评估与预测 [J]. 哈尔滨工业大学学报, 2012, 44 (3): 112-118.
[16] 龚正虎,卓莹. 网络态势感知研究 [J]. 软件学报, 2010 (07): 1605-1619.
[17] 卓莹. 基于拓扑·流量挖掘的网络态势感知技术研究 [D]. 长沙:国防科学技术大学, 2010.
[18] 李远征. 基于指标体系的电子政务外网安全态势评估研究 [D]. 长沙:国防科学技术大学. 2012.
[19] Årnes A, Valeur F, Vigna G, et al. Using hidden markov models to evaluate the risks of intrusions [C]// Recent Advances in Intrusion Detection: 145-164.
[20] Årnes A, Sallhammar K, Haslum K, et al. Real-time risk assessment with network sensors and intrusion detection systems [J]. Computational Intelligence and Security. 2005: 388-397.
[21] Haslum K, Årnes A. Multisensor real-time risk assessment using continuoustime hidden Markov models [J]. Computational Intelligence and Security, 2007: 694-703.
[22] Mehta V, Bartzis C, Zhu H, et al. Ranking Attack Graphs [C] // In Proceedings of the 9th International Symposium On Recent Advances in Intrusion Detection (RAID), September 20-22, Hamburg, Germany. 2006: 127-144.
[23] Noel S, Jajodia S, Wang L, et al. Measuring security risk of networks using attack graphs [J]. International Journal of Next-Generation Computing, 2010, 1 (1).
[24] 张勇,谭小彬,崔孝林,等. 基于 Markov 博弈模型的网络安全态势感知方法 [J]. 软件学报, 2011, 22 (3).
[25] 顾士星. 基于贝叶斯网络攻击图的安全分析算法的研究 [D] 镇江:江苏大学, 2017.
[26] 程岳,王宝树,李伟生. 实现态势估计的一种推理方法 [J]. 计算机科学, 2002, 29 (6): 111-113.
[27] Shafer G A. A mathematical theory of evidence [M]. Princeton : Princeton University Press, 1976.
[28] 席荣荣,云晓春,金舒原,等. 网络安全态势感知研究综述 [C]// 中国计算机网络与信息安全学术会议, 2011.
[29] 徐晓辉,刘作良. 基于 DS 证据理论的态势评估方法 [J]. 电光与控制, 2005, 12 (005): 36-37.
[30] 韦勇,连一峰,冯登国. 基于信息融合的网络安全态势评估模型 [J]. 计算机研究与发展, 2009 (003): 353-362.
[31] 杨浩,谢昕,李卓群,等. 多样性入侵环境下网络安全态势估计模型仿真 [J]. 计算机仿真, 2016, 33 (6): 270-273.
[32] 王国胤,姚一豫,于洪. 粗糙集理论与应用研究综述 [J]. 计算机学报, 2009, 32 (7): 1229-1246.
[33] Pawlak Z. Rough sets [J]. International Journal of Parallel Programming. 1982, 11 (5): 341-356.

[34] 张守志, 许彦, 施伯乐. 糙集中近似质量的新认识 [J]. 计算机研究与发展, 2003, 40 (009): 1357-1360.

[35] Pawlak Z. Rough set approach to knowledge-based decision support [J]. Europeanjournal of operational research, 1997, 99 (1): 48-57.

[36] Pawlak Z, Sowinski R. Rough set approach to multi-attribute decision analysis [J]. European Journal of Operational Research, 1994, 72 (3): 443-459.

[37] Wei S, Jin N, Hui X, et al. A situation assessment model and its application based on data mining [C]// Proceedings of the 9th International Conference on Information Fusion, 2006: 1-7.

[38] 萧海东. 网络安全态势评估与趋势感知的分析研究 [D]. 上海: 上海交通大学, 2007.

[39] Zhao G. Study on Situation Evaluation for Network Survivability Based on GRA [J]. Mini-Micro Systems, 2006, 10.

[40] Lai J B, Wang H Q W, Zhu L. Study of network security situation awareness model based on simple additive weight and grey theory [C]// Proceedings of the 2006 International Conference on Computational Intelligence and Security, November 3-6, Guangzhou, China. 2006: 1545-1548.

[41] 赵国生, 王慧强, 王健. 基于灰色关联分析的网络可生存性态势评估研究 [J]. 小型微型计算机系统, 2006, 27 (10): 1861-1864.

[42] 李玲娟, 孔凡龙. 基于灰色理论的层次化网络安全态势评估方法 [J]. 计算机技术与发展, 2010, 20 (8): 163-166.

[43] Wang C Y. Assessment of network security situation based on grey relational analysis and support vector machine [J]. Jisuanji Yingyong Yanjiu, 2013, 30 (6): 1859-1862.

[44] 李小燕. 基于小波神经网络的网络安全态势预测方法研究 [D]. 长沙: 湖南大学, 2016.

[45] Pawlak Z. Rough sets [J]. International Journal of Parallel Programming, 1982, 11 (5): 341-356.

[46] Pawlak Z. Rough set approach to knowledge-based decision support [J]. European journal of operational research, 1997, 99 (1): 48-57.

[47] Pawlak Z, Sowinski R. Rough set approach to multi-attribute decision analysis [J]. European Journal of Operational Research, 1994, 72 (3): 443-459.

[48] 张守志, 许彦, 施伯乐. 糙集中近似质量的新认识 [J]. 计算机研究与发展, 2003, 40 (009): 1357-1360.

[49] Wei S, Jin N, Hui X, et al. A situation assessment model and its application based on data mining [C]// Proceedings of the 9th International Conference on Information Fusion. 2006: 1-7.

[50] 范渊, 刘志乐, 王吉文. 一种基于模糊粗糙集的网络态势评估方法研究 [J]. 信息网络安全, 2015, (9): 58-61.

[51] 卓莹, 何明, 龚正虎. 网络态势评估的粗集分析模型 [J]. 计算机工程与科学, 2012, 34 (3): 1-5.

[52] Li X, Li X, Zhao Z. Combining deep learning with rough set analysis: A model of cyberspace situational awareness [C]//2016 6th International Conference on Electronics Information and Emergency Communication (ICEIEC). IEEE, 2016: 182-185.

[53] Park S, Sohn M, Jin H, et al. Situation reasoning framework for the Internet of Things environments using deep learning results [C]// IEEE International Conference on Knowledge Engineering & Applications. IEEE, 2017, 133-138.

[54] Xie L, Wang Y, Jinbo Y U. Network security situation awareness based on neural networks [J]. Journal

of Tsinghua University, 2013, 53 (12): 1750-1760.

[55] 李天骐. 基于神经网络的网络安全态势评估与预测技术研究 [D]. 北京: 华北电力大学, 2016.

[56] Tang C, Yi X, Qiang B, et al. Security Situation Prediction Based on Dynamic BP Neural with Covariance [J]. Procedia Engineering, 2011, 15: 3313-3317.

[57] Huang L, Huang J, Wang W. The Sustainable Development Assessment of Reservoir Resettlement Based on a BP Neural Network [J]. International Journal of Environmental Research & Public Health, 2018, 15 (1): 146.

[58] Sainath T N, Kingsbury B, Saon G, et al. Deep Convolutional Neural Networks for large-scale speech tasks [J]. Neural Networks the Official Journal of the International Neural Network Society, 2015, 64: 39-48.

[59] Ding C, Tao D. Trunk-Branch Ensemble Convolutional Neural Networks for Video-based Face Recognition. [J]. IEEE Transactions on Pattern Analysis & Machine Intelligence, 2018, PP (99): 1-1.

[60] 刘海天, 韩伟红, 贾焰. 基于BP神经网络的网络安全指标体系构建 [J]. 信息技术与网络安全, 2018 (04): 30-33.

[61] 刘海天, 韩伟红, 贾焰. 基于深度学习的靶场网络安全指标体系构建 [D]. 长沙: 国防科技大学, 2018.

第 8 章
网络安全事件预测技术

在日趋复杂的网络环境和动态变化的攻防场景下,网络攻击发生的瞬时性日益增加。如果能够预测网络未来的安全状况及其变化趋势,为网络安全策略的选取提供指导,从而增强网络防御的主动性,在网络攻防中占据主动地位。所谓预测,一般而言,是指根据过去和现在的已知要素,运用已有的知识、经验和科学方法,对尚未发生的事件进行预先判断和估计。在网络安全领域,预测通常是指在掌握了引起网络安全事件以及事件发展变化的外部因素和内部因素的基础上,探究各种因素影响事件变化的规律,进而提前估计事件将来的发展趋势,获取未来发展变化的可能情形。网络安全态势感知的最高层级是预测,包括对网络当前态势将如何演化进行展望,并对未来态势中各种安全事件进行预测,是态势感知的最终目标。

本章 8.1 节将介绍网络安全事件预测的概念和背景,讲解预测需要具备的前提和条件,以及网络安全态势预测的技术难点和网络安全事件预测的基本模型;8.2 节将介绍传统的网络安全事件时间序列预测技术,包括基于回归分析模型的预测技术、基于小波分解表示的预测技术、基于时序事件化的预测技术,以及相关技术的实验对比分析等;8.3 节将介绍基于知识推理的网络安全事件预测技术,包括基于攻击图的预测技术、基于攻击者能力与意图的预测技术,以及基于攻击行为/模式学习的预测技术,这些预测技术能够更好地预测网络关键资产即将面临的威胁;8.4 节将对本章进行总结。

8.1 网络安全事件预测的概念和背景

网络安全事件预测主要是指对网络系统中发现的重大安全事件运用科学的理论、方法和已有的经验去判断和预测其发展趋势和危害情况,是网络安全态势感知的重要阶段,也是网络安全态势感知的主要目标[1,2]。

为进行网络安全事件预测,需要分析潜在的和可能的攻击路径,基于对我方网络和系统的漏洞情况对攻击路径进行预测,对新攻击模式进行持续学习,以及揭示并通晓攻击者所进行的混淆和欺骗行为。在目前复杂的网络安全形势下,攻击者经常采用大量的侦察、漏洞的利用和混淆技术在网络上进行恶意活动或进行破坏。目前的态势感知已经在尽可能地发现和检测新漏洞的利用情况,但仅仅这样还不够。目前态势感知获取的信息还包括一些不准确的观察对象,需要将相关的事件自动关联到已知或未知的攻击策略,对正在进行的攻击策略进行预估,实现对网络安全事件的预测。

实现当前态势感知的攻击预测,需要具备四个前提条件:第一,我情掌握,即准确了解我方网络资产和系统的漏洞情况;第二,理解攻击模式,即掌握攻击者的行为模式;第三,新模式学习,即具有对攻击新模式的持续学习能力;第四,不被蒙蔽,也就是能够揭示并看穿攻击者所开展的混淆和欺骗行为。

针对多步网络攻击的预测,需要对攻击活动随着时间推移而展开的过程进行建模,多步网络攻击的预测示意图如图 8-1 所示。对多步网络攻击建模需要考虑的因素比传统入侵检测要更广泛,重点要掌握系统漏洞和攻击的利用情况。Cohen[3] 自 1997 年开始开创性地提出了一系列的网络攻击建模框架,使用因果模型推断出 37 种威胁剖面(行为)、94 种攻击(包括物理攻击和网络攻击)和 140 种防御机制,力争对网络攻防行为进行全面了解。关于攻击建模,主要是要对告警信息进行关联并识别攻击计划,将告警信息关联到同一个多步网络攻击事件,将关联和识别过程视为攻击者所被追踪到的足迹。这些足迹以及它们的顺序和因果关系,可以被建模和表达为攻击策略,并形成相应的(分析)假设,从而帮助分析师在海量告警中对态势进行理解和管理。以数学模型表达的假设攻击策略,可用于对正在进行的攻击行动的未来动作进行预测。

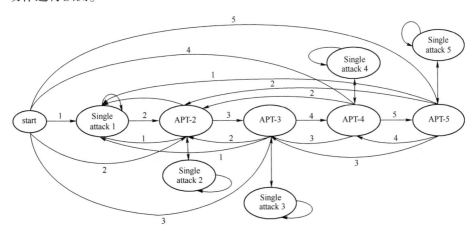

图 8-1 多步网络攻击的预测示意图

本章将讲解多步网络攻击模型。

多步网络攻击 $X = <X_1, X_2, \cdots, X_N>$。$X$ 是一个观察事件的有序序列，其中随机变量 $X_k \in O, k \in \{1, 2, 3, \cdots, N\}$ 被定义为序列中的第 k 个动作。理论上，X_k 应被定义为描述所观察事件的由多个属性组成的一个向量，本章中 X_k 被视为随机变量。攻击策略将被表示为 L 阶马尔可夫模型 C：

$$P(X \mid C) = P(X_1, X_2, \cdots, X_L) \prod_{k=1}^{N-L} f^C(X_k, \cdots, X_{k+L})$$

其中：$P(X_1, X_2, \cdots, X_L)$ 是攻击模型 C 的初始分布；f^C 给出 L 阶马尔可夫模型的转移矩阵，即 $P(X_n \mid X_{n-1}, \cdots, X_{n-L})$。使用该模型可表达一个假设的攻击策略实例[2]。

网络攻击预测的两个必要条件和面临的三大挑战如图 8-2 所示。网络攻击预测主要有两个必要条件：第一，对我方网络漏洞情况的准确掌握，和对告警日志的准确态势分析（知己）；第二，对攻击者具体攻击方法的预测估计（知彼）。网络攻击预测主要面临三大挑战。第一是对被保护网络的网络配置情况、用户可访问性和系统漏洞可能无法准确地感知。这是因为存在技术的原因或管理的原因，导致很难及时掌握系统漏洞的更新情况。第二是由于态势感知不足、对告警日志的态势关联分析不充分，以及存在攻击者利用的混淆技巧等，导致网络的安全状态具有不确定性。攻击预测方法需要适应这种不确定性，而且需要在这种不确定性的条件下进行预测。第三是攻击者的攻击策略是多样化的，且随时间的推移而演化，攻击预测方法需具有自适应性，并且最好能在线实时处理未知的攻击策略。

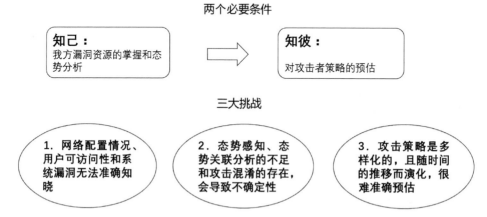

图 8-2　网络攻击预测的两个必要条件和面临的三大挑战

8.2 传统的网络安全事件时间序列预测技术

本节将介绍传统的网络安全事件时间序列预测技术。时间序列是指由某一随机过程在不同时刻的相继观察到的数值排列而成的一组数字序列。显然，这个数据与聚集的时间粒度密切相关，并且按时间顺序排列的聚集值就是一个时间序列。时间序列数据在生活中十分普遍，自然领域的太阳黑子数、河流流量、生物种群大小，社会领域的地区人口数、交通流量，经济领域的市场价格、证券价格等都是时间序列数据[4]。

在统计学上来看，时间序列是将某一个数值变量在不同时间的取值按照时间的顺序排列成数列。该数列内的各数值彼此之间存在着统计学上的因果关系。时间序列分析预测的主要任务是根据有限观测到的前面数据的特点为后续数据建立尽可能合理的数学模型，然后利用模型的统计特性去解释数据的统计规律，以此来达到预测的目的[5]。

由此可以看出，时间序列预测技术是一种统计预测方法，是以时间序列能反映的事件发展过程和规律性进行引申外推，预测其发展趋势的方法。它研究预测目标与时间过程的演变关系，根据统计规律性构造拟合 $X(t)$ 的最佳数学模型。

其中，时间序列把客观过程的一个变量或一组变量 $X(t)$ 进行度量，由 $t_1<t_2<\cdots<t_n$ 得到以时间 t 为自变量、离散化的有序集合 $X(t_1)$，$X(t_2)$，…，$X(t_n)$，自变量 t 可以有不同的物理意义，如安全事件的次数、网络日志报警数、攻击的主机数等。

在以统计学为基础的预测方法中比较典型的方法包括[1,4]：

与移动平均法类似的方法：该类方法主要思想是将历史数据的平均值作为下一个时间段的预测值。移动平均法方法出现较早。其优点是原理和实现较为简单，缺点是预测精度较差。此外，还有简单序时平均数法、加权序时平均数法、指数平滑法等其他类似的预测方法，在此不再一一详述。

基于回归模型的方法：该类方法的主要思想是使用 AR 模型、ARMA 模型、ARIMA 模型（包括模型的各种变形）等对时间序列数据进行数学建模，进而预测数据未来的变化趋势。其优点是回归模型在数学上有严格的理论基础，缺点是较为复杂，预测精度随应用场景的不同有比较大的差别。

其他预测方法：由于基于时间序列的预测方法在其他领域的应用由来已久，因此有许多其他应用领域的预测方法也应用到网络安全时序数据的预测，包括灰色理论预测方法[6]、神经网络预测方法[7]、支持向量机预测方法[8]、人工免疫预测方法[9]等，本书对其不展开详述。

作为时间序列数据预测的基础，除了原始的基于时域的表示方法之外，还有许多各不相同的时间序列数据表示方法，试图从更高的抽象层次上对时间序列数据进行其他维度上的重新表示和描述，主要包括频域表示法、分段数据表示法及奇异值分解法等[4,10-13]：

（1）频域表示法：该类方法通过傅里叶等时频变换将时间序列数据从时域映射到频域，使用时序数据中的频谱表示原始的时间序列数据[14,15]。通过变换可以有效地解决高维时间序列数据的降维问题，主要方法有离散傅里叶变换（Discrete Fourier Transform，DFT）和离散小波变换（Discrete Wavelet Transform，DWT）等[16]；

（2）分段数据表示法：该类方法按某规则将时间序列数据分解成若干小的时间子段，提取时间子段的某特征作为对该子段的重新表示。其优点是直观、灵活，有效降低了分段的数量。这类方法是比较有效的表示方法，主要有分段线性表示方法（Piecewise Linear Representation，PLR）[17]、分段聚集近似方法（Piecewise Aggregate Approximation，PAA）[18]、趋势象征符号表示法（Trend Indicators）[19]等；

（3）奇异值分解法：其他时间序列数据表示方法包括基于神经网络的表示方法[20]、奇异值分解法（Singular Value Decomposition，SVD）[21]等。这里简单介绍一下奇异值分解法。该类方法是通过分析数据的整体分布情况，将原始数据映射转换到一个新的坐标空间下，并达到数据在各个坐标轴上对应方差依次最大的目标。其优点是数据重构误差较小，是一种线性变换的方法，在特定条件下具有较好的性能。其缺点是时间复杂度较大，对数据集的增加、删除和修改需要重新计算。

本书主要介绍在网络安全事件时间序列预测中，用得比较多的基于回归分析模型的方法、基于小波分解表示的方法和基于时序事件化的方法[5]。

8.2.1 基于回归分析模型的预测技术

（1）基本思想

基于回归分析模型的预测方法是在分析各种因变量和自变量之间关联关系的基础上，确定自变量（态势值）和因变量（评估指标）之间的逻辑、函数关系，达到预测态势的目的。回归分析是因果关系法的一个主要类别，是一种统计学中分析数据的方法，从相关变量的未来值和寻找到的变量间的关系来对某个变量进行预测。

在现实世界中，每一种事物都与它周围的事物相互联系、相互影响，反映客观事物发展变化的各变量之间也就存在着一定的关系。变量之间的关系一般可为两类：函数关系和相关关系。前者是客观事物之间的确定性关系，可以用一个确定的数学表达式来反映；后者则是反映事物之间的非严格、不确定的线性依存关系，难以用函数精确表达，对于这类关系，通常采用回归分析和相关分析来测度。

回归分析的基本思想：首先从一组观测到的样本数据出发，建立变量之间的函数关系，然后对这些函数关系的可信程度进行验证，确定影响某主要结果值的各变量的影响程度。再进一步利用函数关系，确定一个或几个变量的取值来影响另一特定结果变量的取值，并量化该影响的精确程度。

自回归滑动平均模型 ARMA（Autoregressive Moving Average Model）要求时序数据具有平稳性，但网络安全事件的时序数据有时并不平稳，需要先进行平稳化处理。George 和 Jenkins 在 ARMA 模型的基础上提出了基于非平稳时序数据的差分整合滑动平均自回归模型（Autoregressive Integrated Moving Average，ARIMA）[22]。

ARIMA 模型主要采用差分方式对时间序列数据进行平稳化。如果数据的不平稳是由于存在趋势引起的，譬如数值总体上逐渐增加或逐渐减少，则对数据进行一次差分计算，将差分后的序列数据作为模型的输入序列。若经过一次差分，数据序列还不平稳，则继续进行差分运算，直至序列数据平稳[23]。

对于具有周期性的时间序列数据，有一些经典的处理案例。例如，1927 年，George Udny Yule 使用自回归技术对太阳黑子数进行预测，利用之前统计形成的数据序列中前面观测值的加权和来预测下一时刻数据序列中即将出现的值。在接下来的 50 年里，这种回归分析预测方法在时间序列预测领域一直占据统治地位，该方法是随机时间序列数据分析研究的开始。另外，还有一系列回归分析模型被推出，如 ARMA 模型、ARIMA 模型、自回归条件异方差 ARCHH（Autoregressive Conditional Heteroskedasticity）模型、广义自回归条件异方差 GARCH（Generalized AutoRegressive Conditional Heteroskedasticity）模型等都是一些得到广泛应用的随机时序模型[24]，也是以时间为自变量的回归分析模型。

（2）算法步骤

回归分析预测方法是在分析自变量和因变量之间相关函数关系的基础上，建立变量之间的回归方程，将回归方程作为预测数学模型，根据自变量在预测期的数值变化来预测因变量的变化情况。

回归分析预测方法的一般步骤如下：

第一步，平稳性判断。根据平稳时间序列的特征对其平稳性进行判断。常见的时间序列平稳性检验方法主要有利用时序图进行平稳性判断、根据自相关函数判断和单位根检验。

第二步，模型识别。在得到平稳序列后，进行模型的初步识别与定阶，初步识别自相关函数（ACF）和偏相关函数（PACF），根据 ACF 和 PACF 的拖尾或截尾性质，确定采用的回归序列预测模型。

第三步，模型定阶。经过模型识别后，可能存在多个通过识别检验的 p 阶截止尾和 q 阶拖尾值。在需要确定选定模型的阶数时，策略是让拟合程度更好，即让误差平方和（Error Sum of Square，SSE）或均方误差（Mean Square Error，MSE）最小。

第四步，参数估计。确定了时间序列的模型和阶数后，还需要对模型的参数进行计算。模型参数估计方法主要有矩估计和极大似然估计两种方法。ARMA 模型的参数估计过程包含 AR 模型和 MA 模型的参数估计过程。

第五步，模型检验。确定时间序列的表达式后，为了检验模型的正确性，需要对模型的残差序列进行白噪声检验。若残差序列是白噪声序列，则说明建立的模型是正确的，可用该模型对时间序列进行预测，否则需对模型进行修改。

下面以某木马攻击事件的攻击链接次数来说明基于回归分析的预测技术。木马攻击事件数据往往呈现季节性的周期特征，本节实验数据来自文献[5]。以天为周期的某木马攻击事件季节性数据如图 8-3 所示。该木马攻击事件在以小时为时间单位的统计数据中呈现出以天为周期的季节性变化特征。

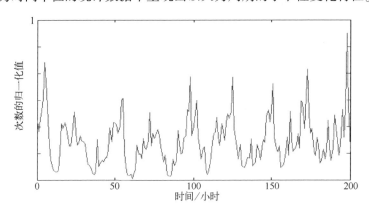

图 8-3　以天为周期的某木马攻击事件季节性数据

此外，网络安全事件数据的另一类特征是在带有突变波峰，例如，图 8-4 就显示出了一个带有突变峰值的某木马攻击事件数据图，图中突变的峰值可能预示着网络安全态势的重大变化，如何准确及时地预测这些变化，是网络安全事件时序预测的一个重点。

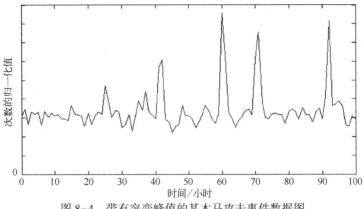

图 8-4　带有突变峰值的某木马攻击事件数据图

参照回归分析预测方法的一般步骤，对突变型木马攻击事件进行预测，需要按如下步骤操作。

第一步，利用时序图进行平稳性判断。对于平稳时间序列，其均值和方差都为常数。如果一个时间序列的序列值始终在一个常数值附近随机波动，并且波动范围有限，那么可以大致判断该序列是平稳时间序列。如果一个序列在时序图上的序列值有明显的突变趋势，通常可以立刻判断其不是平稳时间序列，那么就需要对其进行平稳化处理。

第二步，模型识别。模型识别通常采用自相关函数和偏相关函数识别的方法。在此，采用 ARIMA 模型进行建模。因为时间序列不平稳，所以需要进行一次差分运算，并将差分后的序列作为模型的输入序列。该木马攻击事件存在一定的季节性变化趋势，如每天 24 小时的变化具有一定的周期性。在进行平稳化处理过程中，需要去除不同时刻对数据的影响。去掉趋势项和一阶差分后的季节性木马时序数据图如图 8-5 所示。经过差分运算后的木马突变数据图如图 8-6 所示。

第三步，模型定阶。经过模型识别后，可以得出其 p 值应该与偏相关函数截尾点相近，q 值与自相关函数截尾点相近，即 $p=6$，$q=13$。

第四步，参数估计。由于在模型定阶中采用赤池信息准则 AIC（Akaike Information Criterion）的方法，因此可以使用 MATLAB 对其进行参数估计。

第五步，模型检验。利用训练数据集的后半部分数据集对其预测值进行预测对比，最后通过检验得到的季节性木马攻击事件时序数据预测效果图如图 8-7 所示，突变性木马攻击事件数据预测效果图如图 8-8 所示。

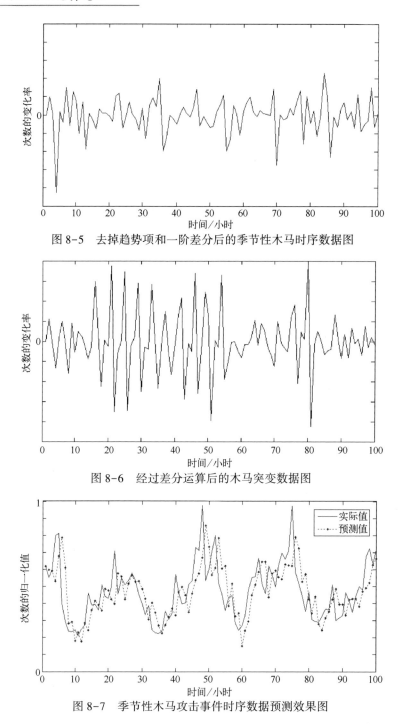

图 8-5　去掉趋势项和一阶差分后的季节性木马时序数据图

图 8-6　经过差分运算后的木马突变数据图

图 8-7　季节性木马攻击事件时序数据预测效果图

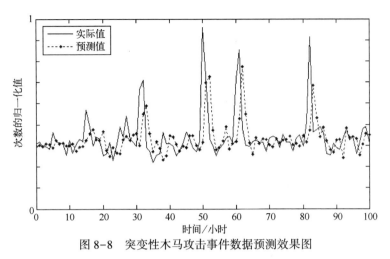

图 8-8 突变性木马攻击事件数据预测效果图

(3) 基于回归分析模型的技术分析

回归分析预测方法多种多样,主要包括线性回归、逻辑回归和多项式回归方法等。每种方法大体来说都有三个度量指标,包括自变量个数、因变量类型以及回归线的形状。基于回归分析模型运用过去的历史数据,通过统计分析以进一步推测未来的发展趋势。时间序列分析法对于短、近期预测的效果比较好,但对于延伸到更远的将来,将会出现比较大的局限性,可能导致预测值偏离实际较大而使决策失误。

因此,时间序列分析法的优点是反映了序列的自相关性,在预测时考虑了时间序列的随机和周期因素,适合短期预测。其缺点是计算量大,过程复杂,在运行过程中需要较多的人工干预,对中长期预测误差较大。所以说,基于回归分析模型的网络安全事件时间序列预测技术适合于对网络安全事件的统计次数做短期预测。

8.2.2 基于小波分解表示的预测技术

(1) 基本思想

小波函数 $\psi(t)$ 是指具有振荡特性,能够迅速衰减到 0 的一类函数。其定义为

$$\int_{-\infty}^{+\infty} \psi(t) \mathrm{d}t = 0$$

如果 $\psi(t) \in L^2(R)$,且其傅里叶变换满足如下条件

$$C_\psi = \int_R \frac{|\psi(\omega)|}{|\omega|} \mathrm{d}\omega < \infty$$

则称 $\psi(t)$ 为一个基本小波或小波母函数。上述条件也称为判断小波函数的容许性条件（Admissible Condition）。将母函数 $\psi(t)$ 经伸缩和平移后得

$$\psi_{a,b}(t) = |a|^{-1/2} \psi\left(\frac{t-b}{a}\right)$$

称其为一个小波序列。其中：a 为伸缩因子；b 为平移因子。

函数 $f(t)$ 的小波变换为

$$W_f(a,b) = |a|^{-1/2} \int_{-\infty}^{0} f(t) \psi\left(\frac{t-b}{a}\right) \mathrm{d}t$$

式中：$W_f(a,b)$ 被称为小波系数，它能同时反映时域参数 b 和频域参数 a 的特性。当 a 增大时，函数 $f(t)$ 对频域的分辨率高，对时域的分辨率低；当 a 较小时，函数 $f(t)$ 对频域的分辨率低，对时域的分辨率高。所以，小波变换能实现在一个固定窗口中反映伸缩和平移的局部时频域。正是如此，小波变换被誉为数学显微镜。

离散小波变换可以通过 Mallat 算法实现，其算法为[24]

$$\begin{cases} C_{j+1} = HC_j \\ D_{j+1} = GC_j \end{cases} \quad (j=0,1,2,\cdots,J)$$

其中，H 和 G 分别代表一低通滤波器和一高通滤波器，从小波分解层次示意图 8-9 可以看出，原始信号 C_0 通过 Mallat 算法可以分解为 D_1，D_2，$\cdots$，D_J 和 C_J（J 为最大分解层数），C_j 和 D_j 分别称为原始信号在分

C_0		
$C_1(HC_0)$		$D_1(GC_0)$
$C_2(HC_1)$	$D_2(HC_1)$	
...		

图 8-9 小波分解层次示意图

辨率 $2-j$ 下的逼近信号和细节信号。各层细节信号和逼近信号是原始信号 C_0 在相邻的不同频率段上的成分。经 Mallat 算法分解后的信号可以采用重构算法进行重构，重构算法描述为

$$C_j = H^* C_{j+1} + G^* D_{j+1} \quad (j=J-1, J-2, \cdots, 0)$$

其中，H^* 和 G^* 分别是 H 和 G 的对偶算子。

（2）算法步骤

下面主要介绍基于小波分解的 ARMA 算法，其算法流程图如图 8-10 所示。

第一步，选择小波函数。在实际运用中没有一个明确的对小波函数选择的优劣判断方法，只能根据预测的数据特点和小波函数的不同特性来选择小波函数。常用的小波函数有 Haar、Daubechies、Symlets、Meyer 等，其基本性质对比见表 8-1[25]。

第 8 章 网络安全事件预测技术

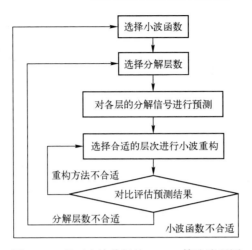

图 8-10 基于小波分解的 ARMA 算法流程图

表 8-1 常用小波函数基本性质对比

小波函数	Haar	Daubechies	Symlets	Meyer
正交性	有	有	有	有
紧支撑性	有	有	有	无
支撑长度	1	$2N-1$	$2N-1$	有限长度
对称性	对称	近似对称	近似对称	对称

表 8-1 中所列小波函数基本性质的详细说明如下：

① 小波函数的正交性决定了信号重构后能否获得较好的平滑效果。

② 紧支撑性反映经过小波函数分解后，信号在正交性和对称性两方面性质的继承情况。

③ 支撑长度决定小波函数的局部优良性以及频率分辨率的高低，N 为小波的序号。

④ 对称性能够降低量化的误差，并保证小波的滤波特性能有线性相移，不会造成信号失真。

第二步，选择分解层数。虽然小波分解层数越多，时间序列越平稳，也能得到数据的更多细节信息，有利于数据分析，但是分解层数的增加也会带来计算量的增大，误差相应也会增加。

进行小波分解前，要先确定一个分解的最大层数 J。通过对数据在不同分解层次下进行预测误差对比，选择最小误差值的层数作为分解的最大层数。一般在待预测的时间序列数据量不是很大时，分解层数可以选择为 3~5 层。

第三步，对各层的分解信号进行预测。利用 ARMA 模型等时序预测技术对各层的逼近信号和细节信号等分解信号进行预测，得到各信号分量的预测值。

小波分解后得到的细节信号一般平稳性较好，当时序数据具有季节性特点时，小波分解后得到的信号一般还会具备原始信号的季节性等特征。因此需要首先对数据进行去周期性和平稳化等处理，在满足 ARMA 模型的平稳化条件后，再进行建模预测。

第四步，选择合适的层次进行小波重构。小波重构实际上是将各分解层的预测值进行重构，从而对原始数据进行预测。

下面将分别通过季节性数据和突变数据这两种数据类型对基于小波分解的预测技术进行验证。根据时序数据的特点，选用 Haar 小波函数进行小波分解与重构。验证时，采用预测点之前的 100 个点作为训练集，进行 100 次单步预测得到如图 8-11 和图 8-12 所示的结果。从得到的结果可以看出，基于小波分解的 ARMA 预测技术对网络安全事件的预测具有比较好的效果。

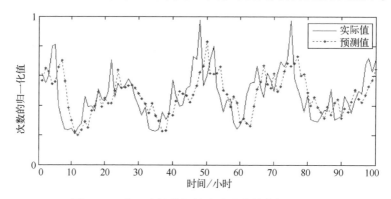

图 8-11 基于小波分解的木马季节性数据预测图

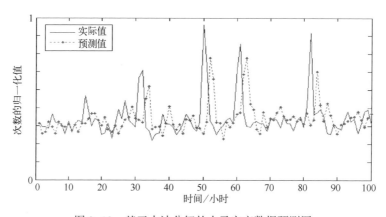

图 8-12 基于小波分解的木马突变数据预测图

8.2.3 基于时序事件化的预测技术

网络安全事件数据产生的突变峰值,可能标识网络态势的重要变化,这是关注的要点,但传统的时序预测模型很难准确预测突变峰值。而且,对非平稳时间序列的数据用传统的时序模型进行预测时,如何将数据转化为一个较为平稳又不丢失本身信息的时序数据始终是一个难题。为此,下面将介绍一种基于时序事件化的预测技术。

(1) 基本思想

所谓时序事件化,就是将时序数据分段,并根据时序子段的数据特征进行离散事件化处理,将时间序列转换为事件序列。时序数据分段,是将时序数据按照时间顺序划分为若干个时序子段。其中,每个时序子段可能包含多个时序点。这些时序点的数值可以构成一定的数据特征,如平均值、斜率等。

文献[26]中提出了一种基于时序子段均值特征进行离散事件化处理的预测算法。该算法将各个时序子段的均值按如图 8-13 所示的方法进行离散事件化处理,把事件化处理后的历史数据记录在一个树型结构中,节点存放了训练过程中各个路径出现的次数 freq 和预测过程中该路径的预测命中次数 hit 以及失败次数 miss,将这些参数用于计算表达式为 freq×hit/(hit+miss) 的评分函数。时序数据均值事件

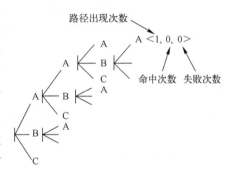

图 8-13 时序数据均值事件的树结构组织示例

的树结构组织示例如图 8-13 所示。在进行预测时,需要将最近时序子段的特征事件与树结构中除叶节点外的路径前缀进行匹配,并将命中路径的叶节点的数值作为下一时序子段的均值预测值。如果有多条路径的前缀在匹配过程中命中,则需要使用评分函数值最高的一条路径进行预测。

(2) 算法步骤

基于时序事件化预测技术的算法分为 3 个步骤,包括对时序数据进行离散事件化处理、构造知识库和利用知识库预测。

第一步,对时序数据进行离散事件化处理。该步骤需要将时序数据进行分段处理,从各时序子段中提取与预测相关的数据特征,各时序子段常用的数据特征有均值[27]、均值和方差[28]、趋势[29]等。图 8-14 是根据时序子段均值特征在 y 轴上的投影值所处数值区间来对时序数据进行离散事件化处理的

示例。各时序数据被离散事件化处理为 A、B、C、D 四个事件值。

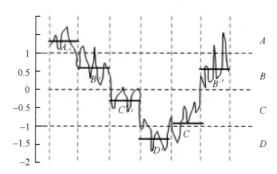

图 8-14 对时序数据进行离散事件化处理的示例

第二步，构造知识库。经过离散事件化处理之后，所有时序子段的特征事件形成了该时序数据的特征事件序列。预测所需的知识库是由从时序数据特征事件序列中提取的预测所需的事件频繁项组成的。具体为算法类似于 Apriori 算法：第一步是从整个事件序列中找出满足支持度阈值长度为 1 的频繁情节；第二步对该情节进行组合，从中产生出长度为 2 的候选情节，再在事件序列中搜索在时间窗口内满足支持度大于阈值的频繁情节，即长度为 2 的频繁情节；如此循环，直至找不到长度更长的频繁情节或者已满足最大时间窗口长度要求为止。

频繁情节挖掘示意图如图 8-15 所示。该图描述了对 ABC 这一频繁情节的挖掘过程，其中 α 表示整个字符表。

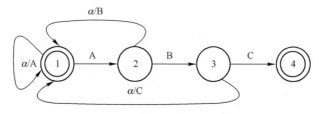

图 8-15 频繁情节挖掘示意图

第三步，利用知识库预测。在预测过程，需要使用提取的频繁情节作为前缀事件匹配当前最近的特征事件序列，并进一步判断后缀事件来预测未来时序上的特征事件。如果没有匹配成功，则会采用一种退化算法来代替。本节例子采用了前一分段值来代替当前预测值。

本节的实验数据也是来源于文献[5]。本节对同一数据段采用时序事件化的方法进行预测。本实验中针对季节性数据的事件模式的最大长度为 5，选定最优的时间分段长度和支持度阈值,并以预测数据段的前 500 个点作为训练集构造知识库,对数据进行 100 步单步预测,效果图如图 8-16 所示。

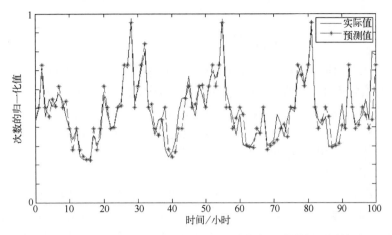

图 8-16 基于时序事件化的季节性木马攻击事件时序数据预测效果图

针对突变性数据,实验事件模式的最大长度为 5,同样选择最优的时间分段长度和支持度阈值,并以数据段前 20000 个点作为训练集构造预测知识库,对数据进行 100 步单步预测,效果图如图 8-17 所示。如图 8-17 中的 4 个峰值,有两个预测与实际吻合比较好,另外两个预测的结果也体现出了突变峰值。

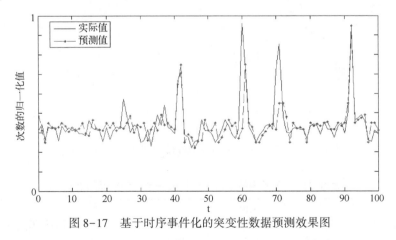

图 8-17 基于时序事件化的突变性数据预测效果图

8.2.4 相关技术的实验对比分析

下面将对 8.2.1~8.2.3 节所介绍的三种预测技术的效果进行对比。

① 误差定义。需要定义一种用于度量预测误差的标准来判断各种预测方法的准确度,采用如下公式描述对有 n 个数据点的时间序列 T_n 进行预测的误差,即

$$\mathrm{Err}(T_n) = \sum_{j=1}^{n} (y'_j - y_j)^2 / E_{\max}$$

其中:y'_j 为在时间点 j 的预测数值;y_j 为在时间点 j 实际出现的数值;$E_{\max}$ 是预测值与实际值在时间范围内最大可能的距离差距的平方和,即

$$E_{\max} = n \times (\max - \min)^2$$

其中,max 和 min 是在时间序列 T_n 上出现的最大值和最小值。

② 对相关技术实验结果进行对比分析。

(1) 季节性数据

利用前面三种预测技术对几种网络安全事件的季节性数据进行预测,其预测效果对比图如图 8-18 所示。其中,回归分析(ARMA)和小波分解(Wavelet)用了 100 个点的训练集,时序事件化采用了 500 个点的训练集,分别对同一数据段进行 150 个点的单步预测。根据前面定义的误差计算方法,得到如表 8-2 所示的结果。

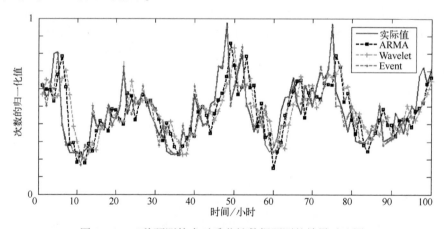

图 8-18 三种预测技术对季节性数据预测的效果对比图

表 8-2 三种预测技术对季节性数据预测的误差百分比

事件	ARMA	Wavelet	Event
季节性事件一	1.2944	1.1245	0.8424
季节性事件二	1.0376	1.5113	0.6344
季节性事件三	1.3757	0.7377	0.3799

从实验结果中可以看出，回归分析（ARMA）和小波分解（Wavelet）在单步预测方面都有较高的预测精度，并在预测误差上不相上下，时序事件化（Event）的预测精度更高。

（2）带有突变的数据

对带有突变数据的网络安全事件进行预测，其预测效果对比图如图 8-19 所示。其中，回归分析（ARMA）和小波分解（Wavelet）用了 100 个点的训练集，时序事件化（Event）用了 20000 个点的训练集，三种预测技术都采用了最佳的参数配置，分别对 5000 个点进行单步预测。其误差百分比见表 8-3。

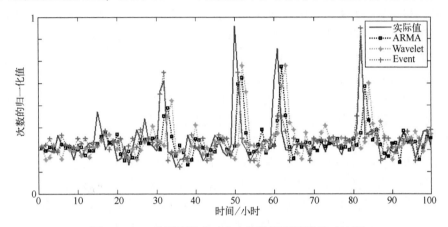

图 8-19　三种预测技术对突变的数据预测效果对比图

表 8-3　三种预测技术对突变的数据预测误差百分比

事　　件	ARMA	Wavelet	Event
突变事件一	0.1367	0.1503	0.0799
突变事件二	0.2052	0.1758	0.1481
突变事件三	0.0859	0.0558	0.0512

同样，回归分析（ARMA）和小波分解（Wavelet）的预测效果相近，时序事件化（Event）的预测效果会更好。特别地，从图 8-19 中可以看出，在足够训练集的支持下，时序事件化预测技术还能比较准确、及时地预测出可能出现的突变峰值。

从图 8-18、图 8-19 及表 8-2、表 8-3 可以看出，对于季节性和突变的数据，传统的基于回归分析的预测技术和基于小波分解的预测技术的预测效果基本相近，基于时序事件化的预测技术在两种数据情况下的预测精度都会更好。基于回归分析的预测技术和基于小波分解的预测技术所需的数据集比基于时序事件化预测技术少得多。

8.3 基于知识推理的网络安全事件预测技术

8.3.1 基于攻击图的预测技术

为了方便安全人员对攻击进行分析预测，需要对攻击进行重构，还原攻击路径。当前，有许多研究工作和成果是在关联分析后，对攻击进行场景重构的。基于 IDS 告警信息的场景重构根据 IDS 告警信息及关联分析来溯源攻击步骤。还有一些技术方法是基于系统日志信息进行场景重构的[30-32]，这些方法根据攻击的因果关系，利用在系统日志中发现的安全事件对攻击路径进行追溯，从而找到攻击源，评估攻击的后续影响。

在由研究人员开发的一些方法中，BEEP[30]、ProTracer[31]、MP[32]利用代码组件，将程序划分为更小的单元，以便解决在关联分析中可能产生的路径爆炸问题。ProTrackerr[31]通过评估安全事件的优先级进行因果分析，进而构建攻击场景。还有一些工具，不用依赖特定系统和特定代码片段，而只使用系统日志，用一种更通用的方式来进行攻击场景的重构。SLEUTH[33]用一种基于标签的方式，通过设置数据标签和代码标签来发现并关联安全事件，重构安全场景。ZePro[34]则引入了贝叶斯网络，从概率的角度，在系统日志中发现攻击路径。HOLMES[35]通过设置规则，把系统日志中匹配到的安全事件，映射到更高的层面（APT 杀死链），使攻击路径更加清晰。

基于攻击图的研究领域发布的第一个方法是由告警关联扩展而来的[36]。其总体思想是，告警关联产生了假设的攻击模型（也称为攻击图[37]或攻击计划[38]），可以用这些攻击模型进行前向分析，以便完成预测。对告警关联的全面回顾超出了本章的讨论范围，下面仅集中讨论如何对告警关联系统进行扩展，从而得到两种预测分析方法。

一种预测分析方法是使用攻击图的方法，在文献[37]中讨论了这种使用攻击图来对入侵告警进行关联、产生假设并做出预测攻击图的方法。这种方法的主要思想是提供一种高效的表达方式和算法工具，从而识别出网络系统漏洞可能被攻击利用的情况。这种方法严重依赖系统管理员对网络系统漏洞和防火墙规则的了解程度。虽然在理想情况下，可以使用各种扫描工具来获取系统漏洞和防火墙规则，但对于由多个系统管理员分别负责管理网络不同部分的大型企业网络来说，全面准确地掌握系统漏洞和防火墙规则却是一项艰巨的任务。建议从最近收到的告警开始，在攻击图上进行广度优先搜索。

这种方法从新的告警开始，在不对攻击利用之间的析取（disjunctive）关系与合取（conjunctive）关系进行推理的情况下，寻找同时满足安全条件和攻击利用条件的路径。本质上，使用该方法能够从攻击图中找出所有可能的后续攻击行动。虽然该方法讨论了在计算和内存使用方面的资源占用情况，但没有对预测性能提供全面的分析。

另一种方法是使用攻击图的替代方法，使用动态贝叶斯网络（Dynamic Bayesian Network，DBN）。该方法的研究人员是第一批提出高阶攻击预测方案的研究者[36]。他们对其告警关联系统的用途进行扩展，将其设计为使用动态贝叶斯网络把传感器的可观察对象拟合到预定义的高阶攻击结构上。这种方法能够定义所观察事件之间的因果关系，更重要的是能够通过足够数量的数据来动态学习转移概率。一旦完成学习，转移概率就可以用来预测潜在的未来攻击动作。

上述两种方法之间的区别是，使用攻击图的方法更多是基于规则的，而使用动态贝叶斯网络的方法则更多是基于概率且由数据驱动的。因为攻击图是基于规则的，所以使用攻击图的方法能够对网络中的漏洞和攻击利用行为进行具体的建模和分析。使用动态贝叶斯网络的方法对高阶攻击计划进行建模，需要将具体告警映射至攻击类别，而且进行概率推导，以便有助于将所有可能的未来攻击动作缩减为一个未来可能发生的攻击可分辨列表。

虽然使用动态贝叶斯网络的方法看起来很有前景，但该方法并非没有局限性。首先，高阶攻击计划需要由领域专家先验地创建，目前尚不清楚如何能够实际地创建和更新各种攻击计划，也不清楚为了达到较好的关联或预测表现将需要多少攻击计划，以及需要达到怎样的详细程度。其次，需要通过对相当大量的数据进行学习才能得到转移概率。这意味着，对于每个攻击计划，需要能够看到足够大量的攻击序列，才能够以高保真度进行准确预测。然而，这可能是不现实的，因为网络攻击策略是多样化并且快速演化的。下面将介绍具体的攻击图构造方法。

（1）网络攻击图的基础图表示

利用系统审计日志构建的图可以捕获多步攻击的攻击路径，图的表示及构建是预测下一步攻击路径的基础，用从系统日志中提取、解析的相关信息，构造图中的实体节点和表示实体之间依赖关系的边。而且，实体之间的依赖关系是有向边，指示实体之间的相互作用和数据流的方向。例如，对于一条简化过的读取事件（Firefox，read，secret.doc），系统审计日志被解析为三个部分：一个源实体 src、一个目标实体 sink 及他们之间的关系 r。Firefox 是源实体，secret.doc 是目标实体，read 指示实体之间的关系及数据流向（sink→

src)。本节介绍的原型系统有两种实体：主体和客体。主体指执行操作的实体，如系统进程；客体指被操作的对象，如文件、网络连接等。为了反映系统调用的执行顺序，在边上设置了时间戳[39]。将 $G_n = (V, E)$ 定义为初始的安全事件图。其中：V 是节点集合；E 是有向边集合。我们根据如下定义来构造安全事件图：

节点集合 V 与有向边集合 E 初始化为空集 Φ。

当系统解析一条系统审计日志（src, r, sink）时，其中 src 和 sink 分别为源节点和目标节点，r 表示 src 和 sink 之间的操作关系及数据流向（sink→src）。随后将提取的节点加入节点集合 $V = V \cup \{source, sink\}$，将提取的边加入边集合 $E = E \cup \{r\}$。

关系边 r 上的时间戳设置为该条审计日志的时间。

利用系统审计日志生成的攻击图基础表示如图 8-20 所示。

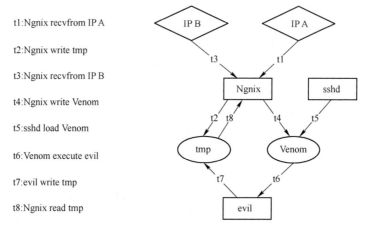

图 8-20　利用系统审计日志生成的攻击图基础表示

图 8-20 通过一个示例说明了从系统审计日志中提取的图结构：图左侧为系统审计日志；右侧为构建的攻击图[40]。利用攻击图，可以捕获系统调用间的依赖关系，以及数据流的方向，同时可以体现入侵传播的过程。假设在攻击开始阶段，所有程序都是良性的，主机的内核也没有受到攻击，并且所有的系统审计日志是可信的，在该假设下，攻击者想要对系统发起攻击，就必须要找到相应的入侵点。例如，使用钓鱼攻击或利用程序漏洞来进行攻击。反映在日志维度，这样一次攻击可以是一次连接不授信 IP 地址事件或读取不授信移动载体事件。与这些入侵点相关联的操作会通过直接的边关联或间接传递，与整个图网络中的其他良性事件相联系，相互交织，共同构成图结构。

利用在污点分析中使用的分析污点传播方法，来发掘攻击者从入侵点开始到完成目标所有与攻击有关的节点。污点分析的主要原理是先将不被信任的数据标记为"被污染的"，此后即便这些数据经过一系列算数和逻辑操作。一旦检测到被污染的数据作为跳转、调用以及数据转移的目的地址，都要将相应的操作视为非法操作。在本节介绍的原型系统中，每当从审计日志提取的节点为不授信 IP 地址时，就标记此节点为"被污染的"（tainted）。因为假设系统审计日志没有受到攻击，在这种情况下，任何行为都会被记录，所以可以判断攻击路径一定存在于被污染的图网络之中。

根据以下规则初始化并传播污染标签，其中 tainted 代表污染标签：

攻击开始前，设置所有图中已存在实体的 tainted 标签值为 0。

如果源节点 src 是一个不授信地址 untrusted IP 或不授信存储介质 untrusted dev，那么根据操作关系及数据流流向 sink → src，设置 sink.tainted = 1。

如果 src.tainted=1，那么同样设置 sink.tainted = 1，否则 sink.tainted 标签将维持原值不变。

根据定义，当一个主体或客体有一条入边与入侵点相连时，将这个实体节点设置为被污染；当被污染的实体有一条出边与未受污染的实体相连时，将目的节点设置为被污染。因为受污染的节点可能为恶意操作，而恶意行为的后续操作，也会从恶意操作出发，而边关系，能够表示这种数据流向和实体间的关系。例如，见图 8-20，Ngnix 从不授信的地址 IP B 接收数据，先将 Ngnix 的 tainted 标签设置为 1 后，Ngnix 下载文件 Venom，因为 Ngnix 被污染，所以将 Venom 的 tainrted 标签也设为 1。

把所有受到污染的实体节点及其之间的边关系均称为污染路径。根据前文分析，攻击路径必定是污染路径中的一个子集。需要注意的是，污染标签及污染标签传播是在图构建过程中进行的，因此不必重复遍历图并计算时间戳，确定事件的先后顺序。这样大大提高了系统效率，减少了重复运算。

（2）基于版本的网络攻击图表示

尽管一般的基础图表示不仅可以表示实体间的相互关系和数据流向，还可以在基础图表示中查找攻击路径，但是不能在不重复计算时间戳的基础上直接从基础图中获取相互作用的关系及信息流向[41]。例如，在图 8-20 中，假设 IP B 为不授信 IP 地址，若想知道 tmp 是否受地址 IP B 的影响。有两条从地址 IP B 到文件 tmp 的路径：（IP B → Ngnix→tmp）和（IP A → Ngnix → Venom → evil →tmp），如图 8-21 所示。根据计算关系边上的时间戳，tmp 在 t2 时刻被写入数据，Ngnix 与地址 IP B 在 t3 时刻进行连接。所以 tmp 在 t2 时刻并不受地址 IP B 的影响，在两条路径中，只有一条路径可以影响文件 tmp。

在基础图表示中，主体和客体及实体间的关系边会随着时间变化。在这种情况下，要计算实体间是否有相互作用或数据的流入、流出，必须重复实体间时间戳的先后发生顺序。标准图是一个有向无环图（DAG 图，一个有向图如果无法从某个顶点出发经过若干条边回到该顶点，则这个图是一个有向无环图）。基础图表示不是有向无环图。这种实体状态和边的关系及边上的时间戳无法通过一次计算形成图结构后反复复用（因为边的相互作用总是随时间戳变化的）。而标准图一旦确立实体和边的关系，就可以反复利用这种关系。此外，在图上遍历进行溯源分析和前向分析时，需要在有向无环图上进行，不允许图结构中有环路存在。

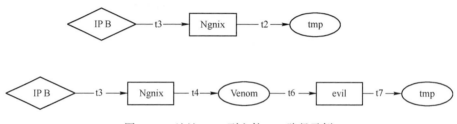

图 8-21 地址 IP B 到文件 tmp 路径示例

为了把基础图表示转变为一个结构稳定的有向无环图表示，并且能完整地表述时序关系，使用了基于版本的图表示。基于版本的图在构建的过程中，对同一个实体构建不同的版本，同时各版本信息表示不同时间下实体的状态。基于版本的技术广泛应用于许多领域，包括软件配置管理、并发控制、文件系统等[42-44]。但是，在这些领域，基于版本的技术主要是解决备份及可恢复的问题。在本书作者团队研究的方法中，应用版本信息主要是为了把图变为标准图，同时不同版本的实体可以表示时序信息。在基于版本的图表示中，同一个主体或客体用不同的版本信息来表示不同时间点主体和客体的状态。因此，同一个主体或客体的不同版本会有不同的状态信息，如不同的污染状态。

图 8-22 给出了应用图 8-20 中的系统审计日志所创建的基于版本的攻击图表示，即把图 8-20 中的基本图表示转换为基于版本信息的图表示。如图 8-22 所示，如果地址 IP A 为可信网址，而地址 IPB 为不可信地址，则版本 1 的 Ngnix 污染标志位为 0，版本 2 的 Ngnix 污染标志位为 1。基于版本的攻击图在解决了一些问题的同时，也产生了更多的节点数量，因此它的规模会比初始的攻击图大。

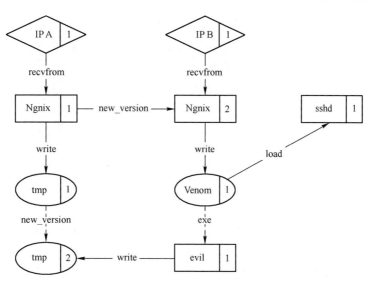

图 8-22 基于版本的攻击图表示

这种规模的增大会增加计算成本,影响运行效率。需要利用其他技术来减少要分析和存储节点的数量,缓解图规模的增大问题。定义 $G=(V,E)$ 是一个基于版本的攻击图,V 是实体节点集合,E 是有向边集合。日志记录的系统调用信息 <src, r, sink> 可以被解析为两个实体 src_i, $sink_j$ 和它们之间的关系边 r,其中 i,j 表示不同的版本号。我们可以根据如下定义来构建基于版本的攻击图:

开始时,实体节点集合 V 和有向边集合 E 初始化为空集 Φ。

如果源节点 src_i 未曾创建,则 $V=V\cup\{src_i\}$,$i=1$;否则,设置 src_i 为 src 的最新版本号。

如果 $\exists sink_j$ 属于实体节点集合 V,且 $j\geqslant 1$,则设置 $j=j_{max}+1$,并创建新版本的实体 $sink_j$;否则设置 $j=1$,$V=V\cup\{sink_j\}$,$E=E\cup\{src_i\rightarrow sink_j\}$。

根据定义,一个新版本的源节点 src 当且仅当攻击图中不存在这个源节点时才会被创建。对于目标节点 sink,只要有新的边关系作用在节点上,就会产生新版本的目标实体。此外,如果目标节点 $sink_j$ 被污染,也将此节点的新版本 $sink_{j+1}$ 设置为被污染。同时可以看到,通过将时序信息用版本信息表示,基于版本的攻击图可以直接反映实体间的相互作用,不需要额外计算时间戳信息,可以发现只有两条路径会影响节点 tmp。最后,还可将初始的攻击图转换为一个无环图以便于下一步与图相关算法的执行。

(3)网络攻击图的压缩技术

复杂的多步攻击,特别是 APT 攻击活动可以持续数月,甚至数年。观察记录的系统审计日志,每台主机每日产生的数据量是以吉字节来计量的。版本信息的引入又使得每个主体和客体同时拥有多个不同的版本,这大大增加了安全攻击图的规模。因此,从数据规模的角度考虑,为了减小存储压力和计算成本,提高运行效率,需要一种图压缩技术。而且,恶意操作被淹没在大量的正常操作之中,良性操作的比例高达99.9%。在这种大规模安全攻击图中进行攻击溯源、前向分析,找出攻击路径,发现攻击者意图,往往面临路径爆炸的问题。路径爆炸是指要遍历的路径数量太大。解决路径爆炸问题最简单的方法是给要遍历的距离设一个阈值,将离攻击路径太远的节点排除在外。但还是需要一种图压缩技术来减小路径的搜索范围,减少与攻击无关的未被污染的节点(良性节点)数量,从而更精准地发掘攻击路径。本节将使用两种方法来达到压缩图规模的目标,即图剪枝技术和图合并技术。

图剪枝技术主要为了移除图结构中确定与攻击无关的节点及关系。在原型系统中,一共制定了三种策略:移除未被污染的节点及与其相连的边关系;移除重复的边关系及产生的版本;移除因为相互交互而产生的冗余版本和边关系。

首先,未被污染的节点可以被移除。因为攻击路径是污染路径的一个子集。根据假设条件,内核在初始时未被攻击,并且系统日志也未被攻击。攻击者必须通过一个入侵点来发起攻击。这个入侵点可以通过一个不授信的 IP 地址执行钓鱼攻击或利用漏洞程序,也以执行读取一个不授信的外部移动载体。所有与攻击有关的节点都必须从入侵点发起,即入侵点通过在整个图上传播自己的被污染标签,标记所有与入侵点相关的节点。未被污染的标签都是与攻击无关的节点,可以被移除。需要注意的是,需要设立一个字典来存储并标记敏感文件(如/etc/passwd 等)。因为文件虽然未被污染,但却不能移除。比如,一个恶意程序想要读取密码文件/etc/passwd,读取操作并不会改变/etc/passwd 的被污染状态,但这个文件却是攻击路径中的关键一步,移除后会影响分析。通过分析,可以对基于版本的安全事件图中的被污染节点进行剪枝,因为移除之前版本的实体完全不影响后续创建新的版本,也不影响溯源及前向分析攻击路径。

在基于版本的攻击图中移除与攻击路径无关的节点,如图 8-23 所示。移除与攻击无关的节点后,创建的新版本会与最新版本的实体相连接,而且,并没有删除影响分析攻击路径的任何信息。但在原始的安全事件图中,无法移除未被污染的节点,因为它们在图中只有一个表示,在一个时刻没有被污染,不能保证未来的某个时刻被污染。例如,图 8-20 中的 tmp 在 t3 时刻未被污染,也不能被移除,因为在 t5 时刻 tmp 会被污染,如果我们将其删除,就会丢失分析的关键信息。

第 8 章 网络安全事件预测技术

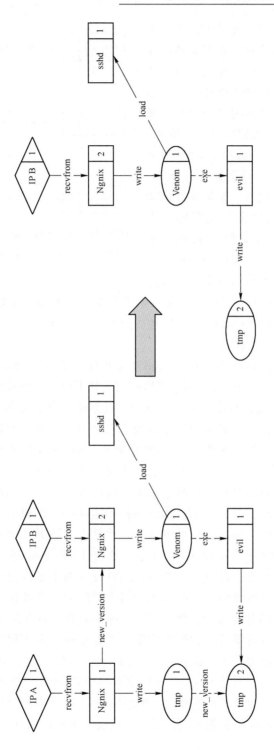

图8-23 在基于版本的攻击图中移除与攻击路径无关的节点

其次，在图构建的过程中，不产生重复的关系边及创建的新版本实体。在系统审计日志的记录中，任何一对实体间都可能发生多次相同的操作。两个未改变状态的进程反复影响同一个文件使其创建新版本的情况如图 8-24 所示。多个进程可能会多次被写入同一个文件。在这种情况下，每次执行写操作，都会创建新的文件版本。如果在此期间该进程没有受到其他主体或客体的影响，则该进程的状态始终没有发生变化。除了时间信息，该文件的其他状态也不会改变（如从未被污染变为污染）。

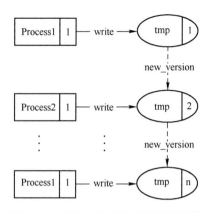

图 8-24 两个未改变状态的进程反复影响同一个文件使其创建新版本的情况

在这种情况下，创建新的文件版本及关系边并没有包含新的状态，可以移除。因此，在系统中设置规则，除非源实体受到其他主体或客体的影响而改变状态，否则目标节点不会创建新的版本。

第三，在图构建过程中不产生因相互交互而产生的冗余版本和关系边。假设有一个进程与一个 IP 地址不断保持通信，如果没有任何规则，则进程与 IP 地址的实体每次发送与接收数据，就会各自创建一个新版本。但如果在接收与发送的过程中，两个实体的状态都没有发生改变，则新创建的版本将会是有冗余的。例如，假设地址 IP B 为授信地址，而 Ngnix 也未被污染，同时在与地址 IP B 通信的过程中并未受到其他实体的影响而改变自身状态，但两个进程在每次相互通信时都会创建新版本。这些新版本的状态都相同，即节点内包含的信息相同，是冗余的。因此同样制定规则，在两个实体相互作用期间，如果没有其他主体或客体使其状态发生转变，则无需创建新版本。将匹配到 TTP 规则的多个节点合并为一个节点的情况如图 8-25 所示。

复杂的多步攻击将会持续很长时间，恶意行为和正常行为相互交错在一起。为了进一步应对图规模随着时间不断增大的问题，需要进一步压缩节点数量，以减小系统的存储压力，提高系统效率。此外，合并多个节点也会减少要遍历的路径，从而缓解路径爆炸问题。图合并技术主要用于缓解图剪枝无法移除与攻击路径无关节点的问题。见图 8-25，地址 IP A 虽然是良性地址，但不在白名单中，与地址 IP A 进行交互将会匹配到 TTP 规则的第一阶段。因为这一系列行为都是良性操作，被地址 IP A 所污染的其他节点，在后续的行为中并不会匹配到其他规则，即不会被认定为攻击的其他阶段。因此，

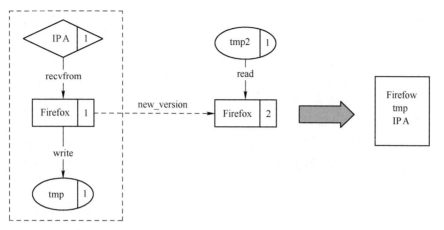

图 8-25 将匹配到 TTP 规则的多个节点合并为一个节点的情况

这些被污染的节点可以被合并为一个节点，保留匹配到的 TTP 规则标签及子图内其他节点的唯一标识，以便与后续节点建立关联。另外，假设地址 IP A 确为恶意地址，下载的恶意程序 tmp 也与攻击的第一阶段相匹配，但攻击者为了隐藏自己的行踪，恶意令 tmp 长时间不进行下一阶段的攻击行为，在这种情况下，也不能移除这些节点，与这些节点相关的正常操作会被污染，会增大图规模。这些被污染的良性节点对分析没有帮助，只有匹配到后续 TTP 规则的行为才是构建攻击路径需要的事件。因此，也可以把这些节点进行合并，把多个节点合并为一个节点，并统一称这个节点为可疑节点。可疑节点将保存 IP 地址、进程名称、PID 和 UID，以便与后续操作产生的实体相关联。目前为了便于分析，除了匹配到 TTP 规则中第一阶段的攻击，还匹配到了其他阶段的攻击，均不会合并这些节点。

8.3.2 基于攻击者能力与意图的预测技术

本节在攻击图预测的基础上，添加与攻击者能力、机会和意图（COI）相关的因素，通过分析网络攻击者的能力、机会和意图，对网络安全事件进行预测。本节主要介绍基于攻击者能力与意图的预测技术的基本思想，重点介绍基于 COI 方法的分析预测技术和基于相似性的多步攻击预测技术。

要想通过预估攻击者的能力、机会和意图进行攻击预测，可以将在威胁预测中对网络配置和漏洞信息的应用推广至对攻击者的能力、机会和意图的预估上来。这种思路已广泛应用在军事和情报界的威胁评估中[45]。在用于网络态势感知的可计算技术方面，本节扩展了文献[46，47]的研究成果，提出了对网络攻击者的能力、机会和意图的预测方法[2]。鉴于确定网络攻击真正来源以及确定攻击者的多方面能力具有较大难度，在意图下面再定义以下概念。

能力。鉴于确定网络攻击真正来源以及确定攻击者的能力方面具有较大难度，在没有先验知识或未经学习的情况下，即使只是要确定攻击者能够有效使用的工具集合与能力集合，也是具有挑战的。一个实际的方法是采用一种概率学习过程，从而根据攻击者曾经成功攻击利用的服务等情况，推断攻击者可能利用的服务集合。需要注意，建议在服务的层次上对攻击者的能力进行评估，例如，可以使用通用平台枚举（CPE）标准对攻击者的能力进行评估，因为攻击者通常会知晓对同一服务的多种攻击利用方式。如果能够获得相关的信息，就应当在概率学习过程中考虑特定攻击所需的技能水平，以及 CPE 和通用弱点枚举（CWE）所覆盖的攻击利用类型的广度。

机会。对网络攻击机会的评估可以理解为：确定当前在网络中取得进展的进行中攻击行动所"暴露"的信息集合。当然，如果攻击者掌握了网络配置等内部信息，或者网络因管理不善而在技术或策略上只有最基本的防护，那么对攻击机会进行评估的价值就会低得多。本节所讨论的预测技术是假设已经在有关的网络上实现了一定程度的安全保护，采取了防火墙规则、权限和禁止列表以及服务配置等措施对访问域进行隔离，而且已经从被攻击利用或被扫描的机器和账户中，动态地识别出攻击者下一步可能达到的目标。在某种程度上，在 8.3.1 节中讨论的攻击图方法可以为每个正在被观察到的进行中攻击序列找到对应的（攻击）机会。可以使用基于概率或加权的方法，对不同的已暴露目标进行分辨。

意图。对攻击者真正的意图进行分析，需要研究攻击者的动机和社会影响，但这实质上已经偏离了本章的关注点。本章是从技术的角度进行分析的。一种推断"最坏情况"意图的方法，是依据攻击动作是怎样逐步接近网络中的关键资产和数据的，评估攻击者展开下一步动作的可能影响。这种分析的第一步，要采用一种能够评估网络资产对所支撑的各种工作任务的关键性的有效方法，具体方法可以参考 7.3 节中讨论的网络安全态势定量评估方法。在分析攻击者的意图时，可以从某一动作可达的一系列下一步目标入手，将下一步目标的每一个动作的效果汇总起来，并确定最坏情况下的意图场景。

(1) 基于 COI 方法的分析预测

通过能力、机会和意图（COI）分析进行预估，需要经过整体的分析，可以采用在军事和情报界传统采用的人工分析方式，或者通过理论融合算法进行合成，如通过 Dempster-Shafer 合成规则或可传递置信模型（TBM）[48]。

在展现 COI 分析的定量效益方面所做的研究还很少。文献[47]提出了一种使用 TBM 模型以将能力评估与机会评估合并在一起的整合预测算法。研究人员分析了该算法在两个分别遭受 15 个攻击序列攻击的网络上的表现。网络 1 具有 4 个子网，每个子网可以访问 2 台专用服务器和 4 台共享的集中服务器。这代表存在着按部门网段划分的网络。网络 2 具有 3 个子网，每个子网只能访问 1 台专用服务器，但共享其他大多数服务器。网络 2 中的子网被隐藏在被严格控制的多层防火墙之后，包含具有 10 台服务器的服务器群。

通过 COI 分析进行的网络攻击预测仍处于早期阶段，还需要进行大量的工作才能形成一个强健的系统。特别是，还需要进行深入的研究，以确定如何最佳地将在 COI 三个方面进行的预估整合在一起。一般来说，在被应用于具有严格安全防护的网络时，COI 分析会更有效。但是对于不断变换策略而且忽略被暴露系统的攻击行动，该分析方法则无法进行很好的预测。

(2) 基于相似性的多步攻击预测

基于相似性的多步攻击预测是根据各攻击告警之间的相似性来划分各个攻击步骤的，并结合以前被成功攻击的情况，对下一步可能的攻击步骤进行预测。这种预测方法是假定相似的告警是由同一个攻击所引起的，而且也应该属于同一个攻击场景。基于相似性预测的核心是如何度量攻击事件之间的相似性。度量两个攻击之间的相似性，一般是基于攻击事件的特征进行比较的，比如 IP 地址或域名、端口号、时间戳、攻击类型等，可以选择其中一种特征进行度量，也可以基于多种特征相结合来进行度量，还可以通过特征权值的不同来表示特征的重要程度。基于相似性的攻击预测，如果正确选择特征，并且合理设计度量函数，则具有实现简单、准确率高的特点。其难点主要在于特征工程，即如何选择合适的特征及度量函数。一方面，如果特征设计得过于简单，则会产生很高的误报率；另一方面，如果设计很复杂的特征及度量函数，则模型不具有通用性，很难捕获现实环境中经常变化的攻击。根据相似性度量方法的不同，可以把基于相似性的多步攻击预测分为三类：基于渐进的方法、基于聚类的方法以及基于异常预测的方法。

基于渐进的方法，首先要定义一个时间窗口，然后在时间窗口中发现安全事件，根据前面时间窗口已经发生过的安全事件和新安全事件的前后因果关系及事件发生顺序，对安全事件进行划分。基于渐进的方法与基于聚类的方法最大的不同是，安全事件之间有着逻辑顺序。基于渐进的方法通过特征匹配来聚类相似的安全告警，通过相似矩阵来计算各告警之间的前后关联，从而判断多个告警之间是否是一个多步攻击中的不同阶段。HERCULE 把各个安全事件用图结构来表示[49]，图中节点代表一次事件（网络连接，文件读取、写入等行为),节点之间的边表示事件间的关联及逻辑关系,节点和边均有多种特征。HERCULE 利用社交网络社区发现的思想,相同类别行为的联系会更紧密,如恶意操作与恶意操作之间的联系要比恶意操作与良性操作之间的联系紧密。因此恶意操作和良性操作会被算法划分为不同的类别。

　　基于聚类的方法,主要是通过聚类算法来识别属于某个多步攻击的前 n 个安全事件。这些安全事件的集合,就被认为是一个多步攻击。文献[50]首次提出利用聚类的方法来预测多步攻击,通过安全事件的属性特征来进行聚类。不过,该方法聚类的主要目的是聚合相似的 IDS 告警,从而减少误报。想要预测多步攻击,最主要的还是要理解攻击者的意图。因此需要根据攻击目标进行聚类,使用层次聚类算法提取各个安全事件。文献[51]提出用攻击序列的最大匹配程度来衡量聚类多步攻击。JEAN 系统首先使用 IDS 告警信息构建安全事件的图结构,然后在图上执行聚类算法来发掘攻击场景,使用自组织特征映射来聚类数据,再使用 k-means 算法进行进一步的聚类,安全事件和构建的安全场景用有向图的形式来表示,可以利用一定时间窗口内,根据 IP 地址匹配到的告警信息来构建图结构,并在图上执行聚类算法,发现攻击场景。

　　基于异常预测的方法,要从由良性操作构成的数据集中学习到系统的正常行为。与基于相似性的方法不同,当攻击发生时,安全事件不仅要与安全事件相比较,还要与数据集中的良性行为相对比。基于异常预测的方法主要是预测良性操作和异常事件间的不同,而不是相似性。基于异常预测的方法可以发现未被披露的 0-day 攻击。而且,由于异常行为不代表攻击事件,因此基于异常预测的方法容易引起误报。基于异常预测的方法要先利用用户的正常操作构建一个没有攻击事件的数据集,并设计一个框架,以便设定规则来预测异常行为。一旦异常行为与设定的规则相匹配,则触发告警,还可以利用隐马尔可夫模型来定义 IDS 告警中多步攻击间各攻击步骤的状态转移,以便发现异常行为[52]。

8.3.3　基于攻击行为/模式学习的预测技术

　　基于攻击行为/模式学习的预测方法,与本章前面各节讨论的网络攻击预测方法有明显的区别。本章前面讨论的方法都假设对攻击策略或网络漏洞信息有着很好的了解。实际上,这两种信息都不容易获取和保持。事实上,网络攻击策略可以是多样化且不断演化的,而网络和系统配置也是如此。在这种情况下,要对网络攻击进行预测,将需要动态地学习攻击行为。一些研究成果提出了对攻击行为进行学习并预测的方法[47,53,54]。这些方法不依赖于预先定义的攻击计划或详细的网络信息。

(1) 基于可变长度马尔可夫模型的攻击预测

基于可变长度马尔可夫模型（Variable Length Markov Models，VLMM）的攻击预测，以在线的方式对正在进行中的攻击进行学习并预测，L 阶马尔可夫模型适合于新攻击方法和新目标结合的攻击场景。考虑到需要以在线的方式对正在进行中的网络攻击进行学习并做出预测，Daniel 等人开发了一种利用可变长度马尔可夫模型（VLMM）的自适应学习和预测系统[55]。虽然类似的机器学习和建模方法已被用于异常预测和入侵检测，但是 Daniel 等人开发的系统是首次对 VLMM 在网络攻击预测方面的用途进行了研究。VLMM 预测是通用预测器的一个分支，虽然最初是为诸如文本压缩的其他应用而开发的，但非常适合于在线学习系统，因为其具有优于隐马尔可夫模型的计算效率，以及优于固定阶马尔可夫模型的灵活性。下面将简要阐述 VLMM 如何表达攻击行为，以及 VLMM 在预测攻击行为方面的效果。

选择将 VLMM 用于攻击预测的一个关键原因，是选择 VLMM 能够在定义动作空间时使用特殊符号来表达之前没有遇到过的新符号。这对于一个在线式的攻击预测系统非常重要。VLMM 框架使分析者能够在攻击序列中发现并合并攻击模式，同时不需要对攻击场景进行显式定义。事实上，VLMM 是把与各种顺序的所有匹配模式相关联的概率组合在一起，以形成最佳猜测。攻击者所执行的少量诱饵式攻击序列，在对模型造成削弱方面所产生的影响不大。此外，当前的研究成果会对相同的"背靠背"动作进行过滤，从而显式地描述攻击转化的过程。这通常是网络攻击策略的关键。

初步的研究分析了所遗漏观察项的位置与发生情况时将如何影响 VLMM 的预测性能。结果表明，给定相同数量的被遗漏告警，在整个序列中噪声传播的情况将对性能产生略大影响。更重要的是，如果被遗漏事件是极少发生的，那么将对 VLMM 产生显著影响。从噪声或混淆的角度看，对 VLMM 进行综合的灵敏度分析，能够全面理解使用 VLMM 进行网络攻击预测的优点与局限性。由此，通过把 0 阶模型与由于概率噪声使模型产生的变化结合在一起，可以设计出一个具有适应能力的 VLMM 系统。该系统具有对其他攻击行为的学习能力[2]。

(2) 基于因果关系的预测

基于因果关系的预测，其核心是确定不同攻击阶段之间的因果关系。有些安全事件需要以其他安全事件为前提条件，比如下载木马这个行为，可能需要以钓鱼攻击为先决条件。基于因果关系的预测具有很好的可解释性，它预测出的安全事件，通常是一个攻击场景中的各种关键事件。根据分析方法的不同，基于因果关系的预测可以分为基于先决条件的预测、基于统计推断的预测和基于模型匹配的预测。

LAMBDA等人率先用基于先决条件的方法去预测多步攻击[56]。其方法是假设一次成功的攻击必须要满足一系列的先决条件。基于因果关系的预测也有很多工作是基于图结构的，图中节点可以表示特征属性，节点间的边可以表示安全事件之间的因果关系[57]。文献[58]中集成并扩展了之前的工作，构建了较为完整的基于因果关系的多步攻击预测，并能定义、预测真实环境的僵尸网络。

基于统计推断的预测，首先从数据集中学习一个概率分布，然后用训练好的概率模型去预测多步攻击。Geib等人率先提出了用概率推断的方法来识别攻击者的意图，从而预测多步攻击的方法[59]。随后的研究者提出用贝叶斯网络来预测多步攻击的方法[60]，通过将IDS告警信息或匹配到的安全事件构成图结构，根据安全事件之间的关联和前后因果关系，用概率的方法来推测攻击者可能执行的步骤，从而形成攻击路径，重构安全场景[61]，从攻击序列中学习概率分布，并用训练好的模型来判断一个新的攻击序列是否为一个多步攻击场景。最后，隐马尔可夫链也被应用在统计推断预测中。采用隐马尔可夫链构建的模型首先定义多步攻击中的某个特定阶段，之后根据特征属性（如IP地址）将可能属于一个攻击场景的安全事件聚类，最后利用概率推断的方法，计算安全事件属于各攻击阶段的概率[62]。

基于模型匹配的预测方法是假设每个多步攻击都有特定的规则和攻击顺序。因此，基于模型匹配的预测方法需要定义攻击模型，并用此模型来匹配攻击事件序列。与基于实例的预测方法不同，基于模型匹配的预测方法是提取各攻击阶段的特征，并将其定义成更为通用的模型。而基于实例的预测方法是利用已发生的真实攻击事件来匹配。每个多步攻击都是由多个单步攻击构成的，基于模型匹配的预测方法是定义每个单步攻击的攻击行为和单步攻击间的因果关系，并用定义好的安全模型去匹配安全事件，产生告警并重构安全场景。

（3）基于结构和基于实例的预测

基于结构的预测，考虑资产维度的结构信息（如操作系统、应用软件等信息），并把这些结构信息和可能遭到的攻击进行结构化存储。基于结构的预测方法在比较安全事件之间相似性的同时，也考虑了攻击间的因果关系。与其他方法最主要的区别是，基于结构的预测方法考虑了防御者的信息，从而在一定程度上减少了误报率。通常基于结构的多步攻击预测也将告警信息或安全事件以攻击图的形式组织，并在图中加入网络结构中资产维度的结构信息。资产维度的结构信息包括操作系统、所运行的服务、版本号、访问权限等。由于加入了资产维度的结构信息,基于结构的预测方法减少了误报率。比如,一个针对 Windows 的漏洞可能触发了 IDS 告警,但是结合网络结构,如果网络内的资产为 Linux 系统,则最终这个告警会被丢弃。由于需要资产维度的结构信息,但网络结构中的主机信息往往是不同的,而且随着时间不断变化,因此基于结构的预测通用性较差,需要不断更新资产维度的结构信息。

基于实例的预测,其设计思想是考虑在对正在进行的多步攻击进行预测的过程中,可以用一种直观的方法将观测到的安全事件与构建好的攻击知识库比较。基于实例的预测,其核心是利用专家知识手动或自动地提取攻击场景及一系列安全事件,构建安全知识库。知识库质量的高低,直接影响多步攻击的预测效果。基于实例预测的最大优点是误报率低,因为这种方法是从精心构建的安全知识库中搜索匹配的特定攻击的。这也使这种预测方法具有只能预测已知攻击的缺点。大部分基于实例的预测方法均基于 IDS 告警信息来建立攻击场景库。攻击场景一般是用图结构来表示的,在实例匹配的过程中,可以使用最简单的方式直接进行匹配,也可以设计匹配策略。MASP 用持续挖掘子序列的方式进行匹配,用 CRG(因果关系图)将告警信息存储在图的节点上。这种结构更利于实时预测[63]。MASP 通常基于本体来分层次存储实例,具体的层次包括告警层、资产层、漏洞层等。为了提高匹配效率,还有一些研究工作基于分布式系统来进行实例匹配,以预测多步攻击[64],在此不详细介绍。

8.4 本章小结

网络态势预测是根据所观察的恶意活动而预测出未来的攻击动作,而不是预测网络安全态势。传统的网络安全事件时间序列预测技术主要以基于回归分析模型的预测技术为主,还有基于小波分解表示的预测技术,以及基于时序事件化的预测技术,各种技术各有优缺点,可根据时序数据的周期特征和突变等特征来选择合适的预测技术。

因为复杂攻击经常采用大量侦察、攻击利用、混淆技术等方法来达到目的,所以需要先对正在进行中的攻击进行预估,然后根据预估的情况对关键资产面临的威胁进行预测,从而实现预测性的态势感知。网络安全态势预测的形式是从对网络和系统漏洞的潜在攻击路径(知己),到对攻击行为模式(知彼)的分析。其方法包括传统的预测方法和现在的基于知识推理的方法:传统方法主要包括对时间序列预测的回归分析预测方法等,主要的理论基础是统计学；基于知识推理的方法，主要包括可用于对入侵告警进行关联、产生假设并做出预测的基于攻击图的预测方法，基于攻击者能力与意图的预测方法，以及基于攻击行为/模式学习的预测方法等。

随着网络态势感知走向弹性网络防御，网络攻击预测趋势的下一步发展方向是需要一种整合的方法。基于网络安全知识和人工智能的最新发展，围绕网络中关键资产可能被混淆、存在噪声的数据以及我方的防御手段（有限的"知己"信息）等，利用深度学习技术来动态地学习和创建针对对方新的攻击策略与行为的模型（预估"知彼"情况），以实现对网络安全事件的准确预测。

参考文献

［1］ 杜嘉薇．网络安全态势感知：提取、理解和预测［M］．北京：机械工业出版社，2018．

［2］ 科特，等．网络空间安全防御与态势感知［M］．黄晟，安天研究员，译．北京：机械工业出版社，2018．

［3］ Cohen F. Information system defenses: A preliminary classification scheme.［J］. computers & security, 1997, 16（1）: 29-46.

［4］ 程文聪．面向大规模网络安全态势分析的时序数据挖掘关键技术研究［D］．长沙：国防科学技术大学．

［5］ 杨尹．基于时序分析技术的网络安全事件预测系统的研究与实现［D］．长沙：国防科学技术大学．

［6］ 肖轩．灰色神经网络与支持向量机预测模型研究［D］．武汉：武汉理工大学，2009．

［7］ 任伟，蒋兴浩，孙锬锋．基于 RBF 神经网络的网络安全态势预测方法［J］．计算机工程与应用，2006, 042（031）: 136-138, 144.

［8］ 张翔，胡昌振，刘胜航，等．基于支持向量机的网络攻击态势预测技术研究［J］．计算机工程，2007, 033（011）: 10-12.

［9］ 石元泉，刘晓洁，李涛，等．基于免疫优化原理的网络安全态势预测方法［J］．高技术通讯，2012, 22（1）: 20-27.

［10］ Antunes C, Oliveira A, Temporal Data Mining: An overview［C］// In KDDWorkshop on Temporal Data Mining, San Francisco, 2001: 1-13.

［11］ Lin L. Management of 1-D Sequence Data-From Discrete to Continuous［D］. Sweden: Linkoping University, 1998.

［12］ 曲文龙，复杂时间序列知识发现模型与算法研究［D］，北京：北京科技大学，2006．

［13］ Ester M, Kriegel H P, Jrg S. Knowledge Discovery in Spatial Databases［C］// Conference on Artificial Intelligence. Springer-Verlag, 1999.

［14］ Agrawal R, Faloutsos C, Swami A. Efficient similarity search in sequence databases［M］// Foundations of Data Organization and Algorithms. Heidelberg: Springer, 1993.

［15］ Chan K, Fu W. Efficient Time Series Matching by Wavelets［C］// Proceedings 15th International Conference on Data Engineering (Cat. No. 99CB36337). IEEE, 2002.

[16] Wu Y, Agrawal D, AbbadiA. A Comparison of DFT and DWT Based Similarity Search in Time-Series Databases [C]// Proceedings of the 9th International Conference on Information and Knowledge Management. 2000.

[17] Keogh E J. An Indexing Scheme for Fast Similarity Search in Large Time Series Database [J]. Proc of Icssdm, 1999.

[18] Keogh E, Chakrabarti K, Pazzani M, et al. Dimensionality Reduction for Fast Similarity Search in Large Time Series Databases [J]. Knowledge and Information Systems, 2001, 3 (3): 263-286..

[19] Suntinger M, Obweger H, Schiefer J, et al. Trend-Based Similarity Search in Time-Series Data [C]// Second International Conference on Advances in Databases Knowledge & Data Applications. IEEE, 2010.

[20] Li B, Tan L, Zhang J, et al. Using Fuzzy Neural Network Clustering Algorithm in The Symbolization of Time Series [C]// 0.

[21] John A. Shepherd, Xiaoming Zhu, Nimrod Megiddo. Fast indexing method for multidimensional nearest-neighbor search [J]. Proceedings of Spie the International Society for Optical Engineering, 1999, 3656: 350-355..

[22] George E P, Jenkins G M. Time series analysis forecasting and control [M]. Holden-Day, 1976.

[23] 邹柏贤, 姚志强. 一种网络流量平稳化方法 [J]. 通信学报, 2004, 025 (008): 14-23.

[24] Mallat S G. A theory for multiresolution signal decomposition: the wavelet representation [J]. IEEE Transactions on Pattern Analysis and Machine Intelligence, 1989, 11 (4).

[25] 徐科, 徐金梧, 班晓娟. 基于小波分解的某些非平稳时间序列预测方法 [J]. 电子学报, 2001, 029 (004): 566-568.

[26] Lian X, Chen L. Efficient Similarity Search over Future Stream Time Series [J]. IEEE Transactions on Knowledge & Data Engineering, 2008, 20 (1): p.40-54.

[27] Lin J, Keogh E, Lonardi S, et al. A symbolic representation of time series, with implications for streaming algorithms [J]. Data Mining and Knowledge Discovery, 2003: 2.

[28] 钟清流, 蔡自兴. 基于统计特征的时序数据符号化算法 [J]. 计算机学报, 2008, 031 (010): 1857-1864..

[29] 陈当阳, 贾素玲, 王惠文, 等. 时态数据的趋势序列分析及其子序列匹配算法研究 [J]. 计算机研究与发展, 2007 (03): 150-154.

[30] Lee K H, Zhang X, Xu D. High Accuracy Attack Provenance via Binary-based Execution Partition [C]// Network and Distributed System Security Symposium. 2013.

[31] Ma S, Zhang X, Xu D. ProTracer: Towards Practical Provenance Tracing by Alternating Between Logging and Tainting [C]// Network and Distributed System Security Symposium. 2016.

[32] Ma S, Zhai J, Wang F, et al. MPI: Multiple Perspective Attack Investiga-tion with Semantic Aware Execution Partitioning [C]// the 26th USENIX Conference on Security Symposium. 2017.

[33] Hossain M N, Milajerdi S M, Wang J, et al. SLEUTH: Real-time Attack Scenario Reconstruction from COTS Audit Data [OB/OL]. https://arxiv.org/abs/1801.02062. [2020-6-29].

[34] Sun X, Dai J, Liu P, et al. Using Bayesian Networks for Probabilistic Identification of Zero-Day Attack Paths [J]. IEEE Transactions on Information Forensics and Security, 2018.

[35] Milajerdi S M, Gjomemo R, Eshete B, et al. HOLMES: Real-time APT Detection through Correlation of Suspicious Information Flows [J]. 2018.

[36] Qin X, Lee W. Attack plan recognition and prediction using causal networks [C]// Computer Security

Applications Conference. IEEE, 2005.

[37] Jajodia L S. Using attack graphs for correlating, hypothesizing, and predicting intrusion alerts [J]. Computer Communications, 2006.

[38] Noel S, Jajodia S. Advanced Vulnerability Analysis and Intrusion Detection through Predictive Attack Graphs [A], Critical Issues in C4I, Armed Forces, 2009.

[39] Yu H, Li A, Jiang R. Needle in a Haystack: Attack Detection from Large-Scale System Audit [C]// 19th IEEE International Conference on Communication Technology. IEEE, 2019.

[40] Yu H, Li A, Jiang R, et al. HDGS: A Hybrid Dialogue Generation System using Adversarial Learning [C]// 2019 IEEE Fourth International Conference on Data Science in Cyberspace (DSC). IEEE, 2019.

[41] 于晗. 基于图的多步攻击关联分析检测技术研究与实现 [D]. 长沙: 国防科学技术大学.

[42] Muniswamy-Reddy K K, Holland D A. Causality-Based Versioning [C]// 7th USENIX Conference on File and Storage Technologies, February 24 – 27, 2009, San Francisco, CA, USA. Proceedings. ACM, 2009.

[43] Muniswamy-Reddy K K, Holland D A, Braun U, et al. Provenance-Aware Storage Systems [C]// Usenix Technical Conference. USENIX Association, 2006.

[44] Muniswamy-Reddy K K, Wright C, Himmer A, et al. A Versatile and User-Oriented Versioning File System [J]. FAST '04: Proceedings of the 3rd USENIX Conference on File and Storage Technologies, 2004.

[45] Alan S. Open Interaction Network Model for Recognizing and Predicting Threat Events [C]// Information, Decision & Control. IEEE, 2007.

[46] Holsopple J, Sudit M, Nusinov M, et al. Enhancing situation awareness via automated situation assessment [J]. Communications Magazine, IEEE, 2010, 48 (3): 146-152.

[47] Du H, Liu D F, Holsopple J, et al. Toward Ensemble Characterization and Projection of Multistage Cyber Attacks [C]// Computer Communications and Networks (ICCCN), 2010 Proceedings of 19th International Conference on. IEEE, 2010.

[48] Shafer G. The combination of evidence [J]. International Journal of Intelligent Systems, 1986.

[49] Pei K, Gu Z, Saltaformaggio B, et al. HERCULE: attack story reconstruction via community discovery on correlated log graph [C]// Conference. ACM, 2016.

[50] Julisch K. Clustering Intrusion Detection Alarms to Support Root Cause Analysis [J]. ACM Transactions on Information and System Security, 2003, 6 (4): 443-471.

[51] Qiao L B, Zhang B F, Lai Z Q, et al. Mining of Attack Models in IDS Alerts from Network Backbone by a Two-stage Clustering Method [C] // IEEE Computer Society, 2012: 1263-1269.

[52] Shin S, Lee S, Kim H, et al. Advanced probabilistic approach for network intrusion forecasting and detection [J]. Expert Systems with Application, 2013, 40 (1): 315-322.

[53] Cheng B C, Liao G T, Huang C C, et al. A Novel Probabilistic Matching Algorithm for Multi-Stage Attack Forecasts [J]. Selected Areas in Communications IEEE Journal on, 2011, 29 (7): 1438-1448.

[54] Kruegel C, Ali Z, Vigna G, et al. Nexat: A History-Based Approach to Predict Attacker Actions [C]// Twenty-seventh Computer Security Applications Conference. DBLP, 2011.

[55] Fava D S, Byers S R, Yang S J. Projecting Cyberattacks Through Variable-Length Markov Models [J]. IEEE Transactions on Information Forensics & Security, 2008, 3 (3): 359-369.

[56] Frédéric Cuppens, Rodolphe Ortalo. LAMBDA: A Language to Model a Database for Detection of Attacks [C]// Recent Advances in Intrusion Detection, Third International Workshop, Raid, Toulouse, France,

October. DBLP, 2000.

[57] Ning P, Xu D. Toward Automated Intrusion Alert Analysis [M]//Network Security. Heidelberg: Springer, 2010.

[58] Ning P, Healey C G, Amant R S, et al. Building Attack Scenarios through Integration of Complementary Alert Correlation Methods [J]. Proceedings of Annual Network & Distributed System Security Symposium, 2004: 97--111.

[59] Geib C W, Goldman R P. Plan Recognition in Intrusion Detection Systems [C]//Proceeding DARPA Information Survivability Conference and Exposition II, 2001.

[60] Ren H, Stakhanova N, Ghorbani A A. An Online Adaptive Approach to Alert Correlation [C]// International Conference on Detection of Intrusions & Malware. Springer, Berlin, Heidelberg, 2010.

[61] Kavousi F, Akbari B. Automatic learning of attack behavior patterns using Bayesian networks [C]// International Symposium on Telecommunications. IEEE, 2012.

[62] And F K, Akbari B. A Bayesian network-based approach for learning attack strategies from intrusion alerts [J]. Security and communication networks, 2014, 7 (5): 1-21.

[63] Zali Z, Hashemi M R, Saidi H. Real-time attack scenario detection via intrusion detection alert correlation [C]// Information Security and Cryptology (ISCISC), 2012 9th International ISC Conference on. IEEE, 2012.

[64] Vogel M, Schmerl S, König H. Efficient distributed signature analysis [C]// In IFIP International Conference on Autonomous Infrastructure, Management and Security (AIMS). IFIP, 2011.

第 9 章
网络攻击溯源技术

网络攻击溯源技术是主动网络安全防御的关键环节。网络攻击溯源是指通过网络还原攻击路径，确定网络攻击者的身份或位置，或者找出攻击产生的原因。溯源是指寻找导致事件发生的根本原因。国外将溯源称为"归因"（Attribution）。网络攻击溯源技术能够通过网络攻击遗留下来的攻击痕迹还原网络攻击场景，重构攻击路径。利用网络攻击溯源技术，可以有针对性地制定安全策略，显著地降低网络安全防御成本，大幅度提升防御效果。

本章 9.1 节将介绍网络攻击溯源的概念和背景；9.2 节将介绍传统的网络攻击溯源技术，包括基于日志存储查询的溯源技术、基于路由器输入调试的溯源技术、基于修改网络传输数据的溯源技术、攻击者及其组织溯源技术；9.3 节将介绍面向溯源的 MDATA 网络安全知识库维护方法；9.4 节将介绍基于 MDATA 模型的攻击溯源方法；9.5 节将对本章进行总结。

9.1 网络攻击溯源的概念和背景

网络具有快速传播和广泛互联等特征。黑客利用这些网络特性，能够大规模地传播病毒或木马，形成分布式的网络攻击。黑客在进行网络攻击时，通常使用假冒的 IP 地址或多级代理服务器，使防御系统很难溯源到真正的攻击源或无法找出问题产生的原因，从而不能实施有针对性的防御措施。

从 20 世纪末开始，美国国防部先进研究项目局（DARPA）就已经开始赞助网络攻击溯源技术的研究和相应系统的开发。2005 年，日本开始研发集网络安全态势感知、网络攻击溯源和网络攻击响应为一体的国家级网络溯源项目（IP-Traceback）。2013 年，美国国防部网络犯罪中心（DC3）及其计算机取证实验室（DCFL）与美国 AIS 公司、CACI 公司等开始合作，进一步改进和研发网络攻击溯源的方法、技术及工具。

网络攻击溯源技术在网络安全态势感知中具有重要地位。由于互联网的网络协议在设计之初并没有考虑相应的安全问题，设计者主要是为了满足重要部门之间的交流通信需求，默认网络用户都是可信的，并没有考虑对用户行为进行溯源审计，因此，当不可信用户假冒 IP 地址进行网络活动时，很难溯源真实的 IP 地址。网络技术日新月异，网络攻击日趋复杂，网络攻击工具花样百出，使网络攻击溯源的难度大大增加。由于政治原因和经济利益的问题，使得在进行网络攻击溯源时无法得到相关部门的配合，阻碍了网络攻击溯源的实施。个人隐私保护和国家政策法规也会在一定程度上阻碍了网络攻击溯源。这些都使得目前的网络攻击溯源依然面临着巨大挑战。

网络空间的攻防博弈，实质上就是双方信息获取能力的对抗，谁能在对抗中获取更多、更全面的网络空间信息和网络态势，谁就能更有效地利用信息优势，在网络空间对抗中取得胜利。网络攻击溯源技术所要研究的就是在网络对抗中找到是谁攻击了我，攻击的源头在哪里，攻击的具体路径是什么等信息。通过攻击溯源，定位攻击源或攻击中所使用的中间介质，描绘攻击过程中的攻击路径，从而制定更有针对性的防御措施，降低网络被攻击而带来的损失，确保网络空间安全。

溯源，与取证（Forensics）的意思相近，网络攻击溯源与网络取证的定义大致相同[1]。文献[2]中对网络取证的定义是"利用经过科学验证的技术收集、融合、识别、检查、关联、分析和记录来自多个数据来源的数字证据，主动处理和传输数字来源的数字证据，以便发现与谋划攻击相关的事实，或者测量未经授权的干扰、阻断或破坏系统组件的活动，以及提供信息以协助响应或计算从这些活动中恢复的成功率"。Ranum[3]将网络取证定义为"捕获、记录和分析网络事件，以便发现安全攻击或其他问题事件的来源"。对于网络攻击溯源，目前没有一个统一的标准定义。简单地说，溯源的目的是寻找导致事件发生的根本原因。网络攻击溯源通过网络还原攻击路径，确定网络攻击者的身份或位置，找出攻击产生的原因。在大多数情况下，网络攻击溯源主要是找出攻击源，即从受害者的主机开始，逆向溯源攻击的中间介质，并最终确定攻击者的名字或 IP 地址等信息，还原其攻击路径。在网络攻击发生以后，有关人员主要是通过异常或报警感知主机是否遭受攻击，网络攻击溯源也应包含找出这些异常或报警的原因、溯源事故发生的源头。一个理想的攻击溯源总是能够有效地确定攻击者的身份或位置信息。但是，在大多数情况下，网络攻击溯源几乎是不可能的，因为黑客总是能采取各种手段或技术来隐藏自身的信息，伪造 IP 地址，逃避溯源。虽然不能轻易地溯源攻击者的身份或位置信息，但若能确定攻击路径上的某台主机信息，也能采取具有针对性的防护措施，减少损失[4]。

但面对日益复杂的网络攻击和网络协议本身存在的设计缺陷，目前大部分攻击溯源工具主要针对网络数据包进行溯源分析，对于事后的攻击溯源，尤其是在未知的攻击或无法确定是否遭受攻击的情况下，已有的攻击溯源技术尚不能满足网络安全态势分析的需求。

9.2 传统的网络攻击溯源技术

网络攻击的层次根据其造成的危害程度可以分为网络战、网络犯罪、网络利用、暴力攻击和恶意行为滋扰等[5]。网络攻击溯源技术的层次根据网络攻击介质识别确认、攻击链路的重构以及溯源的深度和细微度可以分为两大类：第一类是指溯源攻击主机和控制主机，即溯源直接实施网络攻击的主机，以及是谁在控制主机发起攻击；第二类是指溯源攻击者和组织或机构，即溯源网络攻击者的身份或位置信息，并进一步溯源实施攻击的幕后组织或机构。下面9.2.1~9.2.3节将介绍与第一类"溯源攻击主机和控制主机"相关的溯源技术，9.2.4节将介绍与第二类"溯源攻击者和组织或机构"相关的溯源技术。

9.2.1 基于日志存储查询的溯源技术

基于日志存储查询的溯源技术[6-9]主要通过路由器、主机等设备对网络中传输的数据流（IP数据包）进行存储记录，以便能通过发生网络攻击事件的事后查询日志进行溯源分析。在记录时不用记录完整的IP数据包，只记录网络传输数据流的源地址、目的地址等用于溯源的关键信息即可。基于日志存储查询溯源技术的主要操作有两大步骤：日志存储和日志查询。

对于攻击溯源技术来说，越详细的日志记录，越有可能溯源出更多的攻击信息。但是，在目前的大数据环境下，面临海量的数据和涉及个人隐私等问题，记录网络中每一个数据包是不可行的。其解决办法是可以有选择性地记录网络数据包信息，如可以只记录可疑的数据包或记录数据包的部分关键数据，或者使用大容量存储设备、更加先进的处理器等。网络空间可以使用数据的哈希值来存储信息。哈希值的大小通常远远小于数据本身的大小，不是真实的网络数据，可能更容易得到法律和社会的认可。如在由美国国防部DARPA项目组赞助的一个高容量IP数据层日志溯源技术项目中，其核心模块被命名为源路径隔离引擎（Source Path Isolation Engine，SPIE）。该引擎通过使用布隆过滤器（Bloom filter）存储IP数据包的哈希值。这种方法极大地提高了可记录的数据量。也可以记录某个事件的登录验证信息（如主机的登录信息、FTP/HTTP/SSH登录信息等）、认证记录（如网络地址的请求信息）、自动预分配（如DHCP）等信息。例如，Cisco路由器的信息流日志记录包括源和目标IP地址、端口、数据包数和字节数、IP协议、TCP标志等，通过这些信息可以溯源网络攻击。

日志查询可以使用电话和电子邮件等方式手动或自动地询问上游路由器。目前在大多数情况下是需要手动查询的。实现手动查询需要一个有效的方法（如 WHOIS 命令）与上游路由器的日志数据库进行通信。手动查询响应时间较慢，人工成本较高，在大数据环境下，甚至极其困难。所以，日志查询更倾向于使用自动方法。自动方法需要有查询"上游"日志系统网络协议的支持。例如，学者 Dan 等人[9]提出了基于入侵者检测和隔离协议（Intruder Detection and Isolation Protocol，IDIP）的协同入侵溯源和响应架构，实现了自动查询功能。

日志查询溯源技术虽然能够通过存储的日志信息进行事后的攻击溯源，但是必须预先在网络中部署日志查询系统，如果日志查询系统未能有效地覆盖全网络，则不能有效地完成攻击溯源。另外，该技术需要消耗大量的存储空间和处理资源，在现今大数据时代下，网络带宽不断增加、网络速率不断增快、网络信息量不断增多，将导致存储和处理的日志信息数据飞速膨胀，造成部署成本的急剧增加。在应对大规模的网络攻击行为中，大范围、高频率的日志查询操作将占用大量的网络带宽和处理性能，影响网络系统的正常运行。

9.2.2 基于路由器输入调试的溯源技术

基于路由器输入调试溯源技术[10]的主要原理是，溯源人员沿着攻击路径向距离当前节点最近的上游路由器报告所收到的攻击数据特征，并提出溯源申请，收到报告的上游路由器在此后的工作中如果匹配到该特征的数据流，将向溯源人员上报数据来源。这个过程与程序调试相类似，被称为输入调试，有时也被称为数据签名。这种技术的原理与入侵检测系统相类似，都是需要在网络攻击发生后才能够确定输入调试所需的数据特征。在需要与其他网络服务商的路由器进行协同调试时，手动完成输入调试是一件非常耗时的工作。

Burch 等人[11]提出了一种"可控泛洪"（Controlled Flooding）的输入调试溯源技术：在攻击发生时，通过对可能发生攻击的路由链路实施阻塞攻击，如果阻塞攻击导致该链路的流量降低，那么说明该链路在攻击链路的集合内；反之，如果该链路流量不受影响，则说明该链路不在攻击链路的集合内。通过这种方法可以确定网络攻击路径，虽然不需要路由器的配合，但需要预先确定网络拓扑结构、网络路由策略以及实施阻塞攻击所需要的网络带宽，还需要额外的设备和配置来实施阻塞攻击以及检测数据的流量等。

目前很多路由器都有输入调试功能。例如，Cisco 路由器具有"日志输入"命令，可以辅助溯源上一跳。Cisco 路由器还有 IP 溯源的命令，能够溯源所有流经端口适配器的数据 IP 地址，结合 NetFlow 技术，能够更有效地溯源攻击者的位置信息。

由于输入调试溯源技术依赖于正在进行的网络攻击，若攻击者每次在网络攻击时都伪造攻击特征（如伪造源 IP 地址），那将极大地影响网络攻击溯源的准确性。另外，若攻击者事先知道了输入调试的具体方法，则能够有针对性地绕过路由器的调试分析。在大多数输入调试溯源技术的实施过程中，溯源人员需要具有路由器的管理员权限，以此来改变路由器的配置，使溯源过程顺利进行，但这些都需要额外的人工操作，耗时耗力，显著地降低了溯源的实时性和灵活性。

9.2.3　基于修改网络传输数据的溯源技术

基于修改网络传输数据的溯源技术通过对网络传输中的数据进行一定的变换来实现对数据的溯源。这种变换包括编码和标记，如在网络数据包中标记路由器标识等信息。修改网络传输数据的溯源技术包括修改和路径重构两个过程。修改过程由网络传输节点对传输的数据包附加路径等标识信息；路径重构过程一般由受害端通过重构算法对数据包中的标识信息进行数据传输路径重构。

修改网络传输数据的溯源技术如下。

（1）概率包标记（Probabilistic Packet Marking，PPM）。概率包标记通过对 IP 数据包中预留的字段进行路径信息的标记，接收端收集这些包含路径信息的数据包，根据重构算法重构攻击路径。概率包标记（PPM）技术需要大量的数据包来收集攻击者的信息。Song 等人[12]提出了高级包标记技术和认证包标记技术。这两种技术可以增量部署到网络中，减少在大规模分布式拒绝服务攻击下重建攻击路径的计算开销，能够让受害端溯源到伪造 IP 的近似来源，而且，遭受攻击的路由器不能伪造或篡改来自其他未遭受攻击路由器的标记信息。Yaar 等人[13]提出了一种新的数据包标记方法，能够在传统的路由器环境中，接收少部分数据包后，高概率地识别攻击路径，适用于大规模的分布式环境。Savage 等人[14]提出的概率包标记原理是每个路由器接收数据流，并用部分地址信息进行概率性的标记。数据包标记的概率为 $p = 0.04$（每 25 个数据包标记一个）。受害端可以在收到足够的数据包后，重构包含所有已启用概率包标记的路由器的攻击路径。IP 报头内的 IP 标识字段用于存储溯源信息。

（2）确定性包标记（Deterministic Packet Marking，DPM）。在确定性包标记中，路由器将自己的节点信息写入每个转发的数据包（IP option 字段）。该数据包最后可能包含路由路径上的所有路由节点，根据这些节点信息，不仅可以溯源各路由节点，同时还能还原数据传输路径。Rayanchu 等人[15]提出了一个适用于 DDoS 攻击环境下的确定性边缘路由器标记方法。该方法实现简单，没有带宽开销，对处理和存储的需求都相对较低，在溯源的过程中，只需要少量的数据包以及互联网服务提供商的少量配合即可。Lin 等人[16]使用确定性分组标记的方法识别接收和转发攻击报文的入口路由器，利用多个 Hash 函数来降低地址摘要冲突的可能性，降低了溯源的误报率。Xiang 等人[17]提出了一种新颖的灵活确定性包标记法，采用灵活的标记长度策略，根据路由器的负载自适应地改变标记速率，使得在溯源的过程中减少了路由器的负载，有效地降低了溯源的误报率。Belenky 和 Ansari[18,19]等人提出了确定性包标记的思想，即只对入口边缘路由器标记数据包，所有其他路由器都不用标记。每个边界路由器在数据包进入网络之前均用自己的身份信息标记每个数据包。确定性包标记方法使用 16 位 ID 字段和 1 位保留字段对数据包进行标记，边缘路由器的 IP 地址分为两段，每段含有 16 位。受害端一旦收到来自同一路由器的相同分段，就可以重构该地址信息，其中一位用作标志来标识 IP 地址的哪个部分被传输。

（3）路由器接口标记（Router and Interface Marking）[20]。路由器接口标记的原理是将路由器接口视为用于溯源的原子单元。Yi 等人[21]提出了一种带有链路签名的确定性包标记方法，即在路由器转发的时候标记所有的数据包，略微减少了路由器的开销，极大地降低了误报率，易于实施并支持增量部署。Peng 等人[22]使用一种特殊的路径编号技术，使受害端不仅可以立即检测和过滤欺骗性的 DDoS 攻击，还能在攻击完成后从相应的网络服务商中获取更准确的攻击信息。Chen 等人[23]提出了用于 IP 溯源的路由器接口标记方法。该方法让启用接口标记的路由器将用于处理数据包的硬件接口部分信息概率性地标记到每个数据包中。路由器接口标记使用一个由本地唯一路由器输入 ID 组成的字符串作为全局唯一的路径标识。该方法使用 5 位标记距离字段，6 位标记异或逻辑字段，6 位标记接口 ID 字段。路由器通过将距离字段重置为零，并将数据包的传入端口 ID 复制到接口 ID 字段及异或逻辑字段来概率性地标记数据包。

9.2.4 攻击者及其组织溯源技术

攻击者及其组织溯源的一般方法是通过对受害的计算机以及网络进行调

查，收集证据，确定具体的攻击者及其组织。常用的证据来源包括原始的网络数据包、日志文件、内存镜像以及残留在受害主机上的恶意代码或文档等。由于攻击者可能伪造或有意清除攻击痕迹、存储设备无法保存所有的网络数据包、操作系统的事件日志所记录的信息有限等因素，因此可导致对攻击者的溯源具有偶然性。目前还没有一种能够将所有的相关证据均收集齐备，并且自动溯源到网络攻击者的工具或系统。

攻击者及其组织的溯源技术如下。

(1) 基于文档的溯源技术[24,25]。通过分析文档的使用语言、文化背景、拼写和语法错误、教育程度、专业领域、知识缺陷、宗教信仰和意识形态、作者的整体意图、特定词语的使用、标点符号以及性别等属性，帮助缩小文档作者的查找范围甚至确定文档的作者。

(2) 基于电子邮件的溯源技术[26]。由于网络罪犯在网络空间一般采用假名来进行非法活动，因此在网络溯源中需要建立网络空间中的假名与现实生活中的真名之间的对应关系。在网络交互过程中，电子邮件作为通信的常用方式，可以对其相关信息进行挖掘，提取知识，最终形成证据。

(3) 基于键盘使用的溯源技术[27-29]。生物认证技术由于具有很高的安全性、准确度而应用于实际生活中。生物认证技术主要包括静态识别技术和动态识别技术。静态识别技术主要是指利用人的生理特征进行识别，如指纹、虹膜、面部特征和基因等。动态识别技术主要是指利用声音、击键动力、鼠标动力等行为进行识别。击键动力识别不需要增加额外的硬件设备，识别率较高。

(4) 基于恶意代码的溯源技术[30,31]。在恶意代码中带有的一些行为特征，是分析者分析恶意代码的重要依据。恶意代码主要有病毒、木马和蠕虫。大多数木马程序都是 Windows 平台上的可执行文件，以 .exe 或 .dll 文件形式存在，通过解析它们的 PE 头文件可以获取攻击者的相关信息。许多僵尸网络、病毒等的传播工具是微软安装程序包，可以利用相应的微软安装程序包分析工具（如 MSI Analyzer）来溯源攻击者的信息。

例如，网络安全企业安天公司于 2016 年 7 月发布了一篇名为《白象的舞步——来自南亚次大陆的网络攻击》的报告[32]，报道了两组针对我国的复杂 APT 攻击事件。安天公司对这一系列针对中国教育、科研、军事等领域的攻击行动，进行了近四年时间的持续监测、捕获、跟踪、分析，并发布了这篇报告。

第二攻击波的行动不同于第一攻击波"白象一代"杂乱无章的攻击手法，整体攻击手法显得更加"正规化"和"流程化"。第二攻击波中普遍使用了具有极高社工构造技巧的鱼叉式钓鱼邮件进行定向投放,至少使用了 CVE-2014-4114 和 CVE-2015-1641 等漏洞,在传播层面上,不再单纯采用附件的形式而转为下载链接、部分漏洞利用了反检测等技术特性。安天公司对这一攻击组织继续进行综合线索调查和分析,包括病毒样本采用的编译器(含版本)、样本中的典型组件、攻击来源与攻击目标、样本集的时间戳和时区等互联网公开信息,对攻击组织进行了溯源分析,认为是一个由 10~16 人组成的攻击小组。其中 6 人的用户 ID 是 cr01nk、neeru rana、andrew、Yash、Ita nagar、Naga 等[32]。

9.3 面向溯源的 MDATA 网络安全知识库维护方法

本节主要介绍本书作者团队提出的一种面向溯源的 MDATA 网络安全知识库。这个知识库包含 6 个维度的知识。本节将重点介绍 MDATA 网络安全知识库中知识的数据来源和相关属性结构,以及各个维度之间的关联关系和知识融合的方法。本书 4.3 节曾提到过网络安全态势理解的认知模型 MDATA,并介绍了如何通过该模型实现对数据的多维度关联分析。本节和 9.4 节将详细介绍使用 MDATA 模型对网络攻击进行溯源的方法。

9.3.1 基于 MDATA 网络安全知识库抽取架构

MDATA 网络安全知识库是基于网络安全特定领域的知识库,从这个知识库中抽取的知识是与网络安全领域相关的。本书所构建的知识图谱主要涉及 6 个维度的本体,即 $G=<H, V, A, E, L, S, R>$,分别是主机资产维度 H、漏洞维度 V、攻击威胁维度 A、痕迹维度 E、位置维度 L、策略维度 S 以及各维度之间的关系集合 R。

面向溯源的 MDATA 网络安全知识库数据源如图 9-1 所示。主机资产维度主要包含网络安全领域所涉及的各种设备以及安装在设备上的软件或操作系统。漏洞维度主要记录主机资产维度中各个资产所具有的漏洞信息。攻击威胁维度主要记录针对漏洞维度中各个漏洞的攻击威胁信息。痕迹维度主要记录网络攻击所遗留的特征或一些可疑的线索,如用户登录成功(accepted password)、用户会话关闭(session closed)、失败(authentication failure)、提权操作(sudo)、用户账户改变或删除(password changed)等。位置维度记录用于溯源分析的位置信息,一般主机资产的日志信息是用于溯源分析的主要数据源,例如主机的操作系统日志、边界代理日志、安全工具日志(如反病毒程序日志、防火墙日志、IDS 日志)、应用程序日志(如服务器日志)和终端用户应用程序日志等。在 Linux 系统中，日志的位置一般都存放在/var/log中；在 Windows 系统中，日志的位置一般由事件管理器统一管理。策略维度主要记录攻击溯源的过程和方法，是实现自动攻击溯源的关键，依赖于痕迹维度和位置维度所提供的相关信息。下面分别介绍各个维度的本体数据来源以及本体的属性。

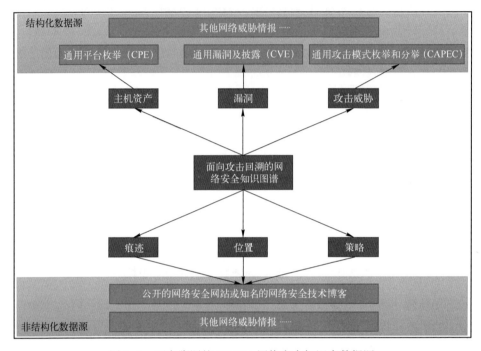

图 9-1　面向溯源的 MDATA 网络安全知识库数据源

9.3.2　溯源 MDATA 知识抽取过程

（1）主机资产维度的知识抽取

主机资产维度不仅包含网络中存在的服务器、路由器、交换机、计算机等硬件设备，还包括操作系统或应用程序等软件。主机资产维度的数据主要来自 CPE（Common Platform Enumeration，通用平台枚举）数据库。

CPE 是一种对信息技术系统、软件以及硬件设备进行描述和标识的结构化命名规范[33]。CPE 基于统一资源标识符（URI）的通用语法，包括正式的名称格式、用于检查系统名称的方法以及用于将文本和测试绑定到名称的描述格式。CPE 产品词典提供了一个约定好的官方 CPE 名称列表，由 NIST（National Institute of Standards and Technology，美国国家标准与技术研究院）

托管和维护,并以 XML 的格式提供给所有人使用,不受美国版权保护。有关最新的 CPE 词典以及要使用的缩写和格式化名称的完整列表,可以在文献[34]中找到。CPE 的规格说明有两个版本,分别是 2.2 版本和 2.3 版本。本书主要介绍 2.2 版本的规格说明[35],如"cpe:/{part}:{vendor}:{product}:{version}:{update}:{edition}:{language}"。其中:part 字段代表平台类型,分别有 h(硬件平台)、o(操作系统)、a(应用程序)三种类型;vendor 字段代表供应商名称;product 字段代表产品名称;version 字段代表版本号;update 字段代表更新包的信息;edition 字段代表版本信息;language 字段代表语言项。这些字段不一定每次都会出现。CPE 数据示例如图 9-2 所示。

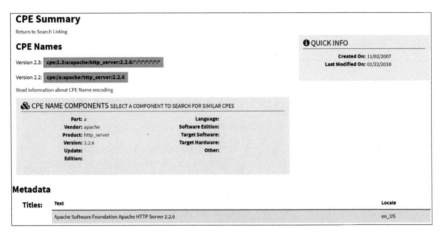

图 9-2　CPE 数据示例

对应 Version2.2 中的"cpe:/a:apache:http_server:2.2.6"各字段,其中 Part 为 a,代表该 CPE 项是一个应用程序;Vendor 为 apache,代表该应用程序的供应商是 apache;Product 为 http_server,代表该产品的名称是 http 服务器;Version 为 2.2.6,代表该应用程序的版本号为 2.2.6,其他字段缺省。

通过整理,主机资产维度的主要属性见表 9-1。其中:name 为主机资产的名称,是一个格式化的字符串,简洁地描述了主机资产的信息;part 为主机资产的类型,如硬件、应用软件或操作系统等;vendor 为主机资产开发商或组织的名字;product 为主机资产产品的名字;version 为主机资产的版本号;cve_list 为漏洞名称列表,记录一组与主机资产有关联的漏洞维度名称;location_list 为位置列表,记录一组与主机资产有关联的位置名称;description 为主机资产的额外描述。

表 9-1 主机资产维度的主要属性

属　　性	描　　述
name	主机资产的名称
part	主机资产的类型
vendor	主机资产开发商或组织的名字
product	主机资产产品的名字
version	主机资产的版本号
cve_list	与主机资产关联的漏洞名称列表
location_list	与主机资产关联的记录位置列表
description	主机资产的额外描述

(2) 漏洞维度的知识抽取

漏洞维度包含的漏洞信息与主机资产维度的主机资产有着密不可分的联系。一个主机资产对应一个或多个漏洞信息。

目前，许多漏洞信息包含在 CVE (Common Vulnerabilities and Exposures，通用漏洞披露)[36]中。CVE 是包含公众已知的信息安全漏洞和披露信息的集合。CVE 以条目列表的形式呈现，每一个条目都包含一个 ID 号、一段描述以及至少一个公开的已知网络安全漏洞参考。世界各地的众多网络安全产品和服务都在使用 CVE，包括美国国家漏洞数据库 (National Vulnerability Database，NVD)。NVD 是基于安全内容自动化协议 (SCAP) 标准的漏洞管理数据库，可实现自动化的漏洞管理和安全性测量。NVD 的数据可以参考文献[37]。NVD 数据示例如图 9-3 所示。NVD 中的内容包括安全检查表参考数据库、与安全相关的软件缺陷、错误配置、产品名称和影响因子等。

通过整理，漏洞维度的主要属性见表 9-2。name 为漏洞 ID。score 为漏洞的影响程度。cwe_id 为漏洞所关联的脆弱信息 ID (CWE ID)。该脆弱信息由 CWE (Common Weakness Enumeration，通用弱点枚举)[38]提供。CWE 是一个由社区开发的常见软件安全弱点列表，不仅是软件安全工具的度量标准，也是弱点识别、修复和预防工作的基准。通常每个漏洞都对应一个 CWE 条目。capec_list 为与漏洞关联的攻击威胁维度 ID 列表。description 为漏洞的额外描述。

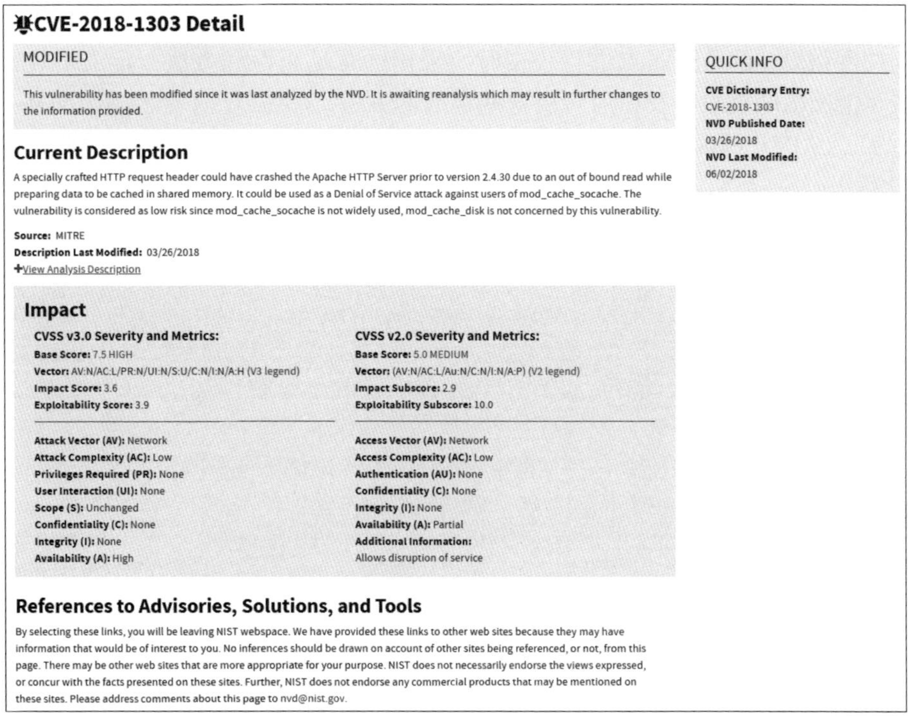

第 9 章 网络攻击溯源技术

图 9-3 NVD 数据示例

表 9-2 漏洞维度的主要属性

属　　性	描　　述
name	漏洞 ID
score	漏洞的影响程度（CVSS）
cwe_id	漏洞所关联的 CWE ID
capec_list	与漏洞关联的攻击威胁维度 ID 列表
description	漏洞的额外描述

（3）攻击威胁维度的知识抽取

攻击威胁与漏洞的关系是密不可分的，一个攻击往往是对某个漏洞的成功利用，一个漏洞可能会造成多个攻击威胁。目前，CAPEC（Common Attack Pattern Enumeration and Classification，通用攻击模式枚举和分类）[39]提供了攻击威胁的有关信息，是针对软件最常见攻击的列表，由 MITRE 公司维护，其相关项目得到了美国国家网络安全部门和美国国土安全部的赞助。

CAPEC 提供了一个公用的常见攻击模式目录，可帮助用户理解攻击者如

249

何利用应用程序和其他网络设备中的弱点进行攻击。攻击模式描述了攻击者利用网络设备的已知弱点进行攻击时所采用的常见属性和方法，定义了攻击者可能面临的挑战以及如何解决这些挑战的方法。CAPEC 内容示例如图 9-4 所示。CAPEC 的内容主要包括攻击的描述、攻击模式、解决方案、关联的攻击等。

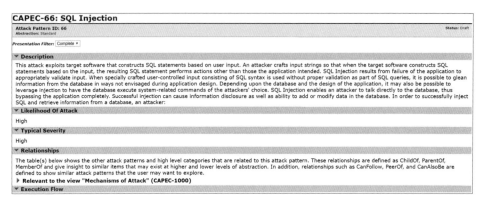

图 9-4　CAPEC 内容示例

通过整理，攻击威胁维度的主要属性见表 9-3。其中：name 为攻击威胁的 ID；strategy_list 为与攻击威胁关联的策略维度名称列表，一个攻击威胁可能有一个或多个溯源策略；evidence_list 为与攻击威胁关联的痕迹维度名称列表，一个攻击可能留下的一些痕迹特征；location_list 为与攻击威胁关联的位置维度名称列表，包含攻击特征可能被记录的位置；cve_list 为与攻击威胁关联的漏洞维度名称列表；description 为攻击威胁的额外描述。

表 9-3　攻击威胁维度的主要属性

属　性	描　述
name	攻击威胁的 ID
strategy_list	与攻击威胁关联的策略维度名称列表
evidence_list	与攻击威胁关联的痕迹维度名称列表
location_list	与攻击威胁关联的位置维度名称列表
cve_list	与攻击威胁关联的漏洞维度名称列表
description	攻击威胁的额外描述

（4）痕迹维度的知识抽取

痕迹维度主要记录网络攻击所遗留的特征或一些可疑的线索。在 Linux 系统中，用户的一些操作会在日志文件中留下明显的特征，例如：用户成功登录，会在日志里留下类似 Accepted password、Accepted publickey、session opened 等痕迹；用户登录失败，会在日志里留下类似 authentication failure、failed password 等痕迹；用户退出，会在日志里留下类似 session closed 等痕迹；当用户的账户发生改变或删除时，会在日志里留下类似 password changed、new user、delete user 等痕迹；当用户进行提权操作时，会在日志里留下类似 sudo：…COMMAND=…、FAILED su 等痕迹。这些痕迹都是用来进行攻击溯源所不可缺少的关键信息。

痕迹维度目前还没有一个明确的数据库来提供数据，通过爬取一些网络安全攻击溯源相关的网站[40]或博客，经过整理，痕迹维度的属性见表 9-4。其中：name 为痕迹的名称，可以是一个特征库文件名称，也可以是形式化的名称；type 为痕迹的类型，如规则库、恶意文件或正则表达式等；content 为痕迹的内容，如文件路径、文件 Hash 或正则表达式的内容，分别对应痕迹的类型；description 为痕迹的来源或额外的描述。

表 9-4 痕迹维度的属性

属 性	描 述
name	痕迹的名称
type	痕迹的类型
content	痕迹的内容
description	痕迹的来源或额外的描述

（5）位置维度的知识抽取

位置维度信息主要是指当网络攻击事件发生后，网络攻击所留下的痕迹或证据的路径，包括病毒或木马可能出现的路径。用于网络攻击事件后溯源分析最主要的数据来源就是日志信息，包括系统日志文件的位置和各个应用程序的位置信息。例如：在 Linux 系统环境下，系统日志和软件日志一般在 /var/log 中；在 Windows 环境下，可以通过事件查看器查看日志，Windows 事件查看器如图 9-5 所示，可以在事件查看器中找到相应的应用程序日志、系统日志等，日志文件默认存放在%systemroot%\system32\config 中；网络攻击遗留下的文件所在路径，如 SQL 注入可能向 Linux 主机的/tmp 目录下注入木马。

位置维度的数据根据主机资产的不同而不同，其数据来源也没有一个完整的数据库可以提供，只能通过抽取相关网站或依赖专家知识来填充。本书抽取出来的位置维度的主要属性见表 9-5。其中：name 为可能记录着某种攻击的文件名称；path 为可能记录着某种攻击的文件路径，也可能是某个攻击残留的特征路径；description 为位置的额外描述。

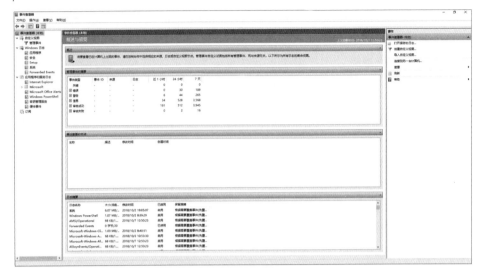

图 9-5 Windows 事件查看器

表 9-5 位置维度的主要属性

属 性	描 述
name	文件名称
path	文件路径
description	位置的额外描述

(6) 策略维度的知识抽取

策略是本书所提的攻击溯源方法的核心。所有的攻击溯源过程都至少要用到一个策略。

策略描述的是网络攻击溯源的解决方案，包括网络攻击溯源的执行方案或用于多级溯源时策略与策略之间的关系。本书所提到的网络攻击溯源主要是针对事后的溯源，溯源策略记录了事后溯源的方法，例如：在 Linux 环境下，可以调用 sort-nk3-t：/etc/passwd | less 命令来查看新创建的账户，以此来溯源网络攻击；当溯源一个网络攻击需要多个步骤完成时，可以通过策略维度的关联逻辑进行多级溯源。

策略维度的数据同样需要从论文或技术博客中抽取，或者根据专家知识来制定溯源策略。本书整理的策略维度的主要属性见表 9-6。name 代表溯源策略的名称，可以是某个工具的名称，名称是唯一的。type 代表溯源策略的类型，有工具溯源或关联溯源，工具溯源主要利用各种分析溯源工具或特征匹配工具来进行网络攻击事后溯源，如 SQL 注入会在 WEB 日志中留下访问痕迹，可以通过日志分析工具溯源得到攻击源 IP 和攻击代码。关联溯源主要用于对具有关联性质的事件或需要多个步骤才能溯源得到攻击源的网络攻击，利用关联规则进行逻辑运算来溯源攻击。process 用于当溯源策略的类型为工具溯源时，记录工具的用法，如对日志执行正则匹配来溯源攻击源。location_list 代表与溯源策略关联的位置维度名称列表，位置可以是某个日志文件的路径，也可以是某个溯源工具的执行路径。evidence_list 代表与溯源策略关联的痕迹维度名称列表，可以是网络攻击后在日志里留下的攻击痕迹或者某个病毒或木马的特征等。strategy_list 代表溯源策略关联的子策略维度名称列表，用于当溯源策略的类型为关联溯源时，记录相关联的子策略和子策略之间的规则，子策略之间的关系可以使用逻辑符号来连接，在执行多级溯源时，要记录策略与策略之间的执行顺序或溯源结果之间的逻辑关系。result_type 代表溯源结果类型，如溯源结果是生成一段文本或输出一个文件。result 代表溯源结果，溯源结果可能是一段文本内容、溯源结果文件的路径或在关联溯源时产生的结果。description 代表策略的额外描述。

表 9-6 策略维度的主要属性

属 性	描 述
name	策略名称
type	策略类型，如工具溯源或关联溯源
process	用于工具溯源时的工具用法
location_list	与溯源策略关联的位置维度名称列表
evidence_list	与溯源策略关联的痕迹维度名称列表
strategy_list	溯源策略关联的子策略维度名称列表
result_type	溯源结果类型，如文本或文件
result	溯源结果，如内容、路径或关联溯源时产生的结果
description	溯源策略的额外描述

9.3.3 溯源知识融合

在 9.3 节的开头提到了用于攻击溯源的 MDATA 网络安全知识库的各个维度，各个维度之间是有关联关系的。

在资产维度中，由于每个主机资产一般都会有一个或多个漏洞，因此资产维度可以与漏洞维度建立关联关系。主机资产的数据来源主要是 CPE，漏洞的数据来源主要是 CVE。某个 CPE 对应的 CVE 条目如图 9-6 所示。某个主机资产对应着多个漏洞信息。这些信息可以在文献[41]中找到详细的说明。

Apache » Http Server » 2.2.6 : Security Vulnerabilities

Cpe Name:*cpe:/a:apache:http_server:2.2.6*

CVSS Scores Greater Than: 0 1 2 3 4 5 6 7 8 9

Sort Results By : CVE Number Descending CVE Number Ascending CVSS Score Descending Number Of Exploits Descending

Copy Results Download Results

#	CVE ID	CWE ID	# of Exploits	Vulnerability Type(s)	Publish Date	Update Date	Score	Gained Access Level	Access	Complexity	Authentication	Conf.	Integ.	Avail.
1	CVE-2017-7679	119		Overflow	2017-06-19	2018-06-02	7.5	None	Remote	Low	Not required	Partial	Partial	Partial
	In Apache httpd 2.2.x before 2.2.33 and 2.4.x before 2.4.26, mod_mime can read one byte past the end of a buffer when sending a malicious Content-Type response header.													
2	CVE-2016-8612	20			2018-03-09	2018-06-02	3.3	None	Local Network	Low	Not required	None	None	Partial
	Apache HTTP Server mod_cluster before version httpd 2.4.23 is vulnerable to an Improper Input Validation in the protocol parsing logic in the load balancer resulting in a Segmentation Fault in the serving httpd process.													
3	CVE-2014-0231	399		DoS	2014-07-20	2017-12-08	5.0	None	Remote	Low	Not required	None	None	Partial
	The mod_cgid module in the Apache HTTP Server before 2.4.10 does not have a timeout mechanism, which allows remote attackers to cause a denial of service (process hang) via a request to a CGI script that does not read from its stdin file descriptor.													
4	CVE-2014-0098	20		DoS	2014-03-18	2017-12-08	5.0	None	Remote	Low	Not required	None	None	Partial
	The log_cookie function in mod_log_config.c in the mod_log_config module in the Apache HTTP Server before 2.4.8 allows remote attackers to cause a denial of service (segmentation fault and daemon crash) via a crafted cookie that is not properly handled during truncation.													
5	CVE-2013-6438	20		DoS	2014-03-18	2017-12-08	5.0	None	Remote	Low	Not required	None	None	Partial
	The dav_xml_get_cdata function in main/util.c in the mod_dav module in the Apache HTTP Server before 2.4.8 does not properly remove whitespace characters from CDATA sections, which allows remote attackers to cause a denial of service (daemon crash) via a crafted DAV WRITE request.													
6	CVE-2013-2249				2013-07-23	2017-01-06	7.5	None	Remote	Low	Not required	Partial	Partial	Partial
	mod_session_dbd.c in the mod_session_dbd module in the Apache HTTP Server before 2.4.5 proceeds with save operations for a session without considering the dirty flag and the requirement for a new session ID, which has unspecified impact and remote attack vectors.													
7	CVE-2013-1896	264		DoS	2013-07-10	2017-09-18	4.3	None	Remote	Medium	Not required	None	None	Partial
	mod_dav.c in the Apache HTTP Server before 2.2.25 does not properly determine whether DAV is enabled for a URI, which allows remote attackers to cause a denial of service (segmentation fault) via a MERGE request in which the URI is configured for handling by the mod_dav_svn module, but a certain href attribute in XML data refers to a non-DAV URI.													
8	CVE-2013-1862	310		Exec Code	2013-06-10	2017-09-18	5.1	None	Remote	High	Not required	Partial	Partial	Partial
	mod_rewrite.c in the mod_rewrite module in the Apache HTTP Server 2.2.x before 2.2.25 writes data to a log file without sanitizing non-printable characters, which might allow remote attackers to execute arbitrary commands via an HTTP request containing an escape sequence for a terminal emulator.													
9	CVE-2012-4558	79		XSS	2013-02-26	2017-09-18	4.3	None	Remote	Medium	Not required	None	Partial	None

图 9-6　某个 CPE 对应的 CVE 条目

由图 9-6 可以看出，每个漏洞 CVE 条目基本上都对应着一个 CWE 条目，每个 CWE 条目都对应着一个或多个有关联的攻击模式。某个 CWE 对应的 CAPEC 条目如图 9-7 所示。每个攻击模式都有着对应的攻击威胁 CAPEC。所以，漏洞维度可以与攻击威胁维度建立关联关系。

CWE-20: Improper Input Validation

Weakness ID: 20
Abstraction: Class
Structure: Simple

Presentation Filter: Complete

▼ **Description**

The product does not validate or incorrectly validates input that can affect the control flow or data flow of a program.

- ▶ **Extended Description**
- ▶ **Relationships**
- ▶ **Modes Of Introduction**
- ▶ **Applicable Platforms**
- ▶ **Common Consequences**
- ▶ **Likelihood Of Exploit**
- ▶ **Demonstrative Examples**
- ▶ **Observed Examples**
- ▶ **Potential Mitigations**
- ▶ **Detection Methods**
- ▶ **Memberships**
- ▶ **Notes**
- ▶ **Taxonomy Mappings**

▼ **Related Attack Patterns**

CAPEC-ID	Attack Pattern Name
CAPEC-10	Buffer Overflow via Environment Variables
CAPEC-101	Server Side Include (SSI) Injection
CAPEC-104	Cross Zone Scripting
CAPEC-108	Command Line Execution through SQL Injection
CAPEC-109	Object Relational Mapping Injection
CAPEC-110	SQL Injection through SOAP Parameter Tampering
CAPEC-13	Subverting Environment Variable Values
CAPEC-135	Format String Injection
CAPEC-136	LDAP Injection
CAPEC-14	Client-side Injection-induced Buffer Overflow

图 9-7　某个 CWE 对应的 CAPEC 条目

由于每个网络攻击都有可能留下攻击的痕迹，所以攻击威胁维度可以与痕迹维度建立关联关系。由于痕迹存在于系统的某个位置，所以攻击威胁维度可以与位置维度建立关联关系。由于每个网络攻击都可能存在着一个或多个溯源方案，所以攻击威胁维度可以与策略维度建立关联关系。在执行网络攻击溯源时，由于溯源策略可能依赖痕迹的特征和特征文件所在的路径，所以策略维度可以与痕迹维度和位置维度建立关联关系。建立好的用于攻击溯源的 MDATA 网络安全知识库各个维度的本体示意图如图 9-8 所示。

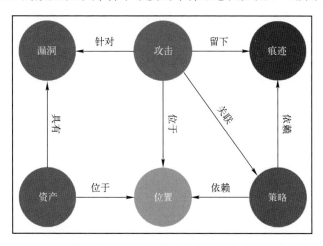

图 9-8　用于攻击溯源的 MDATA 网络安全知识库各个维度的本体示意图

建立好 MDATA 网络安全知识库后，就可以利用该知识库进行网络攻击的溯源分析。下面将介绍基于 MDATA 模型的攻击溯源方法。

9.4　基于 MDATA 模型的攻击溯源方法

本节将介绍基于 MDATA 模型的攻击溯源方法。该方法需要依赖于 9.3 节介绍的 MDATA 网络安全知识库。下面先详细介绍基于 MDATA 模型的攻击溯源策略和基于 MDATA 模型的攻击溯源算法，然后以一个示例来描述基于 MDATA 模型的攻击溯源步骤。

9.4.1　基于 MDATA 模型的攻击溯源策略

本章提出的网络攻击溯源方法的核心在于溯源策略。溯源策略描述了对一个网络攻击威胁的溯源方法。例如，某台主机或设备遭受了网络攻击，事后需要对其进行网络攻击溯源。在溯源时，可以根据 9.3 节所介绍的方法构

255

建的 MDATA 网络安全知识库，从各个维度入手进行攻击溯源。如果溯源人员发现服务器遭到入侵，首先可以通过查询 MDATA 网络安全知识库，找到服务器所用的软件，即遭受攻击的主机资产，然后执行攻击溯源，溯源工作可以以该主机资产为起点，沿着不同维度的关联关系，找出一个或多个溯源策略，最后执行这些溯源策略，得出溯源结果。如果溯源人员在调查分析过程中发现了某个漏洞，怀疑是攻击者利用该漏洞发起的攻击，于是溯源人员通过查询该漏洞，就可以找出与该漏洞关联的主机资产和攻击威胁，以及对应的溯源策略，溯源人员可以执行溯源策略并发现攻击源。如果溯源人员发现了某个可疑文件，则首先通过查询 MDATA 网络安全知识库，发现对应的痕迹和位置及对应的溯源策略，然后执行溯源策略，找出攻击的源头。更有甚者，如果溯源人员根本无法确定主机是否遭受了攻击，如主机死机或资源利用率突然持续过高，则首先可以从痕迹维度出发，查询疑似攻击的特征或现象及对应的溯源策略，然后执行溯源策略，从而帮助其发现问题出现的原因。

溯源策略有两种类型，即工具溯源和关联溯源。工具溯源顾名思义就是利用第三方工具来直接进行攻击溯源。与之对应的是策略维度中的 process 属性。该属性记录了工具的使用方法，例如：某个溯源工具的命令行执行命令或执行一个代码片段（如可以执行 Python 的命令行模式），利用溯源工具调用正则表达式就可以进行攻击溯源。在利用溯源工具进行溯源时，可能会首先依赖某个痕迹或路径，通过查询 MDATA 网络安全知识库，获得与所依赖的痕迹或路径相对应的痕迹维度信息和位置维度信息，然后部署与这些依赖信息相应的操作步骤，最后溯源策略按照这些操作步骤来进行攻击溯源。若溯源策略是关联溯源，溯源过程需要多步完成或需要多个溯源结果来确定攻击源，则可以利用与之对应的策略维度中的 strategy_list 属性给出的溯源攻击所需要的子策略，以及子策略之间的逻辑关系。例如：若 strategy_list 的属性值为 stratege_1&strategy2，则表示子策略之间是逻辑"与"的关系，即同时满足子策略 1 和子策略 2，才可以判定攻击溯源的结果；若 strategy_list 的属性值为 stratege_1 | strategy2，则表示子策略之间是逻辑"或"的关系，即只要满足子策略 1 或子策略 2 之中的一个，就可判定攻击溯源的结果；若 strategy_list 的属性值为 stratege_1->strategy2，则表示子策略之间是先后关系，即先满足子策略 1，后满足子策略 2，才可以判定攻击溯源的结果。子策略之间还存在其他的逻辑关系，这里不再赘述。

溯源策略的结果类型根据策略类型的不同而不同。溯源结果的类型可能是文本、文件路径或一个布尔类型。若溯源结果的类型是文件类型，则溯源结果的内容是该文件的路径。

9.4.2 基于 MDATA 模型的攻击溯源算法

利用 MDATA 网络安全知识库，可以从不同的角度进行攻击溯源。比如，以主机资产维度为基础，溯源人员可以根据某个疑似被攻击的主机资产，查询该主机资产具有的漏洞，通过漏洞寻找与该漏洞相关联的攻击威胁获取有关攻击的溯源策略。溯源人员执行溯源策略，就可以溯源到攻击源。

溯源人员也可以以某种攻击威胁为基础，在确定某种攻击威胁后，通过查询 MDATA 网络安全知识库，执行与该攻击威胁相对应的溯源策略，找出攻击所留下的痕迹和位置，最后定位到被攻击的主机资产[4]。基于 MDATA 网络安全知识库的攻击溯源算法见算法 9.1。

算法 9.1 以主机资产为基础，首先查询 MDATA 网络安全知识库，获得与该主机资产对应的策略集合 $S=\{S_1,S_2,\cdots,S_i\}$ ($i\geqslant 1$)，然后遍历该集合。若某个策略 S_i 的类型为工具溯源类型，则首先查询与该溯源策略关联的依赖信息 $D=\{D_1,D_2,\cdots,D_j\}$ ($j\geqslant 1$)，即与该溯源策略关联的痕迹和位置，然后把得到的痕迹和位置的信息分别保存到 e 和 d 变量中，根据溯源策略 S_i 的 process 属性和 e、d，执行攻击溯源策略，最终将获得的溯源结果 R_i 放入溯源结果集 $R=\{R_1,R_2,\cdots,R_i\}$ ($i\geqslant 1$)；若某个策略的类型为关联溯源策略，则首先通过查询 MDATA 网络安全知识库，获取该策略的子策略集合 $S_{i_K}=\{S_{i_1},S_{i_2},\cdots,S_{i_k}\}$ ($k\geqslant 1$)，然后以 S_{i_K} 作为参数，递归执行该溯源算法，将获得的结果 $R_{i_N}=\{R_{i_1},R_{i_2},\cdots,R_{i_n}\}$ ($n\geqslant 1$) 根据该策略 S_i 的关联规则进行逻辑运算，获得溯源结果 R_i，将其放入溯源结果集 R 中，最后返回溯源结果集合 R。

算法 9.1 基于 MDATA 网络安全知识库的攻击溯源算法

Input：
 主机资产名称 A
Output：
 溯源结果集 R

1：$R \leftarrow \varnothing$
2：根据主机资产查询知识库，获得用于溯源该资产的策略集合 S
3：for S_i in S：
4： if S_i 的类型为工具回溯：
5： //部署与溯源依赖信息相应的操作
6： 根据策略名称查询溯源依赖信息 D
7： for D_i in D：
8：   if D_i 的类型为痕迹：
9：   记录痕迹的内容到 e
10：   else if D_i 的类型为位置：
11：   记录位置的名字到 d

```
12:    //执行溯源策略
13:    根据部署的溯源依赖信息 e 和 d 执行溯源策略 process,将溯源结果加入 R 中
14:    else if $S_i$ 的类型为关联溯源:
15:    获取该策略的子策略集合 $S_{i_K}$
16:    以 $S_{i_K}$ 作为参数跳转（goto）到 2 继续执行,最终获得溯源结果集 $R_{i_N}$
17:    根据该策略 $S_i$ 的关联规则,将溯源结果集 $R_{i_N}$ 进行逻辑运算,获得溯源结果并加入 R 中
18: return R
```

该算法是以主机资产维度作为溯源起点的。事实上，该算法可以以任何维度作为起始点。攻击溯源流程图如图9-9所示。从流程图中可以看出，开始溯源后，可以根据 MDATA 网络安全知识库的任何一个维度进行查询，得到相应的溯源策略，判断该溯源策略的类型是否是关联溯源，若是关联溯源，则以子策略为输入递归地执行该算法，否则执行该溯源策略，得到溯源结果，最后根据溯源策略的类型输出溯源结果。

9.4.3 节将以一个示例来说明该攻击溯源的过程。

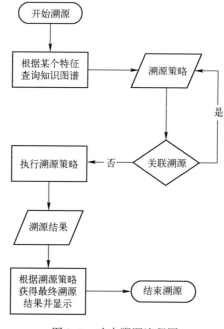

图 9-9 攻击溯源流程图

9.4.3 一个基于 MDATA 模型的攻击溯源示例

本节介绍一个在简单的网络攻击场景下对攻击进行溯源的示例[4]。

第 9 章　网络攻击溯源技术

该示例使用 Neo4j 作为图数据，存储 MDATA 网络安全知识库，利用 Cypher 查询语言查询数据，使用 Python 语言实现攻击溯源算法。其原理是模拟了攻击者利用一个被攻击者远程控制的计算机（192.168.134.128）作为攻击主机，发现了服务器（10.2.1.35）具有 SQL 注入漏洞，并利用该漏洞向服务器注入一个反弹端口，实现了让服务器通过反弹端口主动与控制主机（192.168.134.130）相互通信的攻击。该示例的网络拓扑示意图如图 9-10 所示。

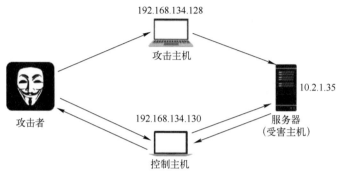

图 9-10　网络拓扑示意图

在攻击事件之后，溯源人员想要找出是谁攻击了服务器，又是谁在控制服务器。假设服务器安装了 Apache 服务器应用软件，溯源人员首先通过 MDATA 网络安全知识库查询与 Apache 服务器有关的溯源策略，然后利用攻击溯源算法，直观地获取攻击主机和控制主机的 IP 地址。

在示例中，溯源人员通过 Cypher 查询语句"match r = (a ｛vendor：'apache'｝)-[ ]-(b:CVE)<-[ ]-(:CAPEC)-[ ]->( ) return r"查询与 Apache 服务器有关的溯源策略，查询到的 Apache 服务器溯源策略如图 9-11 所示。

结合图 9-11 可以得出，主机资产 Apache 服务器具有一个编号为 CVE-2018-1283 的漏洞，有一个编号为 CAPEC-66 的攻击威胁是针对该漏洞的，与该攻击威胁相关联的有两个溯源策略，每个溯源策略分别依赖一个攻击痕迹，并且都使用服务器日志路径下的 access.log 文件进行攻击溯源。

溯源人员利用攻击溯源算法进行自动攻击溯源。查询到的两个溯源策略：其一为利用日志分析工具 Scalp.py 来对服务器访问日志进行溯源，首先需要使用一个规则库 default_filter.xml 作为输入，然后执行该溯源策略，可以直观地得到攻击主机的 IP 为 192.168.134.128；其二为利用正则表达式对服务器的访问日志进行溯源，利用该溯源策略所依赖的痕迹，即利用具有攻击特征的正则表达式来进行攻击溯源，最终发现了控制主机的 IP 为 192.168.134.130。

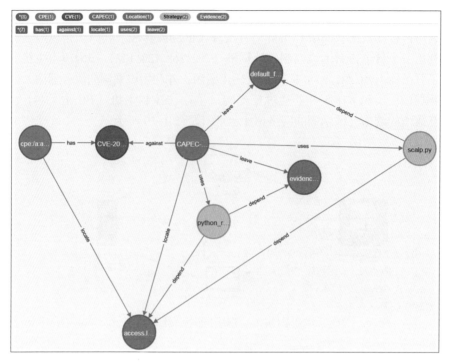

图 9-11 Apache 服务器溯源策略

9.5 本章小结

本章首先介绍了网络攻击溯源的基本概念、背景意义和面临的挑战，然后对传统网络攻击溯源技术进行了介绍，包括溯源网络攻击主机和控制主机、溯源网络攻击者和网络攻击组织或机构。接下来还介绍了基于 MDATA 网络安全知识库的攻击溯源技术，包括网络安全知识库各个维度的数据来源与属性定义、知识融合等。最后以一个攻击溯源示例描述了基于 MDATA 网络安全知识库的攻击溯源方法和过程。

网络攻击溯源技术在进行网络攻击溯源分析后，可以利用溯源分析的结果，有针对性地制定安全策略，显著地降低了网络安全防御成本，大幅度地提升了防御效果。未来的工作还需要继续研究和优化网络安全知识库，需要继续寻找更加完备和优质的数据来源。特别是针对痕迹维度、位置维度和策略维度的数据，由于这些维度的数据来源分散，大多是半结构化甚至是非结构化的数据，处理过程相对比较困难，需要进一步优化网络安全库结构。

基于网络安全知识库的攻击溯源方法还需要继续研究和优化。本书提出的网络安全攻击溯源方法虽然能够实现网络攻击溯源,但是无法应付所有的网络攻击威胁。特别是在应对复杂的网络攻击时,往往需要多次溯源才能找出攻击源。目前尚没有提供对多次溯源的过程中出现溯源失败情况的应对方法。今后的研究工作可以加入决策选择或深度学习技术来解决这些问题。

参考文献

[1] Joshi R C, Pilli E S. Fundamentals of Network Forensics [M]. Heidelberg: Springer, 2016.

[2] Palmer G. Digital Forensic Science in Networked Environments (Network Forensics) [C] // 1st Digital Forensic Research Workshop (DFRWS'01), Utica, New York, USA, 2001: 27-30.

[3] Ranum MJ. Intrusion detection and network forensics [C] // 2nd USENIX symposium on Internet Technologies and Systems, Colorado, USA, 1999.

[4] 朱争. 基于网络安全知识图谱的攻击回溯技术研究与实现 [D]. 长沙: 国防科学技术大学, 2018.

[5] 祝世雄. 网络攻击追踪溯源 [M]. 北京: 国防工业出版社, 2015.

[6] Savage S, Wetherall D, Karlin A, et al. Practical network support for IP traceback [C] //ACM SIGCOMM Computer Communication Review. ACM, 2000, 30 (4): 295-306.

[7] Snoeren A C, Partridge C, Sanchez L A, et al. Hash-based IP traceback [C] //ACM SIGCOMM Computer Communication Review. ACM, 2001, 31 (4): 3-14.

[8] Effnet A B. An introduction to IP header compression [J]. White Paper, Bromma, Sweden, 2004.

[9] Dan S, Holliday H, Smith R, et al. Cooperative IntrusionTraceback and Response Architecture (CITRA) [C] // DARPA Information Survivability Conference & Exposition II, 2001. DISCEX'01. Proceedings. IEEE, 2001, 1: 56-68.

[10] Gao Z, Ansari N. Tracing cyber attacks from the practical perspective [J]. IEEE Communications Magazine, 2005, 43 (5): 123-131.

[11] Burch H, Cheswick B. Tracing Anonymous Packets to Their Approximate Source [C] //LISA. 2000: 319-327.

[12] Song D X, Perrig A. Advanced and authenticated marking schemes for IP traceback [C] //INFOCOM 2001. Twentieth Annual Joint Conference of the IEEE Computer and Communications Societies. Proceedings. IEEE. IEEE, 2001, 2: 878-886.

[13] Yaar A, Perrig A, Song D. FIT: Fast internet traceback [C] //INFOCOM 2005. 24th Annual Joint Conference of the IEEE Computer and Communications Societies. Proceedings IEEE. IEEE, 2005, 2: 1395-1406.

[14] Savage S. Practical Network Support for IP Traceback [J]. Proc Acm Sigcomm Aug, 2000.

[15] Rayanchu S K, Barua G. Tracing attackers with deterministic edge router marking (DERM) [C] //International Conference on Distributed Computing and Internet Technology. Springer, Berlin, Heidelberg, 2004: 400-409.

[16] Lin I, Lee T H. NISp1-03: Robust and Scalable Deterministic Packet Marking Scheme for IP Traceback [C] //Global Telecommunications Conference, 2006. GLOBECOM'06. IEEE. IEEE, 2006: 1-6.

[17] Xiang Y, Zhou W, Guo M. Flexible deterministic packet marking: An IP tracebacksystem to find the real

source of attacks [J]. IEEE Transactions on Parallel and Distributed Systems, 2009, 20 (4): 567-580.

[18] Belenky A, Ansari N. IP traceback with deterministic packet marking. IEEE Commun Lett, 2003, 7 (4): 162-164.

[19] Belenky A, Ansari N. On deterministic packet marking [J]. Computer Networks, 2007, 51 (10): 2677-2700.

[20] Chen R, Park J M, Marchany R. A divide-and-conquer strategy for thwarting distributed denial-of-service attacks [J]. IEEE Transactions on Parallel and Distributed Systems, 2007, 18 (5): 577-588.

[21] Yi S, Xinyu Y, Ning L, et al. Deterministic packet marking with link signatures for IP traceback [C] //International Conference on Information Security and Cryptology. Springer, Berlin, Heidelberg, 2006: 144-152.

[22] Peng D, Shi Z, Tao L, et al. Enhanced and authenticated deterministic packet marking for IP traceback [C] //International Workshop on Advanced Parallel Processing Technologies. Springer, Berlin, Heidelberg, 2007: 508-517.

[23] Chen R, Park J M, Randolph M. RIM: router interface marking for IP traceback. In: Proc. IEEE global telecommunications conference (GLOBECOM '06), San Francisco, California, USA, 2006: 1-5.

[24] Afroz S, Brennan M, Greenstadt R. Detecting hoaxes, frauds, and deception in writing style online [C] //Security and Privacy (SP), 2012 IEEE Symposium on. IEEE, 2012: 461-475.

[25] Li J, Zheng R, Chen H. From fingerprint to writeprint [J]. Communications of the ACM, 2006, 49 (4): 76-82.

[26] Iqbal F, Binsalleeh H, Fung B C M, et al. Mining writeprints from anonymous e-mails for forensic investigation [J]. digital investigation, 2010, 7 (1-2): 56-64.

[27] 胡卫华, 张利, 刘锡峰. 安全事件采集关键技术研究与实现 [J]. 计算机应用与软件, 2013, 29 (12): 309-314.

[28] 李真臻. 基于击键动作时序和手形特征的用户身份验证 [D]. 南京: 南京理工大学, 2011.

[29] 陆韦旭. 基于击键动力学的身份识别模型的设计与实现 [D]. 北京: 北京邮电大学, 2009.

[30] 李静, 罗文华, 林鸿飞. 自然语言处理技术在网络案情分析系统中的应用 [J]. 计算机工程与应用, 2012 (3): 216-220.

[31] 陆宇杰, 许鑫, 郭金龙. 文本挖掘在人文社会科学研究中的典型应用述评 [J]. 图书情报工作, 2012, 56 (08): 18-25.

[32] 白象的舞步——来自南亚次大陆的网络攻击 [EB/OL]. [2020-6-27]. http://www.antiy.com/response/WhiteElephant/WhiteElephant.html.

[33] Common Platform Enumeration-Wikipedia [EB/OL]. [2018-10-17]. https://en.wikipedia.org/wiki/Common_Platform_Enumeration.

[34] CPE-Common PlatformEnumeration [EB/OL] [EB/OL]. (2018-10-17) [2020-6-27]. http://cpe.mitre.org.

[35] CPE-Common Platform Enumeration: CPESpecification [EB/OL]. (2018-10-17) [2020-6-27]. https://cpe.mitre.org/specification.

[36] CVE-Common Vulnerabilities and Exposures [EB/OL]. (2018-10-17) [2020-6-27]. https://cve.mitre.org.

[37] NVD-National Vulnerability Database [EB/OL]. (2018-10-17) [2020-6-27]. https://

nvd. nist. gov.

[38] CWE-Common Weakness Enumeration [EB/OL]. (2018-10-17) [2020-6-27]. https://cwe. mitre. org.

[39] CAPEC-Common Attack Pattern Enumeration and Classification [EB/OL]. (2018-10-17) [2020-6-27]. https://capec. mitre. org.

[40] LENNY ZELTSER-Information Security in Business [EB/OL]. (2018-10-17) [2020-6-27]. https://zeltser. com.

[41] CVE security vulnerability database. Security vulnerabilities, exploits, references and more [EB/OL]. (2018-10-17) [2020-6-27]. https://www. cvedetails. com.

第 10 章

网络安全态势可视化

网络安全态势可视化作为一项新技术,是网络安全态势感知与可视化技术的结合,主要采用各类方式、方法和相关技术,如表格、地图、点边图、时间轴、平行坐标、3D、树形图和层次可视化等,以可视化的形式将网络安全态势状况展示给用户,实现对网络异常行为的分析和检测,达到使用户能直观、正确理解网络安全整体态势的目标[1,2]。

本章将讲解如何利用当前的可视化技术解决网络安全态势可视化的实际问题。10.1 节将介绍网络安全态势可视化的意义和挑战;10.2 节将介绍网络安全数据流的可视化分析技术,包括多源数据的可视化分析技术、流量数据 Netflow 的可视化分析技术;10.3 节将介绍网络安全态势评估的可视化技术,包括网络安全态势评估指数、基于电子地图展示网络安全态势评估指数的方法;10.4 节将介绍网络攻击行为分析的可视化技术,包括多视图协同的攻击行为可视化分析方法(基于 3D 地图展示 APT 攻击态势、多视图联动的攻击行为可视化和多步攻击行为的可视化展示)、预测攻击行为的可视化方法;10.5 节对本章进行小结。

10.1 网络安全态势可视化的意义和挑战

10.1.1 网络安全态势可视化的背景及意义

目前已知人类认知最有效的方式就是通过视觉感知。1987 年,美国国家科学基金会主办了一次科学计算可视化研讨会,发布了一份《科学计算中的可视化》[3]的报告。报告指出:可视化是研究人类和计算机如何协同感知、使用和交流视觉信息的机制,其目标是利用现有的科学方法,通过可视化技术提供新的科学见解。2004 年,美国犹他大学的科学计算与成像研究所所长 Johnson 提出了一个"顶尖科学可视化研究问题"的列表[4],列出了可视化领域的 15 个关键问题。

大数据的出现和可视化技术的应用极大地改变了人类对大型数据集的表示和理解方式。可视化主要分为科学计算可视化和信息可视化。

科学计算可视化是指将计算过程和结果数据以直观的图形/图像方式展示在屏幕上,并做到能够与人进行交互的理论方法与技术[5],例如医学 CT 或 MRI 数据重建的立体可视化、地理空间数据的地形可视化、流数据矢量场的可视化等。

信息可视化处理的是更加抽象的数据,要对诸如文档或网页文本、层次结构数据的层次、多值数据集的多元数据等进行可视化展示。1989 年,Robertson,Mackinlay 和 Card 在《用于交互性用户界面的认知协处理器》[6]中第一次提出信息可视化能够增强人类对抽象信息的认知[7]。信息可视化涉及人机交互、数据挖掘和认知科学等学科。

网络安全技术与信息可视化相结合,逐渐形成了可视化的一个新研究方向,即网络安全可视化。网络安全可视化是将网络安全数据中蕴涵的安全态势状况通过可视化方式展示给用户,把抽象的网络安全数据和系统数据进行可视化呈现,并提供有效的交互手段提高用户的认知能力,辅助用户实现全方位感知网络安全态势的目标。

自 2004 年开始,每年 IEEE 都会举办网络安全可视化研讨会(The International Symposium on Visualization for Cyber Security,Viz Sec)[8]。这表明对网络安全可视化的研究已经形成了一个重要的研究领域。2013 年,IEEE Viz Sec 程序委员会主席 Kwan-LiuMa[9]在加州大学戴维斯分校带领可视化与界面设计创新小组(Visualization and Interface Design Innovation Group,VIDI)[10],将网络安全可视化技术作为一个研究重点。自 2003 年开始,全球已经不断有与网络安全可视化技术相关的论文和专著发表。2008 年,Raffael Marty 所著的 *Applied Security Visualization*(《应用安全可视化》)一书详细地介绍了安全日志数据可视化的相关知识[11]。2011 年—2013 年,可视化国际会议 IEEE VIS[12]连续举办可视化分析挑战赛(VAST challenge)[13],均采用网络安全数据作为竞赛题目,将网络安全可视化研究推向一个新的热潮。

网络安全态势可视化充分结合计算机和人脑对图像处理的独特优势。网络安全态势可视化的意义表现在以下几个方面:

(1)在对网络安全数据进行综合分析后,可视化可加强安全人员对网络安全状况的理解能力。对网络安全数据采用可视化的表示方式,能大大加强网络安全数据的可理解性。例如,对系统监测到的资产、漏洞、攻击等维度的数据,利用图表、电子地图等多种可视化表示方式,可以展示对各维度数据进行评估所得出的指数,加深安全人员对多维度数据的理解,把握当前网络安全的整体态势。

(2)可视化可帮助安全人员识别潜在的攻击模式,掌握新知识。通过网络安全综合态势分析图，以多视图、多角度、多尺度的方式与用户进行交互，在用户与数据之间建立图像通信方式，使用户能够观察网络安全数据中所隐含的攻击模式或攻击行为。

（3）可视化可为分析人员提供有效的入侵溯源分析方法。对于网络流量数据，以图表方式进行显示，可使威胁告警信息可视化，让威胁一目了然。尤其是将复杂的 APT 攻击通过可视化形式展示出来，可有效增强分析人员对攻击的来源、目的和路径等方面的溯源分析能力。

10.1.2　网络安全态势可视化的挑战

随着可视化技术的发展，网络安全态势可视化技术也在不断地进步。一套"好"的网络安全态势可视化工具，不仅能有效解决传统可视化方法中所存在的对网络安全整体认识缺乏、交互性不强导致无法对安全事件进行预测等一系列问题，而且能在人类与数据之间通过图像搭建起认知的桥梁，使人类能够观察到网络安全数据中隐含的模式。但是，如果可视化工具做得较差，反而会带来负面效果。如果图像做得偏差较大，错误地表达了数据的含义，那么往往会降低数据的价值，甚至造成曲解，误导用户或安全决策者做出错误的决策。

实现网络安全态势感知可视化所面临的挑战主要在于如何正确处理抽象的概念要素及网络安全态势数据，即如何全面、准确、实时地将网络安全态势传达给安全决策者是实现可视化的难点。具体表现在以下几个方面。

（1）需要对多源数据进行准确的融合处理，建立数据的可视化结构。不同数据源所产生的数据格式各不相同，不同类型的事件所涉及的数据源不同，需要从多个不同的角度来监测分析一个网络事件，才能产生全面、准确的分析结果。因此，当不同数据源的数据整合到一起时，需要将非结构化数据变为结构化数据，过滤掉冗余信息，提取必需的数据项，对数据项进行分类和特征提取，形成规范数据。可视化结构的选取是可视化技术的核心，决定着数据能否以直接、准确、新颖的方式展示出来。

（2）需要用多视图协同方式进行关联分析。当前复杂的网络攻击有多步性和协作性的特点，如 APT（Advanced Persistent Threat，高级持久性威胁）攻击。对攻击事件进行关联分析，将事件信息关联在一起，建立协同式的可视化分析机制非常重要。这就需要对信息片段进行有效的拼接和整合，以还原事件的来龙去脉，使得整个攻击过程可见、可追溯，对事件和数据进行比对分析，以辅助网络安全分析员理解、分析当前网络状态，减少攻击所造成的损失。

(3) 要建立可视化的人机交互界面。各种数据源可产生各种类型的数据，数据包含的信息非常丰富，需要综合运用各种信息实现可视化界面，才能很好地体现当前网络、设备、流量状态，以及受到的攻击类型等整体的网络安全态势情况。因此，在进行可视化分析时，需要对可视化界面进行合理布局，要能通过聚焦、缩放操作展示全局和局部视图，以便实现总览、细节等多样化的人机交互功能。另外，还必须支持不同层次、多个数据源的协同查询和分析，以使可视化的分析过程更易操作，分析所得的结果更易理解。

(4) 要实时展示网络安全态势。因为某些安全事件或攻击过程的本身具有时间跨越性和持续性，所以网络安全事件的数据量非常庞大，要实现网络安全态势的实时可视化展示，难度较大，在一般情况下，要通过使用缓冲池来实现，但是缓冲池的容量也有限，因此实时展示网络安全态势一直是网络安全可视化需要解决的难点。

10.2 网络安全数据流的可视化分析技术

网络安全数据流的可视化分析技术，需要对网络流量进行实时监控，通过在网络中部署探针获取数据，融合多种数据源的数据，利用数据抽取技术提取网络攻击行为的特征，进行多视图、多角度的可视化展示。在展示的形式上，以曲线的形式表示网络流量的变化、以点和线的形式表示计算机与计算机之间的连接关系，从而展示网络拓扑中的网络安全态势。

本节主要介绍面向网络安全多源数据的可视化分析技术（包括雷达图可视化算法、网络拓扑布局的力导引算法）和流量数据 Netflow 的可视化分析技术。

10.2.1 多源数据的可视化分析技术

本节以多源日志数据为例，讲解相关的可视化分析技术。针对日志数据的分析，需要展示设备遭遇安全事件的整体情况，以可视化的方式展示某一时间点发生了某类安全事件的所有设备，并进行端口活动情况的监控。这些展示工作通常采用的方式是综合利用雷达图和力导向图等方法来进行展示。为实现雷达图和力导向图，本节将简要介绍雷达图可视化算法、网络拓扑布局的力导引算法。利用这两种算法，可以实现自动优化布局的网络拓扑的连接环雷达图展示。本节内容可作为多源日志可视化设计的理论基础。

10.2.1.1 雷达图可视化算法

雷达图非常适合用来对事件或报警信息进行分析。雷达图可以清晰地表示一个网络安全事件的 3W（what, when, where）模型, 即类型、时间和相关主机。采用雷达图对 3W 模型进行描述, 能展示多样的交互空间, 具有很好的图形表现力。

目前已经有研究人员使用雷达图研发了一些可视化工具。Foresti 等人[14]研发的可视化工具 Vis Alert 使用雷达图对入侵监测系统日志进行可视化展示[15]。Zhao 等人[16]引入信息熵, 研发了可视化工具 IDSRadar, 使用雷达图对 IDS 日志信息进行分析, 突出对重要报警和误报的鉴别。赵颖等人提出可视化系统[17], 利用雷达图与堆叠流图, 展示设备及所发出的网络安全事件的整体状况, 并对端口活动情况进行监控。

雷达图可视化算法所需要的日志信息主要包括安全事件类型（type）、发生时间（time）、源 IP、目的 IP 等。实现过程主要包括三个：①提取 3W 属性信息；②使用三个外部函数投影 3W 属性的值；③使用投影函数 Γ 来展示映射的结果。

详细算法如下：

(1) 提取 3W 属性信息, 见式（10.1）。选取一条日志信息中的事件类型、时间及发生安全事件的设备的位置, 分别对应着 what, when, where 因子；

$$\vec{e} = (what, when, where) \quad (10.1)$$

(2) 把 3W 属性值映射到对应的几何数值, 见式（10.2）。其中：θ 将事件类型转换为雷达图中圆环的弧度；ρ 将不同时间转换为一圈圈的同心圆环；χ 将设备位置转换为一个坐标值 (x, y) 放到圆中。

$$\begin{aligned} &\theta: what \rightarrow angle \\ &\rho: when \rightarrow ring \\ &\chi: where \rightarrow (x, y) \end{aligned} \quad (10.2)$$

(3) 定义两个函数 f 和 g 来规定式（10.1）到式（10.2）的映射, 利用这两个函数绘制雷达图。在绘制雷达图时, 可以用不同颜色的弧形环代表不同类型的安全事件, 圆环中的灰色圆环代表不同的时间, 最内环表示最早的时间, 所有设备的节点连接图则位于圆心到圆环之间的空白区域并根据坐标值确定设备的位置。两个函数 f 和 g 的定义如下：

$$\begin{aligned} &f: (type, time) \rightarrow (angle, ring) \\ &g: (node) \rightarrow (x, y) \end{aligned} \quad (10.3)$$

(4) 导入含有 3W（what, where, when）属性的数据。通过函数 f 找到点 $P_0(\theta(what), \rho(when))$。函数 g 把 where 转换为坐标值, 标记为点 $P_1 = \chi(where)$, 即某设备的位置。

(5) 结合式（10.1）和式（10.2）, 定义投影函数 Γ, 见式（10.4）。当

when=0 时，将点 P_0 和 P_1 相连，绘制直线 $\overline{P_0P_1}$，表示在某时刻某设备发生了某种类型的安全事件。这里，when=0 表示连接线与最内环相连，其目的是找到最早发生某类的安全事件所处的设备的位置；Num[P_0]++用来记录某时刻发生此类安全事件的次数。

$$\varGamma(\text{what},\text{when},\text{where}) = \begin{cases} \overline{P_0P_1} & \text{when}=0 \\ \text{Num}[P_0]++ & 0<P(\text{when}) \end{cases} \tag{10.4}$$

10.2.1.2 网络拓扑布局的力导引算法

网络拓扑布局算法是基于网络拓扑对发生安全事件的设备进行自动布局的，一般包括树形布局算法、网格布局算法和力导引算法等。力导引算法是基于力学模型的图布局算法，力导引算法在空间利用率和表示的条理性方面具有一些优势。因此，本节将重点介绍力导引算法。

在力导引算法研究方面，1984 年，Eades 提出了基于弹簧模型的布局算法[18]。该算法把节点视作相互排斥的带电粒子，而把连接点的边视作"弹簧"。该算法容易导致节点叠加堆积。后来出现了许多改进方法，Fruchterman 和 Reingold 于 1991 年提出了 FR 算法[19]，计算每个节点与周围节点之间的斥力以及与相邻节点之间的引力，以确定各节点位置坐标。遵循胡克定律，Kawai 和 Kamada 提出 KK 算法[20]，通过求系统最小能量值来确定节点位置坐标，以计算最优布局。基于 Eades 的思想，David 和 Davidson 提出 DH 算法[21]，通过调整权重能量函数来优化布局，但需要考虑因素相对较多。此外，Harel 等提出 GEM 算法[22]，通过降低复杂度来提高力导引算法的效率。

在上述诸多算法中，FR 算法的运行速度与效果比 Eades 的算法有较大提高，后续许多算法在 FR 算法基础上进行改进。所以说，FR 算法是被使用最多的力导引算法的基础算法之一。

在 FR 算法中，节点初始布局主要考虑展示区域的大小和节点的个数。算法流程包括以下几个阶段：

（1）设定初始节点的分布位置；

（2）计算每次迭代时，局部区域内两节点之间的斥力；

（3）计算每次迭代时有边连接节点之间的引力；

（4）对斥力和引力进行综合后，得出每个节点的速度，通过计算速度，得出每次迭代时各节点应该移动的距离，且移动距离被某一最大值限制；

（5）迭代 n 次，每次各节点所移动的距离都会逐渐减小，直至达到理想的布局效果，迭代次数可以自己设定，数值大小和运行时间长短与布局效果的理想程度成正比。

在上述步骤中，假设区域的高度为 H，宽度为 W，初始节点的位置为 $G=$

(V,E)，V 代表节点的集合，E 代表节点之间的边（链接）。每个节点都有位置 pos 和受合力影响所产生的位移 disp 两个布局参数。该算法所使用的参数变量的计算方式如下：

（1）展示区域的面积：

$$\text{area} = W * H \tag{10.5}$$

（2）节点间的最佳距离：

$$k = \sqrt{\frac{\text{area}}{|V|}} \tag{10.6}$$

其中，$|V|$ 表示图中节点的个数。

（3）节点 u 与 v 间的几何距离：

$$d = \sqrt{(u.\text{pos}_x - v.\text{pos}_x)^2 + (u.\text{pos}_y - v.\text{pos}_y)^2} \tag{10.7}$$

（4）相邻节点间的吸引力：

$$f_a(d) = \frac{d^2}{k} \tag{10.8}$$

（5）节点间的排斥力：

$$f_r(d) = -\frac{d^2}{k} \tag{10.9}$$

综上，针对多源日志数据（包含时间、事件类型、源 IP、目的 IP 等），提取需要可视化的 3W 数据（what，where，when），利用雷达图可视化算法和网络拓扑布局的力导引算法，就可以生成雷达图。生成的多源数据网络安全事件连接雷达图示例如图 10-1 所示（图片来源于文献[23]）。

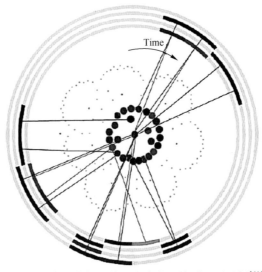

图 10-1　多源数据网络安全事件连接雷达图示例[23]

图 10-1 中，雷达图有三个组成部分：圆环、中心区域、中心区域到圆环的连线。

（1）圆环：不同类型的安全事件会以圆环的方式分布在雷达外圈（圆环的不同颜色对应着不同类型的安全事件），每一类型安全事件的圆环会根据时间进行平均分配，达到时间上再次细化的效果。使用同一颜色的深浅程度展示单位时间内发生此类事件的次数，次数越多，颜色越深。

（2）中心区域：设备主机（图中用雷达图中心区域的圆点来表示）通过算法生成的网络拓扑分布在雷达图的中心区域，发生某一安全事件的设备主机会着色为该安全事件所对应的颜色。若一个主机设备发生了多种安全事件，则会以饼图的形式展示所发生安全事件的比例。

（3）中心区域到圆环的连线：若一个设备主机发生了某类安全事件，则外圈的圆环会发出连线来连接该设备主机，连线的颜色会根据安全事件类型的不同而不同，为了避免连线太多而产生混乱，只把特定时间内最初发生此类安全事件的相关主机设备与圆圈上的圆弧相连，其他发生相关安全事件的设备主机会突出展示。

通过这种雷达图的形式能看到特定时间内发生各类安全事件设备主机的具体情况。

10.2.2 流量数据 Netflow 的可视化分析技术

流量数据 Netflow 的可视化分析技术的目标：了解异常流量是哪些 IP 地址造成的；是否有恶意攻击行为；异常流量的行为特点、传输内容以及对网络和业务有多大影响等。该技术一般采用"总图+细节（overview+detail）"模式，使管理人员能快速读懂数据，快速识别异常、发现攻击模式。

10.2.2.1 堆叠条形图可视化方法

信息熵能有效反映通信中消息的信息量，还能反映系统的不确定程度，可被用于检测大规模网络流量 DDoS 攻击[24]。例如：对于 DDoS 攻击，在统计时间段内，目的端口熵较小、源端口熵较大，对应的目的端口较为集中、源端口数量巨大，符合 DDoS 攻击的特征；对于扫描攻击，在统计时间段内，目的端口熵和目的 IP 熵较大，源端口熵和源 IP 熵较小，对应着有少量主机的少量端口对网络主机的端口进行扫描，以获取被扫描对象的状态。另外，堆叠条形图充分利用了条形图直观和对比性强的特点，可以较好地展示网络流量数据。如 Abdullah 等人[25]借助堆叠条形图实现了对主机活动的可视化展示。赵颖[17]等利用堆叠流图对局域网活动的状况进行了可视化展示。

本节介绍基于熵的堆叠条形图可视化技术[26]。首先对数据进行采样融合，提取八元组（时间、IP 层协议、源 IP 地址、目的 IP 地址、源端口号、目的端口号、包数量、字节数）。

其中，熵定义为

$$H(x) = -\sum_{i=1}^{N} \frac{x_i}{n} \log \frac{x_i}{n} \tag{10.10}$$

式中：$H(x)$ 代表熵；n 代表统计时间段内的总记录数；x_i 代表不同 IP 地址或者端口号的数量；N 代表 IP 地址或者端口号的种类数。当 $H(x)$ 趋于 0 时，数据集最大程度的集中分布；当 $H(x)$ 趋于 $\log_2 N$ 时，数据集最大程度的分散分布。因此，熵能够表示网络流量的分布情况。

假设一定时间间隔（比如 30s），在该时间间隔内，先分别统计 IP 地址或者端口的种类和每种端口的数量，并按照式（10.10）计算 $H(x)$，再将 $H(x)$ 根据其大小转换到合适的区间内，以对应条形图的高度，最后以 X 轴为基准向 Y 轴堆叠，形成类似图 10-2 所示的基于熵的堆叠条形图（图片来源于文献[26]）。

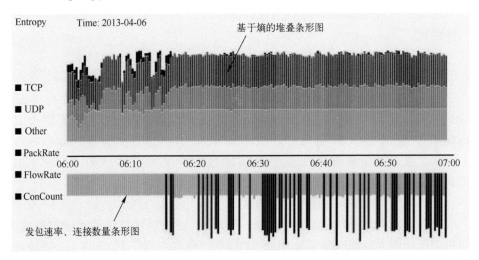

图 10-2　基于熵的堆叠条形图[26]

（1）中间的时间线：在中间的时间线位置展示了具体的小时和分钟。

（2）时间线上方的堆叠图：从下往上分别表示源 IP 熵、目的 IP 熵、源端口熵、目的端口熵。

（3）时间线下方的堆叠图：当超过设定阈值时，条形图被设置为醒目的颜色，代表发包速率超过警戒，若速率未超过阈值，则被设置为中性颜色。

左方的 6 个协议选项按钮 TCP、UDP、Other、PackRate、FlowRate、ConCount 可分别用于展示所对应的协议数量或数据流、包的速率。

这样形成的基于熵的堆叠条形图给安全分析人员提供了一种以"总图"方式分析数据的方法,可以拖动时间窗格,以浏览方式观察数据,为进一步分析网络安全相关数据提供帮助。

10.2.2.2 基于平行坐标轴的可视化方法

平行坐标轴作为信息可视化的一种重要技术,有着很好的可视化效果[27],主要用于对高维数据的可视化展示,可克服传统笛卡儿坐标系容易耗尽空间、难以表达 3 维以上数据的弱点。基于平行坐标轴的可视化方法基本思路是,先将高维数据的各个变量用一系列相互平行的坐标轴表示,变量值对应轴上位置,然后,为了反映变化趋势和各个变量之间的相互关系,将描述不同变量的各点连接成折线。

例如,对于一条 n 维空间的一个数据点 $(x_1, x_2, \cdots, x_n)$,在 n 条平行线的背景下(一般这 n 条线都竖直且等距),被表示为一条拐点在 n 条平行坐标轴上的折线,在第 K 个坐标轴上的位置就表示这个点在第 K 个维度的值 x_k。平行坐标的实质是将 n 维欧式空间的一个点 $(x_1, x_2, \cdots, x_n)$ 映射到二维平面上的一条曲线。

袁晓如[28]利用平行轴方法,解决了卫星遥感数据和地震数据等高维数据的可视化问题;翟旭君[29]应用分层平行坐标,实现了对数据的交互式聚类分析。

掌握网络流量的细节信息对追踪威胁的来源极其重要,可以找出哪类协议侵占了带宽、哪个端口的流量较大、是否存在病毒传播等。可以利用平行坐标易于展示细节信息的优点,解决网络流量细节信息的展示问题。

对于 10.2.2.1 节中给出的八元组中的源 IP 地址、源端口号、时间、目的端口号、目的 IP 地址 5 个字段,把 IP 地址拆分成四元数组,IP 地址的每个字段单独作为平行坐标的一个轴,形成的基于平行坐标轴的网络安全数据可视化示例如图 10-3 所示。

(1) IP 地址的可视化:先将源 IP 地址拆分成一个四元数组(SIP1, SIP2, SIP3, SIP4),目的 IP 地址也拆分成一个四元数组(DIP1, DIP2, DIP3, DIP4),将它们分别展示在平行坐标轴的左右两侧,再依次列出源端口、时间、目的端口的数轴。

(2) 每个维度的数据按照大小映射到每个平行坐标轴相应的坐标上,将各维度的连接点连接后,便形成一个数据记录的折线。

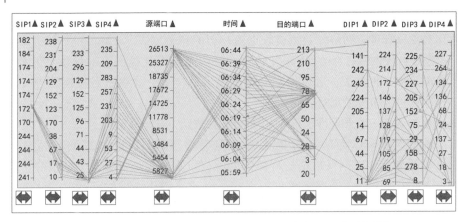

图 10-3 基于平行坐标轴的网络安全流量数据可视化示例[26]

（3）在平行坐标轴上拖动选中一个数据段，把落在选中区域的折线高亮展示，把未选中的折线当作背景，就可以对高亮展示的数据记录进行细节展示。

（4）在每个坐标轴的顶部设计一个三角形，可以对该平行坐标轴的数据进行从大到小或者从小到大的排序。

（5）在平行坐标轴的底部设计一个移动图标，向左或向右拖动该平行坐标轴，可以改变平行坐标的间隔和排序，以观察相关度较高的某几个维度数据之间的关系。

10.3 网络安全态势评估的可视化技术

网络安全态势数据一般包含时间、空间、事件等三个维度。时间维度数据包含采集的被监控网络上的每一个时刻的网络安全数据；空间维度数据包含关键网络、关键节点、核心设施乃至整个网络的数据；事件维度数据包含流量、拓扑、服务状态、漏洞以及各种网络攻击威胁的数据。基于这三个维度的数据，网络安全态势评估方法大多是设计包含资产、脆弱、威胁、风险等多要素的可理解的网络安全态势评估指标，实现了对安全态势的数值性评估。因此，安全态势评估可视化需要以直观的方式展示包括资产、脆弱、威胁、风险等多要素的指标体系，评估可能发生的安全威胁及其影响程度，帮助管理人员更清楚地了解目前与未来的风险所在，为制定安全策略提供依据。

另外，电子地图具有实时、动态表现空间信息的能力，可以用具有时间维度的动画地图来反映事物随时间变化的真实动态过程。当需要展示网络安全事件的地理信息属性时，可利用电子地图的优势实现安全态势可视化。从事这方面研究所获得的早期方法有由 R. Becker 提出的 See Net[30]，在地图上利用节点间的连线展示当前网络连接状况和流量；张凤荔等人在所研发的"网络安全态势感知与趋势分析系统"中[31]，使用对电子地图进行分区域着色的方式展示网络安全态势；国防科技大学的金星、贾焰等人提出了基于电子地图的网络安全态势指数可视化[32,33]，用不同的图标在地图上展示各个区域发生的网络安全事件及对事件计算所得出的各类安全指数。

本节主要介绍网络安全态势评估指数、基于电子地图展示网络安全态势评估指数的方法。

10.3.1 网络安全态势评估指数

本书第 6 章介绍过网络安全态势评估的要素和维度，提出了针对各种评估要素的指标。基于指标体系进行网络安全态势评估就是通过对影响网络安全的各种要素进行综合分析，在客观分析的基础上，计算得出该网络的安全态势指数的数值，通过实时展示该指数以反映当前网络的安全状况。2018 年，国防科技大学贾焰（本书作者之一）等人在修订《网络安全监控系统技术要求》、《网络脆弱性指数评估方法》[34]等通信行业标准时，设计了实时、多维度、可理解的网络安全态势评估指标体系。该指标体系包括漏洞指数和威胁指数。本节除了介绍漏洞指数和威胁指数之外，还将引入资产指数和综合指数。通过这四种指数来评估网络的安全态势。这四种指数均要通过层次式聚集计算的方式进行计算。

（1）漏洞指数：也称为脆弱性指数，主要用于在对当前区域网络存在漏洞危害性的评估中，量化当前网络潜在的风险大小，主要考虑资产的漏洞情况，即在没有攻击的情况下，网络自身的脆弱情况。评估漏洞指数具有两方面的意义：一是网络系统自身存在的漏洞或缺陷可能会被攻击者利用并发起攻击，这将增加网络系统自身的漏洞指数；二是网络系统自身采取的防御措施将减小被攻击（主要是指被攻击成功的情况）的可能性，这将减小网络系统自身的漏洞指数。对漏洞指数的计算，可以先通过对网络扫描工具获取的网络脆弱性数据、漏洞危害性数据、漏洞可利用性数据、漏洞可防护性数据和主机资产数据等进行量化，然后对量化之后的数据进行计算得出具体数值。具体方法可参考本书 6.2 节。

在判断网络的脆弱性时，可采用分层分级计算的原理，按照网络拓扑的规模，先算出子网的网络脆弱性指数，再利用子网的脆弱性指数计算（可利用加权平均的方式）高一级网络的脆弱性指数。

（2）威胁指数：用于判断攻击威胁的程度。在面对特定域网或者大规模网络时,可以用威胁指数来衡量整体网络所面临的威胁程度。考虑到不同的用户对威胁的理解不同,本书设计了威胁评估指数,可以更加客观全面地对网络所遭受的攻击加以量化评估,给出当前网络遭受网络攻击的严重程度。计算威胁指数需要先通过各类网络安全检测设备,如防火墙、入侵检测设备、流量异常检测设备等获取网络安全警报数据,对这些数据进行量化,然后对量化之后的数据进行计算得出具体数值。具体方法可参考本书 6.3 节。

威胁指数的计算模型同样可采用分层分级计算的原理,按照网络拓扑的规模,先算出子网的网络威胁指数,再通过子网的威胁指数计算高一级网络的威胁指数。

(3) 资产指数:也称为基础指数,主要用来描述当前网络资产的基础运行状态,评价网络拓扑结构、网络安全设备、主机等资产的安全状态。如本书 6.4.3 节所述,对资产的评估要素包括资产价值判断、工作任务相关性和服务状态等。

资产指数可通过对资产的三个评估要素——资产价值判断、工作任务相关性、服务状态进行综合计算得出。资产指数的计算模型同样也可采用分层分级计算的原理,按照网络拓扑的规模,先算出子网的资产指数,再通过子网的资产指数计算(可利用加权平均的方式)高一级网络的资产指数。高一级网络的资产指数=各子网资产指数的加权平均值。

(4) 综合指数:又称为风险指数,是综合计算以上三种指数所得到的反映网络整体态势的指数。

$$综合指数 = w_1 \times 资产指数 + w_2 \times 漏洞指数 + w_3 \times 威胁指数$$

其中,w_1、w_2、w_3 为权重系数,且 $w_1+w_2+w_3=1$。

综合指数的计算模型同样可采用分层分级计算的原理,按照网络拓扑的规模,先算出子网的综合指数,再通过子网的综合指数计算(可以利用加权平均的方式)高一级网络的综合指数。

网络安全态势评估的可视化技术就是借助这四种指数对网络的整体态势进行实时展示的。

10.3.2 基于电子地图展示网络安全态势评估指数的方法

以电子地图为背景展示网络安全态势评估指数,是以易于理解的方式实现对网络安全态势的实时可视化展示。然而,当网络节点增多时,可视化的视图会变得复杂,容易产生混乱。因此,需要采用宏观和微观相结合的方式,分层次、分级地对整个国家或某一地区的网络安全态势进行可视化展示[35,36]。这种分层次、分级的展示方法,可使安全管理人员既能从宏观上把握网络安

第10章 网络安全态势可视化

全整体态势,又能根据需要从微观上分析某一地区的态势。本节主要阐述基于电子地图的多级网络安全态势评估指数的实时展示方法。

基于电子地图的多级网络安全态势可视化框架如图 10-4 所示。以电子地图为背景,针对地理位置划分明确的各级网络(根据需要可以划分多个层次),采用地理坐标(经纬度)对各个指标进行定位,按照网络级别创建各级的图层,并根据需要调整图层的展示顺序。

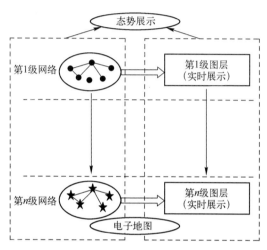

图 10-4 基于电子地图的多级网络安全态势可视化框架

(1) 多级地图:根据所要分析的网络覆盖地域范围进行逐级划分,如第 1 级为国家地域,第 2 级为省级地域,第 3 级为市级地域,第 4 级为区级地域。多级网络划分的四个等级见表 10-1。

表 10-1 多级网络划分的四个等级

等 级	定 义
第 1 级	国家地域
第 2 级	省级地域
第 3 级	市级地域
第 4 级	区级地域

(2) 评估指标:对每一级网络的节点进行态势评估时,所考虑的指标有资产指数、威胁指数、漏洞指数和综合指数。对这些指数可以设置不同的显示颜色。在设计可视化界面时,各层级网络安全态势评估值的字段定义及其含义见表 10-2。

277

表 10-2　各层级网络安全态势评估值的字段定义及其含义

字 段 定 义	含　　义
INDEX 1	资产指数
INDEX 2	威胁指数
INDEX 3	漏洞指数
SECNUM	综合指数

（3）全局视图和微观视图相结合：具备放大、缩小、平移等基本功能。以电子地图作为背景图，并随着地图放大、缩小。这样可以获取从第 1 级到第 4 级的信息，甚至可以获取某一个具体单位的网络安全态势信息，实现在电子地图上对网络安全信息的地理定位。

这种分层分级展示网络安全态势信息的方式，可实现对网络安全态势信息的地图化实时显示，避免了容易产生视图混乱的现象。

本节下面介绍的由鹏城实验室开发的"大规模网络安全态势感知系统"是针对 10.3.1 节介绍的四种指数——综合指数、资产指数、漏洞指数、威胁指数设计的。该系统实现了从国家到省、市、区等四级网络安全态势的实时可视化展示。

市级网络安全态势评估指数展示示例如图 10-5 所示。

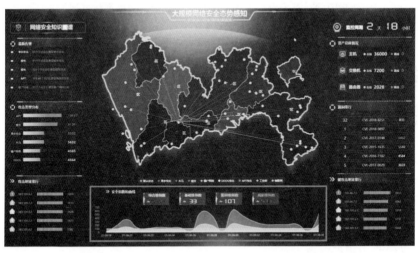

图 10-5　市级网络安全态势评估指数展示示例（图中略去具体的市名、区名）

图 10-5 下方的安全指数曲线展示了最近一段时间内四种指数的变化趋势，详细如图 10-6 所示。

图 10-6　最近一段时间内四种指数的变化趋势

区级网络的安全态势评估指数展示示例如图 10-7 所示。

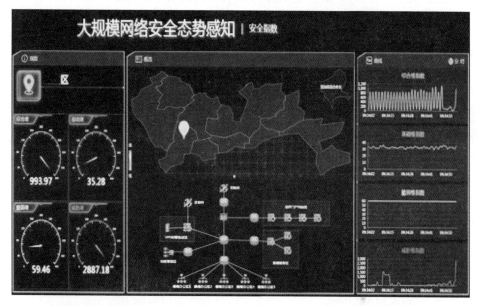

图 10-7　区级网络的安全态势评估指数展示示例（图中略去具体区名）

图 10-7 中，左侧区域和右侧区域可实时展示该区四种指数的详细信息和最近一段时间内四种指数的变化趋势。

基于电子地图展示网络安全态势评估指数的方法具有两大特点：

（1）实时展示：展示的态势指数可以随着数据的实时变化而变化，可使分析与决策人员及时得知最新的网络态势，对于预防和处理突发事件能起到良好的辅助决策作用。

（2）指数展示：基于电子地图可以展示各级网络的安全指数，以不同的颜色可以表示指数对应的安全级别。

10.4　网络攻击行为分析的可视化技术

网络攻击行为分析的可视化技术可以使安全管理人员能够在最短时间内

发现攻击行为,并进行及时定位。由于复杂的网络攻击呈现出多步性、协作性、关联性等特点,因此关联复杂攻击事件的信息,通过多视图联动的方式,建立协同的可视化分析方法是非常必要的。

本节将介绍多视图协同的攻击行为可视化分析方法、预测攻击行为的可视化方法。

10.4.1 多视图协同的攻击行为可视化分析方法

关联复杂的网络安全事件,通过多视图联动的方式展示网络安全态势十分重要。针对各种数据记录,可以按照单步攻击行为进行可视化分析,将复杂的攻击行为过程进行联动、分解式的展示,有利于发现其中隐含的异常,更好地理解和挖掘复杂网络攻击中隐含的各种行为模式。

10.4.1.1 基于3D地图展示APT攻击态势

在对攻击行为的态势分析方面,国内由奇安信公司开发的某威胁感知系统通过分析 APT 的核心攻击过程——未知病毒、未知恶意代码、特种木马、未知漏洞(0day,零日漏洞)利用等,以 3D 地图为基础,并混合使用可视化的攻击行为分析模式,实现了对 APT 攻击的态势分析。

该系统的可视化界面主要由网络风险指数、告警统计、受害主机统计、威胁检测统计、APT 事件统计、攻击来源 TOP5 统计、异常行为 TOP5 统计、攻击回溯、攻击 3D 地图展示、网络流量展示等部分组成。

其中,网络风险指数主要展示整个网络的安全风险指数。网络风险指数展示示例如图 10-8 所示。

图 10-8 中间位置展示的是网络风险指数。这个指数是根据统计时间范围内未处理的告警威胁级别和数量计算出来的,定义了四个级别,见表 10-3。

表 10-3 网络风险指数的定义

分值定义	含义
低危(0~25 分)	当前网络环境较安全
中危(26~50 分)	当前网络环境存在一定风险
高危(51~75 分)	当前网络环境不安全
危急(76~100 分)	当前网络环境极为不安全

图 10-8 右上角展示的是时间范围:数据统计的时间范围,可以选择 1 天、7 天、14 天、30 天等,在选择的时间范围内,对历史数据进行分析。

图 10-8 中还展示了告警的总数、APT 攻击的总次数、攻击 IP 的个数、攻击次数等,可以根据所选的时间范围统计这些数据。

第 10 章　网络安全态势可视化

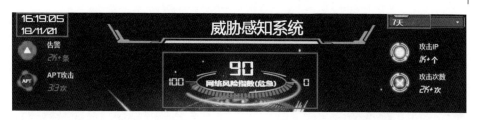

图 10-8　网络风险指数展示示例

对于攻击回溯的结果，以鱼骨图的形式展示攻击链中 6 个阶段的数量统计，依次为侦察、目的执行、命令控制、横向渗透、入侵、痕迹清理。攻击回溯的展示示例如图 10-9 所示。

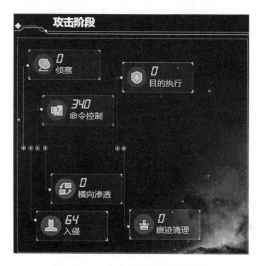

图 10-9　攻击回溯的展示示例

10.4.1.2　多视图联动的攻击行为可视化

由于网络攻击行为具有多个阶段，前后关联性较强，因此在分析多个阶段的攻击行为时，需要通过联动、协同使用多个不同视图，以实现从"总览"到"细节"逐步深入的可视化分析。

在多图联动方面，本章 10.3.2 节介绍过"大规模网络安全态势感知系统"除了能够可视化展示当前的网络安全态势评估指数之外，还可以联动、直观地展示各种网络攻击事件的攻击过程、攻击类型、攻击信息实时播报、被攻击资产的统计信息、攻击节点信息排行、被攻击节点信息排行、漏洞情况及资产总体情况等。

某市级网络态势评估的系统联动展示界面如图 10-10 所示。系统联动展示界面分为 8 个区域：区域 1 为最新告警列表；区域 2 为攻击类型分布；区域 3 为攻击地址排行；区域 4 为网络的拓扑结构，并以不同的标识符号标出了该市的整体攻击情况（见图 10-11）；区域 5 为安全指数和曲线；区域 6 是资产总体情况；区域 7 是漏洞排行；区域 8 是被攻击地址排行。

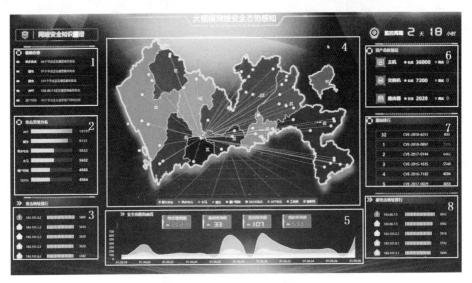

图 10-10　某市级网络态势评估的系统联动展示界面（图中略去具体区名）

图 10-11　网络的整体攻击情况（以不同标识符号表示）

在图 10-10 中，对于区域 1、区域 3、区域 7 和区域 8，系统把监测到的不同类型的网络攻击行为，相对应地进行联动展示。"大规模网络安全态势感知系统"能支持最新告警攻击列表与三维动画联动；支持攻击列表与知识图谱联动；支持攻击地址列表与攻击地址定位和详情页面联动；支持漏洞主机列表与漏洞详情查看和查询页面联动。

（1）最新告警攻击列表与三维动画的联动展示

选中区域 1 最新告警列表中的某一条数据，如选中"APT"，则转为展示 APT 攻击过程（海莲花 APT 攻击）的更加细粒度的可视化分析界面。区域 1 与海莲花 APT 攻击的联动展示如图 10-12 所示。

在图 10-12 的下方有一个信息条，以更加细粒度的方式展示了复杂多步攻击行为的各个步骤。多步攻击行为的可视化展示将在 10.4.1.3 节讨论。

第 10 章 网络安全态势可视化

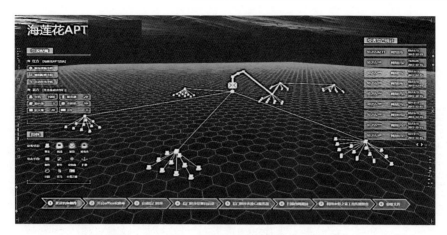

图 10-12 区域 1 与海莲花 APT 攻击的联动展示

(2) 攻击列表与知识图谱的联动展示

选中区域 1 上方的"网络安全知识图谱",会展示攻击链特征的列表,该列表可展示对应攻击的知识图谱,如选中"夜龙 APT",会展示 APT 攻击的多个步骤。攻击行为与网络安全知识图谱的联动展示如图 10-13 所示。

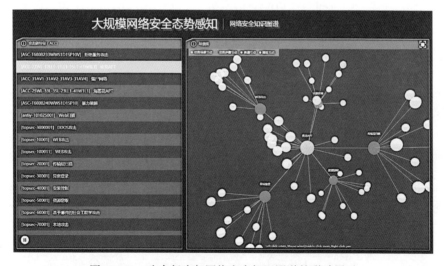

图 10-13 攻击行为与网络安全知识图谱的联动展示

(3) 攻击地址与攻击地址定位和详情的联动展示

选中区域 3 (攻击地址排行,即源地址) 或区域 8 (被攻击地址排行,即目的地址) 中某个具体的 IP 地址,会跳转到主机详情页面,展示攻击地址定位和详情。攻击地址与攻击地址定位和详情的联动展示如图 10-14 所示。

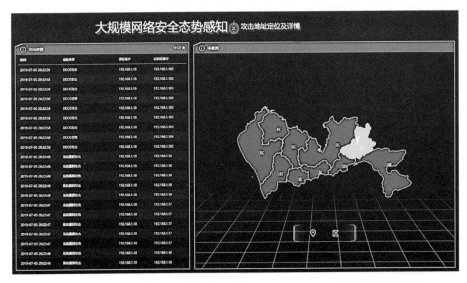

图 10-14　攻击地址与攻击地址定位和详情的联动展示（图中略去具体区名）

(4) 漏洞主机与漏洞详情的联动展示

选中区域 7 漏洞排行中的某一条具体漏洞，会跳转到漏洞管理页面，可查看、查询该漏洞的详细信息。漏洞主机与漏洞详情的联动展示如图 10-15 所示。

图 10-15　漏洞主机与漏洞详情的联动展示

在使用多视图可视化方法分析 DDos 攻击方面，西南科技大学的张翠香等人提出了网络流量数据攻击模式分析的多视图可视化方法[37]，并针对 DDoS、端口扫描等攻击行为验证了该方法的有效性。该方法构造了 3 个视图（A+B+C）。利用这 3 个视图进行协调分析的流程：首先利用 A 视图（总体流量视图 Total Flow View）展示网络流量全局信息，使分析人员能迅速锁定发现的异常情况；其次利用 B 视图（异常检测视图 Anomaly Detection View）深入分析异常行为所隐含的攻击模式，判断异常属于哪一类攻击模式，可以按照各模式的需求进行一对一、一对多、多对多的可视化展示；最后利用 C 视图（异常分析视图 Anomaly Analysis View）分析异常行为的具体特征信息，包括活跃端口、服务连接等情况。通过协同使用这 3 个视图，实现了从"总览"到"细节"的可视化分析，达到通过分析异常情况，快速找到攻击信息的目的。

针对多阶段攻击的场景，Shiravi H 等人提出了雷达图方法 Avisa2[38]，对入侵攻击行为和异常行为的检测分析提供可视化支持，能高效、准确地优先找到受攻击的主机或正在被攻击的主机，并进行可视化分析。其技术核心是利用一组启发式函数，通过评分、排名的方式，对监控网络内部的主机进行优先级排序，从分析的攻击类型、网络服务和网络范围等角度，在两种多阶段攻击场景下，评价该方法在检测分析恶意或异常行为等方面的有效性。

在基于攻击图的协同分析方面，由于攻击图能够揭示潜在的攻击路径（攻击者可能利用这些攻击路径获得对网络资产的控制权限），使得分析人员能利用攻击图计算一些重要的网络安全指标，因此基于攻击图的协同分析非常有价值。Noel S 等人提出了一种基于攻击图约束的交互式导航的攻击图过滤技术[39]。该技术不仅可以单独运用，还可以组成协调的攻击图视图应用于网络保护域，不仅降低了图的复杂性，还展示了网络攻击的模式，使得分析人员能够更容易理解整个攻击流。Williams L 提出了网络攻击图和攻击可达性的可视化分析工具 GARNET (Graphical Attack graph and Reachability Network Evaluation Tool)[40]。GARNET 提供了攻击者可能采取的关键步骤和支持这些攻击的主机到主机网络的可达性的简化视图。GARNET 允许用户进行"假设"实验，可以添加新的零日攻击信息、提出软件漏洞补丁建议、改变攻击者的起始位置等，并能够支持实验性地对来自外部和内部的攻击者进行分析。

在针对蠕虫攻击行为进行可视化展示方面，Yusuke Hideshima 等人将 IP 矩阵与地图相结合，提出了用于监控威胁行为的可视化方法[41]。该方法建立了网络威胁可视化的 3D 空间（由地理、时间和逻辑组成的三维空间，并且是同步的）。作为一个例子，该方法可视化展示了 Sasser D 蠕虫病毒在网络空间和地理空间的传播特征和传播态势，使得分析人员更容易分析类似的网络威胁。

在针对漏洞利用的攻击行为进行可视化展示方面，国内的奇安信公司建立了"全球 DDos 攻击实时追踪系统"[42]，针对当前漏洞利用的攻击行为进行监测和追溯分析，以全球地理地图为背景，对全球 DDos 攻击的实时追溯进行可视化展示，可以自行设定查询时间窗口。通过在本地部署抗 DDos 设备，采集来自公网的流量信息，通过全球 DDos 攻击实时追踪系统平台分析后，生成全球 DDos 态势图。图 10-16 为奇安信公司研制的全球 DDos 攻击实时追踪系统的界面。该系统能够联动展示当前网络遭受 DDos 攻击时，所追溯到的发起攻击的主机源 IP 地址及端口号。

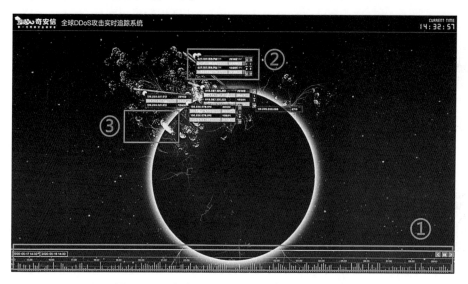

图 10-16　全球 DDos 攻击实时追踪系统的界面

图 10-16 中，①区域的时间线可展示在指定查询的时间内，内网遭受攻击的频率变化。根据时间线攻击图，可了解攻击高峰值和时间点。

在图 10-16 中，选中某条攻击路径（来自同一攻击源地区），弹出②区域的信息窗口，可展示当前该攻击源地区发起 DDos 攻击的主机 IP 地址和端口号。

图 10-16 中，③区域展示来自某攻击源地区攻击主机的密集程度。来自某地区的攻击主机越多，展示的点越密集。

10.4.1.3 多步攻击行为的可视化展示

(1) APT 攻击的多步攻击行为的可视化展示

对于 APT（Advanced Persistent Threat，高级持久性威胁）攻击，在攻击前会先收集目标业务和系统的详细信息，在收集过程中挖掘攻击对象的漏洞，然后利用漏洞进行入侵与渗透，以便获得控制权，最后进行数据的窃取或控制攻击对象使其成为"肉机"。因此，对于具有较强隐蔽性的 APT 攻击，对多步攻击的步骤实现可视化的展示，对于挖掘 APT 攻击的隐含模式至关重要。

本章 10.3.2 节介绍的"大规模网络安全态势感知系统"以联动、协同的方式将复杂的多步攻击行为过程进行了分解式的可视化展示。

图 10-17 为以海莲花 APT 攻击为例，细粒度地展示了 APT 攻击的多个攻击步骤。

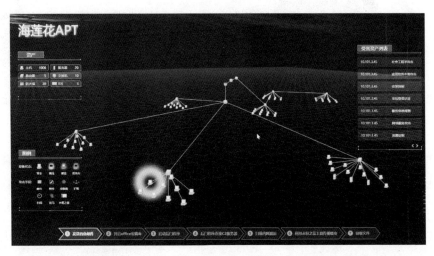

图 10-17　APT 攻击多个攻击步骤的细粒度展示（以海莲花 APT 攻击为例）

在图 10-17 中：中间区域为 APT 攻击的网络拓扑结构，可对网络拓扑放大或缩小；左上角为资产区域，展示了海莲花 APT 攻击网络拓扑结构中的主机、服务器、路由器、交换机、防火墙、IDS 存在的数量；左下角为图例，用来标识设备状态的对照表；右上角是受害资产列表，用来展示拓扑结构中资产遭受海莲花 APT 攻击的详细信息；下方为 APT 攻击的多个阶段，展示了当前海莲花 APT 攻击步骤的攻击信息。

当依次选中图 10-17 下方区域中的单个攻击步骤时，可联动显示单个攻击步骤，直观地看到整个海莲花 APT 事件、攻击的过程和步骤，以及受攻击资产列表、资源配置拓扑结构中被攻击节点的状态,以细粒度方式展示了相应攻击步骤的具体信息,包括①发送钓鱼邮件→②开启 office 宏病毒→③启动后门程序→④后门程序连接 C2 服务器→⑤扫描内网漏洞→⑥利用永恒之蓝工具传播蠕虫→⑦窃取文件等。

如选中步骤"①发送钓鱼邮件",可以缩放展示发送钓鱼邮件的过程。

图 10-18~图 10-26 分别展示了 APT 攻击的多个攻击步骤。

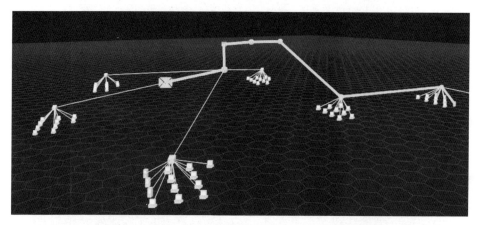

图 10-18 步骤①发送钓鱼邮件的过程展示(局部放大)

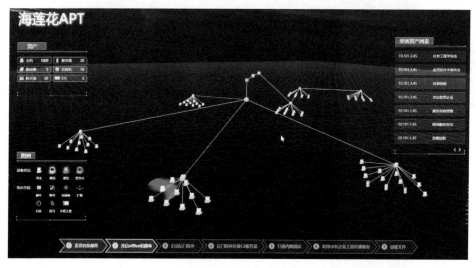

图 10-19 步骤②开启 office 宏病毒的过程展示

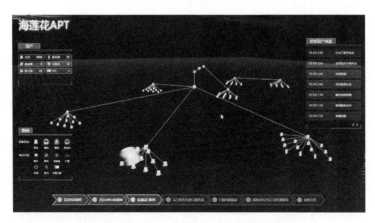

图 10-20　步骤③启动后门程序的过程展示

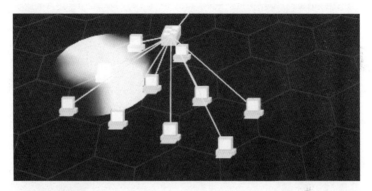

图 10-21　步骤③启动后门程序的过程展示（局部放大）

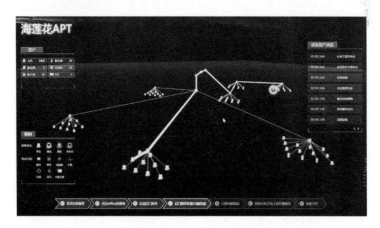

图 10-22　步骤④后门程序连接 C2 服务器的过程展示

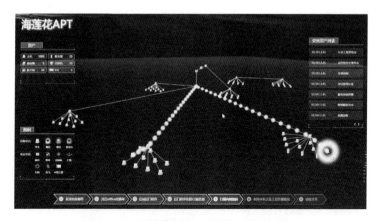

图 10-23　步骤⑤扫描内网漏洞的过程展示

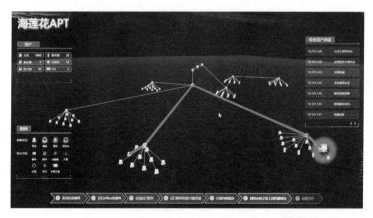

图 10-24　步骤⑥利用永恒之蓝工具传播蠕虫的过程展示

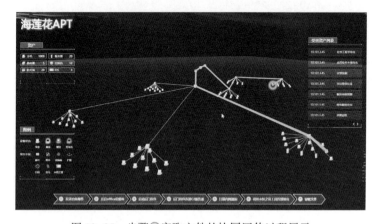

图 10-25　步骤⑦窃取文件的协同回传过程展示

第 10 章 网络安全态势可视化

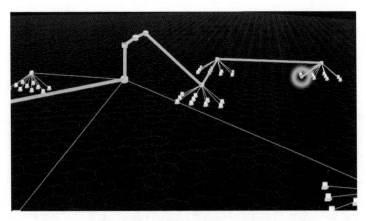

图 10-26 步骤⑦窃取文件的协同回传过程展示（局部放大）

（2）蠕虫攻击多步行为的可视化展示

"大规模网络安全态势感知系统"对于蠕虫攻击的分析过程实现了细粒度的可视化展示。

① 蠕虫 wannacry 事件攻击过程的可视化展示如图 10-27 所示。

图 10-27 蠕虫 wannacry 事件攻击过程的可视化展示

表示攻击开始。表示攻击正在进行中。表示节点已被攻击。

② 蠕虫 eternalrocks 事件攻击过程的可视化展示如图 10-28 所示。

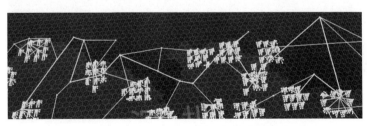

图 10-28 蠕虫 eternalrocks 事件攻击过程的可视化展示

291

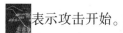表示攻击开始。表示攻击正在进行中。

③ 内网大规模蠕虫攻击的单步攻击行为的可视化展示如图10-29所示。

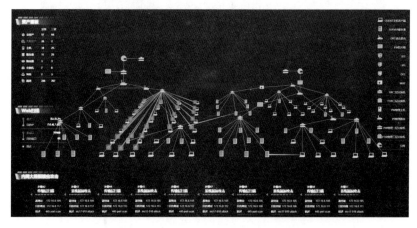

图10-29　内网大规模蠕虫攻击的单步攻击行为的可视化展示

10.4.2　预测攻击行为的可视化方法

基于平行坐标轴的可视化方法可以用于预测攻击行为。Inselberg最早使用平行坐标轴可视化技术，以识别网络中的攻击模式和行为[43]。S. Krasser等人利用平行坐标轴对网络流量数据进行可视化展示[44]，以实现对网络流数据的实时分析和网络取证。

在将平行坐标轴用于预测网络攻击行为方面，蒋宏宇等人将平行坐标轴进行改进，提出了面向攻击行为预测的可视化方法[45]。采用改进的平行坐标轴模式能找到攻击者行为之间的关系，表征攻击行为，并对预测攻击行为的信息进行展示，以预测攻击行为。

基于平行坐标轴的预测方法主要可以预测两类行为：探测行为和进攻行为。

基于平行坐标轴探测行为的预测方法：攻击者在准确实施攻击前，往往要先进行一系列的探测。探测行为包括主机扫描行为和端口扫描行为。针对主机扫描行为，分析平行坐标轴中攻击时段的直线，如果发现在同一源IP地址、不同目标IP地址和同一端口号之间有大量连线，则可以判断存在主机扫描行为；针对端口扫描行为，分析平行坐标轴中攻击时段的直线，如果发现同一源IP地址、同一目标IP地址和同一端口号之间有大量连线，则可以判断存在端口扫描行为。

基于平行坐标轴进攻行为的预测方法：主要用于预测拒绝服务攻击和 LAND 攻击。在分析平行坐标轴中攻击时段的直线时，如果发现同一源 IP 地址或者大量源 IP 地址虽然不同，但目标 IP 地址却相同，与同一端口号之间有直线连接，则可以判断存在拒绝服务攻击。在分析平行坐标轴中攻击时段的直线时，如果发现源 IP 地址和目标 IP 地址之间有大量的平行线，则可以判断存在 LAND 攻击。

此外，在预测网络安全威胁方面，闫鲁生等人提出了基于 3D 的"球体+底平面"的可视化方法[46]。该方法不仅建立了一种新的可视化场景"双平面"模型，以展示安全告警在资产上的分布情况，还建立了由 4 层立体饼图构成的更复杂的可视化场景，以可视化分析安全告警对业务的影响关系及由安全漏洞带来的威胁。

10.5 本章小结

本章对当前网络安全可视化技术的进展进行了阐述和总结，讲解了如何利用当前可视化技术解决网络安全态势感知领域中的问题，重点从数据流、态势评估、攻击行为分析等角度出发，介绍网络安全态势可视化技术。

网络攻击日益复杂，网络流量数据纷繁庞大，给安全分析人员带来了巨大的分析压力。当前的网络安全态势可视化工具虽然可以让网络流量数据直观地展示在安全分析人员面前，但很多工具都是采用单个视图展示的，缺乏对多个视图的协同展示、缺乏对复杂攻击的单步攻击行为的细粒度展示。而且，当前的可视化工具还面临着实时展示的挑战，还不能适应复杂攻击的各种复杂情况，不能对复杂数据进行关联分析。

因此，网络安全态势可视化研究的未来发展方向包括：如何针对多维度的态势数据，设计灵活的人机交互可视化展示方法，辅助安全分析人员有效地发现信息内部的特征和规律；如何提出多视图、协同交互的可视化分析方案，解决当前可视化技术存在的不精准的问题；如何对安全事件或攻击行为进行实时展示，以保证可视化工具或系统能够更好地运用于实际应用场合；等等。

参考文献

[1] Shiravi H, Shiravi A, Ghorbani A A. A survey of visualization systems for network security [J]. IEEE Transactions on Visualization and Computer Graphics, 2012, 18 (8): 1313-1329.

[2] 赵颖,樊晓平,周芳芳,等.网络安全数据可视化综述[J].计算机辅助设计与图形学学报,2014,26(5):687-697.

[3] McCormick B H, DeFanti T A, Brown M D (eds.). Visualization in Scientific Computing [J]. Computer Graphics, 1987, 21 (6).

[4] Johnson C. Top scientific visualization research problems [J]. IEEE Computer Graphics and Applications, 2004, 24 (4): 13-17.

[5] 周宁.信息可视化进展研究[J].数字图书馆论坛,2007,14(2):10-16.

[6] Robertson G, Card S K, Mackinlay J D. The Cognitive Co-processor for InteractiveUser Interfaces [C] // Proceedings of the ACM SIGGRAPH symposium on User interface software and technology, 1989: 10-18.

[7] CHEN C M. Mapping Scientific Frontiers: The Quest for Knowledge Visualization [M]. London: Springer-Veriag, 2003.

[8] Viz Sec Homepage [EB/OL]. [2020-05-30]. http:.www.vizsec.org/.

[9] KWAN-LIU MA Homepage. [EB/OL]. [2020-03-30]. http:.www.cs.ucdavis.edu/~ma/.

[10] VIDI Homepage. [EB/OL]. [2020-03-30]. http:.vidi.cs.ucdavis.edu/.

[11] Marty R. Applied security visualization [M]. Upper Saddle River: Addison-Wesley, 2009.

[12] IEEE VIS Homepage. [EB/OL]. [2015-03-30]. http:.ieeevis.org/year/2015/info/vis-welcome/welcome.

[13] VAST Challenge Homepage. [EB/OL]. [2015-03-30]. http:.www.vacommunity.org/VAST+Challenge+2013.

[14] Foresti S, Agutter J, Livnat Y, et al. Visual correlation of network alerts [J]. Computer Graphics and Applications, IEEE, 2006, 26 (2): 48-59.

[15] Livnat Y, Agutter J, Moon S, et al. Visual correlation for situational awareness [C] // Information Visualization, 2005. INFOVIS 2005. IEEE Symposium on. IEEE, 2005: 95-102.

[16] Zhao Y, Zhou F F, Fan X P, et al. IDSRadar: a real-time visualization framework for IDS alerts [J]. Science China Information Sciences, 2013, 56 (8): 1-12.

[17] 赵颖,樊晓平,周芳芳,等.大规模网络安全数据协同可视分析方法研究[J].计算机科学与探索,2014,8(7):848-857.

[18] Eades P. A heuristics for graph drawing [J]. Congressus numerantium, 1984, 42: 146-160.

[19] Fruchterman T M J, Reingold E M. Graph drawing by force-directed placement [J]. Software: Practice and experience, 1991, 21 (11): 1129-1164.

[20] Kamada T, Kawai S. An algorithm for drawing general undirected graphs [J]. Information processing letters, 1989, 31 (1): 7-15.

[21] Davidson R, Harel D. Drawing graphs nicely using simulated annealing [J]. ACM Transactions on Graphics (TOG), 1996, 15 (4): 301-331.

[22] Harel D, Koren Y. A fast multi-scale method for drawing large graphs [C] // Graph drawing. Springer Berlin Heidelberg, 2001: 183-196.

[23] 张瑜.多源安全数据可视化关键技术研究与实现[D].重庆:重庆大学,2017.

[24] 赵慧明,刘卫国.基于信息熵聚类的DDoS检测算法[J].计算机系统应用,2010,019(012):164-167.

[25] Kulsoom A, Lee C P, Conti G, et al. Visualizing Network Data for Intrusion Detection [C] // IEEE SMC information Assurance Workshop (IAW'05). Piscataway, NJ, USA: IEEE, 2005: 100-108.

[26] 赵立军,张健.基于堆叠条形图和平行坐标的网络数据安全可视化分析方法研究[J].装备学院学报,2015(5):86-90.

[27] Johansson S, Johansson J. Scattering Points in Parallel Coordinates[J]. Visualization & Computer Graphics IEEE Transactions on, 2009, 15(6):1001-1008.

[28] 袁晓如,张昕,肖何,等.可视化研究前沿及展望[J].科研信息化技术与应用,2011(04):5-15.

[29] 翟旭君,李春平.平行坐标及其在聚类分析中的应用[J].计算机应用研究,2005,22(8):124-126.

[30] Becker R, Eick S, Wilks A. Visualizing Network Data[J]. IEEE Transactions on Visualization and Computer Graphics, 1995, 1(1):16-28.

[31] 唐菲,张凤荔.网络安全态势感知可视化的研究与实现[D].成都:电子科技大学,2009.

[32] 金星,贾焰,李爱平,等.基于指标体系的网络安全地图[C]//全国计算机安全学术交流会论文集,2009.

[33] 金星.基于地图的网络安全态势展示系统的研究与实现[D].长沙:国防科学技术大学,2009.

[34] 工业和信息化部办公厅关于印发2018年第三批行业标准制修订和外文版项目计划的通知[EB/OL].(2018-8-17)[2020-7-14]. http://www.miit.gov.cn/n1146295/n1652858/n1652930/n3757016/c6324922/content.html.

[35] Heilmann R, Keim D A, Panse C, et al. RecMap: Rectangular Map Approximations[C]// Information Visualization, INFOVIS 2004, IEEE, 2004.

[36] 张卓.多级网络安全态势地图研究[D].长沙:国防科学技术大学,2010年.

[37] 张翠香.网络流量数据的攻击探测及可视化研究[D].绵阳:西南科技大学,2018年.

[38] Shiravi H, Shiravi A, Ghorbani A A. Situational Assessment of Intrusion Alerts: A Multi Attack Scenario Evaluation[M]// Information and Communications Security. Berlin Heidelberg: Springer, 2011.

[39] Noel S, Jacobs M, Kalapa P, et al. Multiple Coordinated Views for Network Attack Graphs[C]// Visualization for Computer Security, 2005.

[40] Williams L, Lippmann R, Ingols K. GARNET: A Graphical Attack Graph and Reachability Network Evaluation Tool[C]// VizSec'08: Proceedings of the 5th international workshop on Visualization for Computer Security, September 2008:44-59.

[41] Hideshima Y, Koike H. Starmine: a visualization system for cyber-attacks[C]// Proceedings of the Asia-Pacific Symposium on Information Visualization. Volume 60. Sydney: Australian Computer Society, Inc., 2006:131-138.

[42] 奇安信安全可视化平台[EB/OL].[2020-7-9]. https://vis.qianxin.com/esg_page/.

[43] Inselberg A. Multidimensional Detective[C]//Information Visualization, proceedings of IEEE Symposiumon. IEEE, 1997:100-107.

[44] Krasser S, Conti G, Grizzard J, et al. Real-time and Forensic Network Data Analysis Using Animated and Coordinated Visualization[C]// Information Assurance Workshop, 2005, IAW'05. Proceedings from the Sixth Annual IEEE SMC. IEEE, 2005:42-49.

[45] 蒋宏宇,吴亚东,周丰凯,等.面向大规模网络的攻击预测可视分析系统设计与研究[J].西南科技大学学报,2015(02):77-83.

[46] 闫鲁生,白天明,王硕,等.基于可视化的安全态势感知[J].通信技术,2008(10).

附录 A 缩略词表

3D	3 Dimensions	三维
ACF	Autocorrelation Function	自相关函数
ACT	Adaptive Control of Thought	思维的适应性控制
ACT-R	Adaptive Control of Thought-Rational	思维、理性的自适应控制模型
AHP	Analytic Hierarchy Process	层次分析法
AIC	Akaike Information Criterion	赤池信息准则
API	Application Programming Interface	应用程序接口
APT	Advanced Persisted Threat	高级持久性威胁
AR	Autoregressive model	自回归模型
ARCH	Autoregressive Conditional Heteroskedasticity	自回归条件异方差模型
ARIMA	Autoregressive Integrated Moving Average	差分整合滑动平均自回归模型
ARMA	Autoregressive Integrated Moving Average	自回归滑动平均模型
ASP	Application Service Provider	应用服务提供商
ATT&CK	Adversarial Tactics, Techniques and Common Knowledge	对抗性策略、技术和通用知识
C2	Command and Control	命令与控制
C3I	Communication, Command, Control and Intelligence systems	通信指挥控制与情报系统
CAPEC	Common Attack Pattern Enumeration and Classification	通用攻击模式枚举和分类
CCE	Common Configuration Enumeration	通用配置枚举
CERT	Computer Emergency Response Team	计算机应急响应团队
CIMOM	Common Information Model Object Manager	公共信息模型对象管理器
CNCERT/CC	National Computer Network Emergency Response Technical Team/Coordination Center of China	国家计算机网络应急技术处理协调中心,简称国家互联网应急中心
CNNVD	China National Vulnerability Database of Information Security	国家信息安全漏洞库
COI	Capability Opportunity Intention	能力机会意图模型

附录 A 缩略词表

CPE	Common Platform Enumeration	通用平台枚举
CPU	Central Processing Unit	中央处理器
CSIRT	Computer Security Incident Response Team	计算机安全事件响应团队
CSRF	Cross Site Request Forgery	跨站请求伪造
CVE	Common Vulnerabilities and Exposures	通用漏洞披露
CVSS	Common Vulnerability Scoring System	通用漏洞评分系统
CWE	Common Weakness Enumeration	通用弱点枚举
CybOX	Cyber Observable eXpression	网络空间可观察对象表达
DARPA	Defense Advanced Research Projects Agency	美国国防高级研究计划局
DBN	Dynamic Bayesian Network	动态贝叶斯网络
DDoS	Distributed denial of service	分布式拒绝服务
DFI	Deep Flow Inspection	深度流量监测
DFT	Discrete Fourier Transform	离散傅里叶变换
DISA	Defense Information Systems Agency	美国国防信息系统局
DL	Deep Learning	深度学习
DPI	Deep Packet Inspection	深度报文解析
DPM	Deterministic Packet Marking	确定性包标记
DWT	Discrete Wavelet Transform	离散小波变换
EDR	Endpoint Detection & Response	终端检测与响应系统
FOD	Frame of Discerment	确定识别框架
GAN	Generative Adversarial Network	生成对抗网络
GARCH	Generalized Autoregressive Conditional Heteroskedasticity	广义自回归条件异方差模型
HAM	Human Associative Memory	人类联想记忆
IAP	Internet Access Point	互联网访问出口
IBL	Instance-Based Learning	基于实例的学习模型
IBLT	Instance-Based Learning Theory	基于实例的学习理论
ICM	Idealized Cognitive Model	理念化的认知模型
ICMP	Internet Control Message Protocol	Internet 控制报文协议
IDP	Intruder Detection and Isolation Protocol	基于入侵者检测和隔离协议
IDS	Intrusion Detection System	入侵检测系统
IODEF	Incident Object Deion and Exchange Format	安全事件描述交换格式
IPFIX	IP Flow Information Export	IP 数据流信息输出
IPS	Intrusion Prevention System	入侵防御系统

ISP	Internet Service Provider	互联网服务提供商
KG	Knowledge Graph	知识图谱
LAND	Local Area Network Denial attack	局域网拒绝服务攻击
LRM	Logical Role Model	逻辑职能模型
MA	Moving Average model	滑动平均模型
MAEC	Malware Attribute Enumeration and Characterization	恶意代码属性枚举和特征描述
MDATA	Multi-Dimensional Data Association and Threat Analysis	多维数据关联与威胁分析模型
MSE	Mean Square Error	均方误差
NIST	National Institute of Standards and Technology	美国国家标准与技术研究院
NRN	National Radio Network	国家无线电网
NSA	National Security Agency	美国国家安全局
NVD	National Vulnerability Database	美国国家漏洞数据库
P2P	Peer to Peer	点对点通信网络
PAA	Piecewise Aggregate Approximation	分段聚集近似
PACF	Partial Autocorrelation Function	偏相关函数
PDP	Parallel Distributed Processing	并行分布处理模型
PLR	Piecewise Linear Representation	分段线性表示
PPM	Probabilistic Packet Marking	概率包标记
RDF	Resource Description Framework	资源描述框架
Relu	Rectified Linear Unit	线性整流函数，又称修正线性单元
RIM	Router and Interface Marking	路由器接口标记
RL	Reinforcement Learning	强化学习
SA	Situation Awareness	态势感知
SNMP	Simple Network Management Protocol	简单网络管理协议
SOAR	State Operator And Result	状态运算和结果模型
SOC	Security Operation Center	安全行动中心
SPA	Set Pair Analysis	集对分析法
SPIE	Source Path Isolation Engine	源路径隔离引擎
SQL	Structured Query Language	结构化查询语言
SQP	Series Quadratic Programming	二次规划算法
SSE	Error Sum of Square	误差平方和
STIX	Structured Threat Information Expression	结构化威胁信息表达

附录 A 缩略词表

SVD	Singular Value Decomposition	奇异值分解
SVM	Support Vector Machine	支持向量机
TCP	Transmission Control Protocol	传输控制协议
TCP/IP	Transmission Control Protocol/Internet Protocol	传输控制协议/网际协议
UDP	User Datagram Protocol	用户数据报协议
US-CERT	Department of Homeland Security's United States Computer Emergency Readiness Team	美国国土安全部计算机紧急事务响应小组
UTM	Unified Threat Management	统一威胁管理
VGM	Value-based Goal Model	基于价值的目标模型
VLMM	Variable Length Markov Models	可变长度马尔可夫模型
WMI	Windows Management Instrumentation	Windows 管理规范
XSS	Cross Site Scripting	跨站脚本攻击。按单词的首字母来提取缩写词，本应缩写成 CSS，但为了和层叠样式表（Cascading Style Sheet，CSS）有所区分，安全领域通常将其缩写成 XSS

反侵权盗版声明

电子工业出版社依法对本作品享有专有出版权。任何未经权利人书面许可，复制、销售或通过信息网络传播本作品的行为；歪曲、篡改、剽窃本作品的行为，均违反《中华人民共和国著作权法》，其行为人应承担相应的民事责任和行政责任，构成犯罪的，将被依法追究刑事责任。

为了维护市场秩序，保护权利人的合法权益，本社将依法查处和打击侵权盗版的单位和个人。欢迎社会各界人士积极举报侵权盗版行为，本社将奖励举报有功人员，并保证举报人的信息不被泄露。

举报电话：（010）88254396；（010）88258888
传　　真：（010）88254397
E-mail：dbqq@phei.com.cn
通信地址：北京市海淀区万寿路173信箱
　　　　　电子工业出版社总编办公室
邮　　编：100036